高等教育工程造价专业"十三五"规划系列教材

U0297096

房屋建筑与装饰工程计量与定额应用

FANGWU JIANZHU YU ZHUANGSHI GONGCHENG JILIANG YU DING'E YINGYONG

主　编⊙李敬民　徐　静

副主编⊙李云春　叶美英

参　编⊙杨忠杰　蔡学梅　彭　梅　朱双颖　王　佳

　　　　任彦华　夏屿馨　林　迟　裴婉君　杨张鉴镜

　　　　郭宇丰　周佳佳　马文杰　董自才　程　静

　　　　吴光平　肖　锋　廖恒枭　宋爱苹

西南交通大学出版社

·成都·

图书在版编目（ＣＩＰ）数据

房屋建筑与装饰工程计量与定额应用/李敬民，徐
静主编. 一成都：西南交通大学出版社，2016.3（2020.8 重印）
高等教育工程造价专业"十三五"规划系列教材
ISBN 978-7-5643-4591-4

Ⅰ．①房… Ⅱ．①李… ②徐… Ⅲ．①建筑工程－工
程造价－高等学校－教材②建筑装饰－工程造价 Ⅳ.
①TU723.3

中国版本图书馆 CIP 数据核字（2016）第 039842 号

高等教育工程造价专业"十三五"规划系列教材

房屋建筑与装饰工程计量与定额应用

主编 李敬民 徐 静

责 任 编 辑	姜锡伟	
封 面 设 计	墨创文化	

出 版 发 行	西南交通大学出版社 （四川省成都市金牛区二环路北一段 111 号 西南交通大学创新大厦 21 楼）
发 行 部 电 话	028-87600564　028-87600533
邮 政 编 码	610031
网 址	http://www.xnjdcbs.com
印 刷	四川森林印务有限责任公司
成 品 尺 寸	185 mm × 260 mm
印 张	18.25
字 数	432 千
版 次	2016 年 3 月第 1 版
印 次	2020 年 8 月第 2 次
书 号	ISBN 978-7-5643-4591-4
定 价	39.80 元

课件咨询电话：028-81435775

高等教育工程造价专业"十三五"规划系列教材
建设委员会

主　任　张建平

副主任　时　思　卜炜玮　刘欣宇

委　员　(按姓氏音序排列)

　　　　陈　勇　樊　江　付云松　韩利红

　　　　赖应良　李富梅　李琴书　李一源

　　　　莫南明　屈俊童　饶碧玉　宋爱苹

　　　　孙俊玲　夏友福　徐从发　严　伟

　　　　张学忠　赵忠兰　周荣英

序

21 世纪，中国高等教育发生了翻天覆地的变化，从相对数量上看中国已成为全球第一高等教育大国。

自 20 世纪 90 年代中国高校开始出现工程造价专科教育起，到 1998 年在工程管理本科专业中设置工程造价专业方向，再到 2003 年工程造价专业成为独立办学的本科专业，如今工程造价专业已走过了 25 个年头。

据天津理工大学公共项目与工程造价研究所的最新统计，截至 2014 年 7 月，全国约 140 所本科院校、600 所专科院校开办了工程造价专业。2014 年工程造价专业招生人数为本科生 11 693 人，专科生 66 750 人。

如此庞大的学生群体，导致工程造价专业师资严重不足，工程造价专业系列教材更显匮乏。由于工程造价专业发展迅猛，出版一套既能满足工程造价专业教学需要，又能满足本专、科各个院校不同需求的工程造价系列教材已迫在眉睫。

2014 年，由云南大学发起，联合云南省 20 余所高等学校成立了"云南省大学生工程造价与工程管理专业技能竞赛委员会"，在共同举办的活动中，大家感到了交流的必要和联合的力量。

感谢西南交通大学出版社的远见卓识，愿意为推动工程造价专业的教材建设搭建平台。2014 年下半年，经过出版社几位策划编辑与各院校反复地磋商交流，成立工程造价专业系列教材建设委员会的时机已经成熟。2015 年 1 月 10 日，在昆明理工大学新迎校区专家楼召开了第一次云南省工程造价专业系列教材建设委员会会议，紧接着召开了主参编会议，落实了系列教材的主参编人员，并在 2015 年 3 月，出版社与系列教材各主编签订了出版合同。

我以为，这是一件大事也是一件好事。工程造价专业缺教材、缺合格师资是我们面临的急需解决的问题。组织教师编写教材，一是可以解教材匮乏之急，二是通过编写教材可以培养教师或者实现其他专业教师的转型发展。教师是一个特殊的职业——是一个需要不断学习更新自我的职业，教师也是特别能接受新知识并传授新知识的一个特殊群体，只要任务明确，有社会需要，教师自会完成自身的转型发展。因此教材建设一举两得。

我希望：系列教材的各位主参编老师与出版社齐心协力，在一两年内完成这一套工程造价专业系列教材编撰和出版工作，为工程造价教育事业添砖加瓦。我也希望：各位主参编老师本着对学生负责、对事业负责的精神，对教材的编写精益求精，努力将每一本教材都打造成精品，为培养工程造价专业合格人才贡献力量。

中国建设工程造价管理协会专家委员会委员
云南省工程造价专业系列教材建设委员会主任　张建平
2015 年 6 月

前　言

　　"房屋建筑与装饰工程计量与定额应用"是高等学校工程管理、工程造价专业及其相关专业的一门重要的专业课。"房屋建筑与装饰计量与定额应用"是后续课程"房屋建筑与装饰工程工程量清单计价"的基础，涉及工程识图、构造、施工、材料等专业基础知识，是一门综合性较强的学科。

　　本教材是根据《工程造价专业教育标准和培养目标》的要求，以住房和城乡建设部颁布的《建筑安装工程费用项目组成》（建标〔2013〕44号）、《建设工程工程量清单计价规范》（GB 50500—2013），以及云南省住房和城乡建设厅颁布的《云南省建设工程造价计价依据及机械仪器仪表台班费用定额》（DBJ53-58—2013）、《云南省房屋建筑与装饰工程消耗量定额》（DBJ53-59—2013）等资料为主要依据编写的，主要内容包括云南省房屋建筑与装饰各分部定额工程量计算规则、各分部定额应用、各分部计算实例、云南省建设工程造价计价规则等。本教材力求在内容精练、实用、图文并茂的基础上，配合每章学习要点、课后复习思考题，帮助学生掌握2013版云南省建设工程造价计价依据，并学会独立、系统、完整地编制一般土建工程的预算、结算。

　　本教材为适应市场经济发展和工程造价管理改革，结合作者多年的教学和实践经验，力求将理论与实践有机结合，收录了大量计算实例，详细介绍了工程计量与定额应用的要点。该教材不仅是"工程造价"及建筑类相关专业本、专科的理想教材，也是工程造价人员、企业工程管理人员的参考用书。

　　本教材由云南农业大学建筑工程学院李敬民和云南经济管理学院徐静主编；云南农业大学建筑工程学院李云春和云南经济管理学院叶美英为副主编；参编有云南农业大学建筑工程学院的任彦华、董自才、程静、吴光平、肖锋、廖恒枭，云南经济管理学院的杨忠杰、蔡学梅、王佳、夏屿馨、林迟、裴婉君、杨张鉴镜、宋爱苹，昆明理工大学审计处的彭梅，昆明学院城建学院的朱双颖，云南双鼎工程造价咨询有限公司的马文杰，云南师范大学资产处的周佳佳，昆明冶金高等专科学校建工学院的郭宇丰。全书共计20章。

　　本教材在编写过程中，参阅了大量的专著和文献，在此对其作者表示衷心的感谢。

　　由于编写时间仓促，加之受编写水平所限，定有疏漏或不妥之处，敬请同行专家和广大读者批评指正。

编　者

2015 年 11 月

目　录

第1章 概 述

【学习要点】

（1）了解基本建设程序、建筑工程定额以及建筑工程概预算。

（2）熟悉工程造价的概念及费用组成。

（3）掌握房屋建筑与装饰工程计价规则。

1.1 工程造价相关知识

1.1.1 工程造价概述

1. 工程造价的概念

工程造价从不同的角度定义有不同含义，通常有如下两种含义：

一是从投资者（业主）的角度分析，工程造价是指建设一项工程预期开支或实际开支的全部固定资产投资费用，包括建筑安装工程费、设备及工具器具购置费、工程建设其他费用、预备费、建设期贷款利息与固定资产方向调节税（目前暂停征收）。

二是从市场的角度来分析，工程造价是指工程价格，即为建成一项工程，预计或实际在土地市场、设备市场、技术劳务市场，以及承包市场等交易活动中所形成的建筑安装工程的价格和建设工程总价格。这种定义是将工程项目作为特殊的商品形式，通过招投标、承发包和其他交易方式，在多次预估的基础上，最终由市场形成价格。

工程造价的两种含义，实质就是从不同角度把握同一事物的本质。对市场经济条件下的投资者来说，工程造价就是项目投资，是"购买"工程项目要付出的价格；同时，工程造价也是投资者作为市场供给主体"出售"工程项目时要确定价格和衡量投资经济效益的尺度。

建筑安装工程费是指承建建筑安装工程所发生的全部费用，即通常所说的工程造价。

根据住房和城乡建设部、财政部颁布的《关于印发〈建筑安装工程费用项目组成〉的通知》（建标〔2013〕44号），我国现行建筑安装工程费用项目按两种不同的方式划分，即按费用构成要素划分和按造价形成划分。

按费用构成要素划分，建筑安装工程费用包括人工费、材料费、施工机具使用费、企业管理费、利润、规费和税金。

按造价形成划分，建筑安装工程费用包括分部分项工程费、措施项目费、其他项目费、规费和税金。

2. 工程造价的特点

1）大额性

建设工程项目体积庞大，而且消耗的资源巨大，因此，一个项目费用少则几百万，多则数亿乃至数百亿。工程造价的大额性一方面事关重大经济利益，另一方面也使工程承受了重大的经济风险，同时也会对宏观经济的运行产生重大的影响。因此，应当高度重视工程造价的大额性特点。

2）个别性和差异性

任何一项工程项目都有特定的用途、功能、规模，这导致了每一项工程项目的结构、造型、内外装饰等都会有不同的要求，直接表现为工程造价上的差异性。即使是相同的用途、功能、规模的工程项目，由于处在不同的地理位置或不同的建造时间，其工程造价也会有较大差异。工程项目的这种特殊的商品属性使其具有单件性的特点，即不存在完全相同的两个项目。

3）动态性

工程项目从决策到竣工验收直到交付使用，都有一个较长的建设周期，而且来自社会和自然的众多不可控因素的影响，必然会导致工程造价的变动，如物价变化、不利的自然条件、人为因素等均会影响到工程造价。因此，工程造价在整个建设期内都处在不确定的状态之中，直到竣工结算才能最终确定工程的实际造价。

4）层次性

工程造价的层次性取决于工程的层次性。工程造价可以分为建设工程项目总造价、单项工程造价和单位工程造价。单位工程造价还可以细分为分部工程造价和分项工程造价。

5）兼容性

工程造价的兼容性特点是由其内含的丰富性所决定的。工程造价既可以指建设工程项目的固定资产投资，也可以指建筑安装工程造价；既可以指招标的招标控制价，也可以指投标的报价。同时，工程造价的构成要素非常广泛、复杂，包括成本因素、建设用地支出费用、项目可行性研究和设计费用等。

3. 工程造价计价的特点

工程造价计价就是计算和确定建设工程项目的工程造价，简称工程计价，也称工程估价。其具体是指工程造价人员在项目实施的各个阶段，根据各个阶段的不同要求，遵循计价原则和程序，采用科学的计价方法，对投资项目最可能实现的合理价格作出科学的计算，从而确定投资项目的工程造价，编制工程造价的经济文件。

由于工程造价具有大额性、个别性、差异性、动态性、层次性及兼容性等特点，所以工程造价的内容、方法及表现形式也就各不相同。业主或其委托的咨询单位编制的工程项目投资估算、设计概算，咨询单位编制的招标控制价，承包商及分包商提出的报价，都是工程计价的不同表现形式。

工程造价的特点，决定了工程造价有如下计价特点：

1）单件性

建设工程产品的个别差异性决定了每项工程都必须单独计算造价。每项建设工程都有其特点、功能与用途，因而导致其结构不同。工程所在地的气象、地质、水文等自然条件不同，建设的地点、社会经济等不同都会直接或间接地影响工程的计价。因此每一个建设工程都必须根据工程的具体情况，进行单独计价。任何工程的计价都是指特定空间一定时间的价格，即便是完全相同的工程，由于建设地点或建设时间不同，仍必须进行单独计价。

2）多次性

建设项目工程建设周期长、规模大、造价高，这就要求在工程建设的各个阶段多次计价，并对其进行监督和控制，以保证工程造价计算的准确性和控制的有效性。多次性计价特点决定了工程造价不是固定、唯一的，而是随着工程的进行逐步深化、细化和接近实际造价的过程。

工程的计价过程是一个由粗到细、由浅入深、由粗略到精确、多次计价最后达到实际造价的过程。各计价过程之间是相互联系、相互补充、相互制约的关系，前者制约后者，后者补充前者。

3）组合性

工程造价的计算是逐步组合而成的。一个建设工程项目总造价由各个单项工程造价组成；一个单项工程造价由各个单位工程造价组成；一个单位工程造价按分部分项工程计算得出，这充分体现了计价组合的特点。可见，工程计价过程和顺序是：分部分项工程造价→单位工程造价→单项工程造价→建设工程项目总造价。

4）计价方法的多样性

工程造价在各个阶段具有不同的作用，而且各个阶段对建设工程项目的研究深度也有很大的差异，因而工程造价的计价方法是多种多样的。在可行性研究阶段，工程造价的计价多采用设备系数法、生产能力指数估算法等。在设计阶段，尤其是施工图设计阶段，设计图纸完整，细部构造及做法均有大样图，工程量已能准确计算，在施工方案比较明确时，则多采用定额法或实物法计算。

5）计价依据的复杂性

由于工程造价的构成复杂、影响因素多，且计价方法也多种多样，因此计价依据的种类也多，主要可分为以下7类。

（1）设备和工程量的计算依据，包括项目建议书、可行性研究报告、设计文件等。

（2）计算人工、材料、机械等实物消耗量的依据，包括各种定额。

（3）计算工程单价的依据，包括人工单价、材料单价、机械台班单价等。

（4）计算设备单价的依据。

（5）计算各种费用的依据。

（6）政府规定的税、费依据。

（7）调整工程造价的依据，如文件规定、物价指数、工程造价指数等。

1.1.2 建筑工程计价方法

1. 定额计价模式

定额计价模式是我国长期以来在工程价格形成中采用的计价模式，是国家通过颁布统一的估价指标、概算定额、预算定额和相应的费用定额，对建筑产品价格进行有计划地管理的一种方式。该模式在计价中以定额为依据，按定额规定的分部分项子目，逐项计算工程量，套用定额单价（或单位估价表）确定人工费、材料费、机械费，然后按规定取费标准确定构成工程价格的其他费用和利税，获得建筑安装工程造价。建设工程概预算书就是根据不同设计阶段设计图纸和国家规定的定额、指标及各项费用取费标准等资料，预先计算的新建、扩建、改建工程的投资额的技术经济文件。由建设工程概预算书所确定的每一个建设工程项目、单项工程或单位工程项目的建设费用，实质上就是相应工程的计划价格。

长期以来，我国发承包计价以工程概预算定额为主要依据。因为工程概预算定额是我国几十年计价实践的总结，具有一定的科学性和实践性，所以，用这种方法计算和确定工程造价，过程简单、快速、准确，也有利于工程造价管理部门的管理。但预算定额是按照计划经济的要求制定、发布、贯彻执行的，定额中工、料、机的消耗量是根据"社会平均水平"综合测定的，费用标准是根据不同地区平均测算的，因此企业采用这种模式报价时就会表现为平均主义，企业不能结合项目具体情况、自身技术优势、管理水平及材料采购的渠道和价格进行自主报价，不能充分调动企业加强管理的积极性，也不能充分体现市场公平竞争的基本原则。

2. 工程量清单计价模式

工程量清单计价模式，是建设工程招投标中按照国家统一的工程量清单计价规范，招标人或其委托的有资质的咨询机构编制反映工程实体消耗和措施消耗的工程量清单，并作为招标文件的一部分提供给投标人，由投标人依据工程量清单和根据各种渠道所获得的工程造价信息和经验数据，结合企业定额自主报价的计价方式。

与定额计价模式相比，采用工程量清单计价，能够反映出承建企业的工程个别成本，有利于企业自主报价和公平竞争；同时，实行工程量清单计价，工程量清单作为招标文件和合同文件的重要组成部分，对于规范招标人计价行为、在技术上避免招标中弄虚作假和暗箱操作及保证工程款的支付结算都会起到重要作用。由于工程量清单计价模式需要比较完善的企业定额体系，以及较高的市场化环境，短期内难以全面铺开。因此，目前我国建设工程造价实行"双轨制"计价管理办法，即定额计价法和工程量清单计价法同时进行。工程量清单计价作为一种市场价格的形成机制，主要在工程招投标和结算阶段使用。

定额计价作为一种计价模式，在我国使用了多年，具有一定的科学性和实用性，今后将继续存在于工程发承包计价活动中，即便工程量清单计价方式占据主导地位，定额计价仍是一种补充方式。由于目前是工程量清单计价模式的实施初期，大部分施工企业还不具备建立和拥有自己的企业定额体系，建设行政主管部门发布的定额，尤其是当地的消耗量定额，仍然是企业投标报价的主要依据。也就是说，工程量清单计价活动中，仍存在着定额计价的成分。

1.2 基本建设程序及基本建设概（预）算

基本建设是国民经济各部门固定资产的再生产，是人们使用各种施工机具对各种建筑材料、机械设备等进行建造和安装，使之成为固定资产的过程，其中包括生产性和非生产性固定资产的更新、改建、扩建和新建。与此相关的工作，如征用土地、勘察、设计、筹建机构、培训生产职工等也包括在内。

1.2.1 基本建设程序

1. 建设项目的分解

1）建设项目

建设项目是指在一个总体设计或初步设计范围内进行施工，在行政上具有独立的组织形式，经济上实行独立核算，有法人资格与其他经济实体建立经济来往关系的建设工程实体。一个建设项目可以是一个独立工程，也可能包括更多的工程，一般以一个企业事业单位或独立的工程作为一个建设项目。例如：在工业建设中，一座工厂即是一个建设项目；在民用建设中，一所学校便是一个建设项目，一个大型体育馆也是一个建设项目。

2）单项工程

单项工程又称项目工程，是指在一个建设项目中，具有独立的设计文件，可独立组织施工，建成后能够独立发挥生产能力或效益的工程。工业建设项目的单项工程，一般是指各个生产车间、办公楼、食堂、住宅等；非工业建设项目中每幢住宅楼、剧院、商场、教学楼、图书馆、办公楼等各为一个单项工程。单项工程是建设项目的组成部分。

3）单位工程

单位工程是指具有独立的设计文件，可独立组织施工，但建成后不能独立发挥生产或效益的工程，是单项工程的组成部分。

民用项目的单位工程较容易划分。以一幢住宅楼为例，其中，一般土建工程、装饰工程、给排水工程、采暖工程、通风工程、照明工程等各为一个单位工程。

工业项目工程内容复杂，且有时出现交叉，因此单位工程的划分比较困难。以一个车间为例，其中，土建工程、工艺设备安装、工业管道安装、给排水、采暖、通风、电气安装、自控仪表安装等各为一个单位工程。

4）分部工程

分部工程是单位工程的组成部分，一般是指按单位工程的结构部位，使用的材料、工种或设备种类与型号的不同而划分的工程。

一般土建工程可以划分为土石方工程，桩与地基基础工程，砌筑工程，混凝土及钢筋混凝土工程，厂库房大门、特种门、木结构工程，金属结构工程，屋面及防水工程，防腐、保温、隔热工程等分部工程。

5）分项工程

分项工程是指按照不同的施工方法、不同的材料及构件规格，将分部工程分解后得到的一些简单的施工过程。它是建设工程中最基本的单位内容，是单独地经过一定施工工序就能完成，并且可以采用适当计量单位计算的建筑或安装工程，即通常所指的各种实物工程量。

分项工程是指分部工程的组成部分，如土方分部工程，一般可以分为人工平整场地、人工挖土方、人工挖沟槽（地坑）等分项工程。

综上所述，一个建设项目是由若干个单项工程组合而成的，一个单项工程是由若干个单位工程组合而成的，一个单位工程是由若干个分部工程组合而成的，一个分部工程又是由若干个分项工程组合而成的。其分解和组合示意见图1-1。

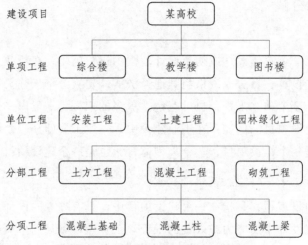

图1-1　建设项目的分解和组合示意图

2. 基本建设程序

基本建设程序是指建设项目在工程建设的全过程中各项工作必须遵循的先后顺序，是基本建设过程及其规律性的反映。

基本建设程序由决策阶段、设计阶段、建设准备阶段、建设施工阶段和竣工验收阶段等主要阶段组成。各个主要阶段所包括的具体工作内容如下：

1）项目决策阶段

决策阶段包括项目建议书阶段和可行性研究阶段。

（1）项目建议书阶段。项目建议书是建设单位向国家提出建设某一项目的建设性文件，是对拟建项目的初步设想。项目建议书是确定建设项目和建设方案的重要文件，也是编制设计文件的依据。按照国家有关部门的规定，所有新建、扩建和改建项目，列入国家中长期计划的重点建设项目，以及技术改造项目，均应向有关部门提交项目建议书，经批准后，才可进行下一步的可行性研究工作。

（2）可行性研究阶段。可行性研究是指在项目决策之前，对与拟建项目有关的社会、技术、经济、工程等方面进行深入细致的调查研究，对可能的多种方案进行比较论证，同时对项目建成后的经济、社会效益进行预测和评价的一种投资决策分析研究方法和科学分析活动。

可行性研究的内容应能满足作为项目投资决策的基础和重要依据的要求,可行性研究的基本内容和研究深度应符合国家规定,可以根据不同行业的建设项目,有不同的侧重点。其内容可概括为市场研究、技术研究和效益研究三大部分。

由建设单位或委托的具有编制资质的工程咨询单位根据我国现行的工程项目建设程序和国家颁布的《关于建设项目进行可行性研究试行管理办法》进行可行性研究报告的编制。可行性研究报告是项目最终决策立项的重要文件,也是初步设计的重要依据。

可行性研究报告均要按规定报相关职能部门审批。可行性研究报告经批准后,不得随意修改和变更。如果在建设规模、产品方案、主要协作关系等方面有变动,以及突破投资控制限额时,应经原批准单位同意。可行性研究报告批准后,工程建设进入设计阶段。经过批准的可行性研究报告,作为初步设计依据。各个基本建设程序与造价文件的对应关系见图1-2。

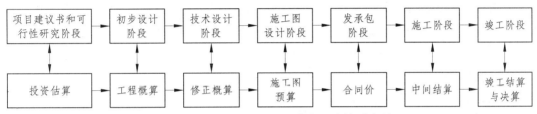

图 1-2　各个基本建设程序与造价文件的对应关系

2）项目设计阶段

工程项目的设计工作,一般是采用两阶段设计,即初步设计阶段和施工图设计阶段。重大项目和技术复杂项目,可根据需要增加技术设计阶段,即进行三阶段设计。

（1）初步设计。初步设计是根据批准的可行性研究报告和必要的设计基础资料,拟订工程建设实施的初步方案,阐明工程在指定时间、地点和投资控制限额内拟建工程在技术上的可行性和经济上的合理性,并编制项目的总概算。建设项目的初步设计文件由设计说明书、设计图纸、主要设备原料表和工程概算书四部分组成。初步设计必须报送有关部门审批,经审查批准的初步设计,一般不得随意修改。凡涉及总平面布置、主要工艺流程、主要设备、建筑面积、建筑标准、总定员和总概算等方面的修改,需报经原设计审批机构批准。

（2）施工图设计。施工图设计是把初步设计中确定的设计原则和设计方案根据建筑安装工程或非标准设备制作的需要,进一步具体化、明确化,是把工程主要施工方法和设备各构成部分的尺寸、布置,以图样及文字的形式加以确定的设计文件。施工图设计根据批准的初步设计文件编制。

3）项目建设准备阶段

项目建设准备阶段要进行工程开工的各项准备工作,其内容如下:

（1）征地和拆迁:征用土地工作是根据我国的土地管理法规和城市规划进行的,通常由征地单位支付一定的土地补偿费和安置补助费。

（2）五通一平:工程施工现场的电通、路通、水通、通信通、气通和平整场地工作。

（3）组织建设工程施工招投标工作,择优选择施工单位。

（4）建造建设单位临时设施。

（5）办理工程开工手续。

（6）施工单位的进场准备。

4）项目建设施工阶段

项目建设施工阶段是设计意图的实现，也是整个投资意图的实现阶段。这是项目决策的实施、建成投产发挥效益的关键环节。开工建设时间，是指建设项目计划文件中规定的任何一项永久性工程第一次破土开槽开始施工的日期。不需要开槽的工程，以建筑物的基础打桩作为正式开工时间。铁路、公路、水利等需要大量土石方工程的工程，以开始进行土石方工程作为正式开工时间。分期建设的项目，分别按各期工程开工的日期计算。施工活动应按设计要求、合同条款、预算投资、施工程序和顺序、施工组织设计，在保证质量、工期、成本计划等目标的前提下进行，并应达到竣工标准要求。经过竣工验收后，移交给建设单位。

5）项目竣工验收阶段

项目竣工验收阶段是建设项目建设全过程的最后一个程序，是全面考核建设工作、检查工程是否符合设计要求和质量好坏的重要环节，是投资成果转入生产或使用的标志。竣工验收对促进建设项目及时投资、发挥投资效果、总结建设经验，都有着重要作用。

国家对建设项目竣工验收的组织工作，一般按隶属关系和建设项目的重要性而定。大中型项目，由各部门、各地区组织验收；特别重要的项目，由国务院批准组织国家验收委员会验收；小型项目，由主管单位组织验收。竣工验收可以是单项工程验收，也可以是建设项目验收，它标志着工程建设项目的建设过程结束。

1.2.2　基本建设概（预）算概述

在工程建设程序的不同阶段需对建设工程中所支出的各项费用进行准确合理的计算和确定。各种基本建设预算的主要内容和作用如下：

1. 投资估算

投资估算是指在整个决策过程中，依据现有的资料和一定的方法，对建设项目的投资数额进行估计计算的费用文件。

由于投资决策过程可进一步划分为项目建议书阶段、可行性研究阶段，所以，投资估算工作也相应分为上述几个阶段。不同阶段所具备的条件和掌握的资料不同，投资估算的准确程度不同，进而每个阶段投资估算所起的作用不同。项目建议书阶段编制的初步投资估算，作为相关权力职能部门审批项目建议书的依据之一，相关职能部门批准后，作为拟建项目列入国家中长期计划和开展项目前期工作中控制工程预算的依据；可行性研究阶段的投资估算可作为对项目是否真正可行做出最后决策的依据之一，经相关职能部门批准后，是编制投资计划、进行资金筹措及申请贷款的主要依据，也是控制初步设计概算的依据。

2. 设计概算

设计概算是指在初步设计或扩大初步设计阶段，由设计单位根据初步设计图纸、概算定额或概算指标、设备价格、各项费用定额或取费标准、建设地区的技术经济条件等资料，对工程建设项目费用进行概略计算的文件，是设计文件的组成部分。其内容包括建设项目从筹建到竣工验收的全部费用。

设计概算是确定和控制建设项目总投资的依据，是编制基本建设计划的依据，是实行投资包干和办理工程拨款、贷款的依据，是评价设计方案的经济合理性、选择最优设计方案的重要尺度，同时也是施工图预算、考核建设成本和投资效果的依据。

3. 施工图预算

施工图预算是指根据施工图纸、预算（消耗量）定额、取费标准、建设地区技术经济条件和相关规定等资料编制的，用来确定建筑安装工程全部建设费用的文件。

施工图预算主要是作为确定建筑安装工程预算造价和承发包合同价的依据，同时也是建设单位与施工单位签订施工合同，办理工程价款结算的依据，是落实和调整年度基本建设投资计划的依据，是设计单位评价设计方案的经济尺度，是发包单位编制招标控制价的依据，是施工单位加强经营管理、实行经济核算、考核工程成本，以及做精细施工准备、编制投标报价的依据。

4. 施工预算

施工预算是在施工前，根据施工图纸、施工（企业）定额，结合施工组织设计中的平面布置、施工方案、技术组织措施和现场实际情况等，由施工单位编制的、反映完成一个单位工程所需费用的经济文件。

施工预算是施工企业内部的一种技术经济文件，主要是计算工程施工中人工、材料及施工机械台班所需要的数量。施工预算是施工企业进行施工准备、编制施工作业计划、加强内部经济核算的依据，是向班组签发施工任务单、考核单位用工、限额领料的依据，也是企业开展经济活动分析、进行"两算"对比、控制工程成本的主要依据。

5. 工程结算

工程结算是指对建设工程的发承包合同价款进行约定和依据合同约定进行工程预付款、工程进度款、工程竣工结算的活动。按工程施工进度的不同，工程结算有中间结算与竣工结算之分。

中间结算就是在工程的施工过程中，由施工单位按月度或按施工进度划分不同阶段进行工程量的统计，经建设单位核定认可，办理工程进度价款的一种工程结算。待将来整个工程竣工后，再做全面的、最终的工程价款结算。

竣工结算是在施工单位完成它所承包的工程项目，并经建设单位和有关部门验收合格后，施工企业根据施工时现场实际情况记录、工程变更通知书、现场签证、定额等资料，在原有合同价款的基础上编制的、向建设单位办理最后应收取工程价款的文件。工程竣工结算是施工单位核算工程成本、分析各类资源消耗情况的依据，是施工企业取得最终收入的依据，也是建设单位编制工程竣工决算的主要依据之一。

6. 竣工决算

工程竣工决算是在整个建设项目或单项工程完工并经验收合格后，由建设单位根据竣工结算等资料，编制的反映整个建设项目或单项工程从筹建到竣工交付使用全过程实际支付的建设费用的文件。

竣工决算是基本建设经济效果的全面反映，是核定新增固定资产价值和办理固定资产交付使用的依据，是考核竣工项目概预算与基本建设计划执行水平的基础资料。

1.3 建筑工程定额

1.3.1 建筑工程定额的概念

定额可以理解为规定的限额，是社会物质生产部门在生产经营活动中根据一定的技术组织条件，在一定的时间内，为完成一定数量的合格产品所规定的各种资源消耗的数量标准。

建筑工程定额是指工程建设中，在正常的施工条件和合理劳动组织、合理使用材料和机械的条件下，完成单位合格建筑产品所必耗的人工、材料、机械、资金等资源的数量标准。例如，每浇筑 1 m^3 钢筋混凝土独立基础，消耗人工综合工日数 10.95 工日、混凝土 10.15 m^3、草席 1.1 m^2、水 8.26 m^3、出料容量 500 L 强制式混凝土搅拌机 0.327 台班、插入式混凝土振捣器 0.77 台班、装载质量 1 t 的机动翻斗车 0.645 台班。建筑工程定额是质与量的统一体，不同的产品有不同的质量要求，因此，建筑工程定额除规定各种资源消耗的数量标准外，还要规定完成的产品规格、工作内容，以及应达到的质量标准和安全要求。

1.3.2 定额水平

定额水平就是为完成单位合格产品，由定额规定的各种资源消耗应达到的数量标准，它是衡量定额消耗量高低的指标。

建筑工程定额是动态的，它反映的是当时的生产力发展水平。定额水平是一定时期社会生产力水平的反映，它与一定时期生产的机械化程度、操作人员的技术水平、生产管理水平、新材料、新工艺和新技术的应用程度以及全体人员的劳动积极性有关，所以它不是一成不变的，而是随着社会生产力水平的变化而变化的。随着科学技术和管理水平的进步，生产过程中的资源消耗减少，相应的定额所规定的资源消耗量降低，称之为定额水平提高。但是，在一定时期内，定额水平又必须是相对稳定的。定额水平是制订定额的基础和前提，定额水平不同，定额所规定的资源消耗量也就不同。在确定定额水平时，应综合考虑定额的用途、生产力发展水平、技术经济合理性等因素。需要注意的是，不同的定额编制主体，定额水平是不一样的。政府或行业编制的定额水平，采用的是社会平均水平；而企业编制的定额水平，反映的是自身的技术和管理水平，一般为平均先进水平。

1.3.3 定额的特性

定额的特性体现在以下几个方面：

1. 科学性和系统性

定额的科学性，首先表现在用科学的态度制订定额，在研究客观规律的基础上，采用可靠数据，用科学的办法来编制定额；其次表现在制定定额的技术方法上，利用现代科学管理的成就，形成一套行之有效的、完整的方法；最后表现在定额制订与贯彻的一体化上。

建设工程定额是相对独立的系统，它是由多种定额结合而成的有机整体，它的结构复杂，有着鲜明的层次和明确的目标。

2. 法令性

定额的法令性是指定额一经国家或授权机关批准颁发，在其执行范围内必须严格遵守和执行，不得随意变更定额内容与水平，以保证全国或某一地区范围有一个统一的核算尺度，从而使比较、考核经济效果和有效地监督管理有了统一的依据。

3. 群众性

定额的群众性是指定额的制订和执行都是建立在广大生产者和管理者基础上的。首先，群众是生产消费的直接参与者，他们了解生产消费的实际水平，所以通过管理科学的方法和手段对群众中的先进生产经验和操作方法，进行系统的分析、测定和整理，充分听取群众的意见，并邀请专家及技术熟练工人代表直接参加定额制订活动；其次，定额要依靠广大生产者和管理者积极贯彻执行，并在生产消费活动中检测定额水平，分析定额执行情况，为定额的调整与修订提供新的基础资料。

4. 相对稳定性和时效性

任何一种定额都是一定时期社会生产力发展水平的反映，在一定时期内应是稳定的。保持定额的稳定性，是定额的法令性所必需的，同时也是更有效地执行定额所必需的。如果定额处于经常修改的变动状态中，势必造成执行中的困难与混乱，使人们对定额的科学性和法令性产生怀疑。此外，由于定额的修改与编制是一项十分繁重的工作，它需要动用和组织大量的人力和物力，而且需要收集大量的资料、数据，需要反复的研究、试验、论证等，这些工作的完成周期很长，所以也不可能经常性地修改定额。然而，定额的稳定性又是相对的，任何一种定额只能反映一定时期的生产力水平，生产力始终处在不断地发展变化之中，当生产力先前发展了许多，定额水平就会与之不适应，定额就无法再发挥出其作用，此时就需要有更高水平的定额问世，以适应新生产力水平下企业生产管理的需要。所以，从一个长期的过程来看，定额又是不断变动的，具有时效性。

1.4 房屋建筑与装饰工程计价规则

云南省住房和城乡建设厅为维护建设工程各方的合法权益，根据《建设工程工程量清单计价规范》（GB50500—2013）（以下简称《清单计价规范》）、《房屋建筑与装饰工程工程量计算规范》（以下简称《工程量计算规范》）等专业工程量计算规范，住房和城乡建设部、财政部《关于印发〈建筑安装工程费用项目组成〉的通知》（建标〔2013〕44号），结合我省实际情况，制订了《云南省建设工程造价计价规则》（DBJ53/T-58—2013）（以下简称《计价规则》）。

《计价规则》包括建筑安装工程费用项目的组成、各专业工程适用范围、建筑安装工程各项费用计算方法、工程量清单计价规则。

《计价规则》与《清单计价规范》、《工程量计算规范》、省建设行政主管部门颁布的各专业消耗量定额配套使用，是编制与审查设计概算、招标控制价、施工图预算、竣工结算等工程计价活动的主要依据，是投标人投标报价的参考性依据。

1.4.1 建筑安装工程费用项目组成

建筑安装工程费由分部分项工程费、措施项目费、其他项目费、规费、税金组成，分部分项工程费、措施项目费、其他项目费包含人工费、材料费（含工程设备费，下同）、机械费、管理费和利润。其具体划分见图1-3。

1. 分部分项工程费

分部分项工程费是指各专业工程的分部分项工程应予列支的各项费用。分部分项工程是指按现行国家工程量计算规范对各专业工程划分的项目。

1）人工费

人工费是指按工资总额构成规定支付给从事建筑安装工程施工的生产工人和附属生产单位工人的各项费用。其内容包括：

（1）计时工资和计件工资：按计时工资标准和工作时间或对已做工作按计件单价支付给个人的劳动报酬。

（2）津贴、补贴：为了补偿职工特殊或额外的劳动消耗和其他特殊原因支付给个人的津贴，以及为了保证职工工资水平不受物价影响支付给个人的物价补贴，如流动施工津贴、特殊地区施工津贴、高温（寒）作业临时津贴、高空津贴等。

（3）特殊情况下支付的工资：根据国家法律、法规和政策规定，因病、工伤、产假、计划生育假、婚丧假、事假、探亲假、定期休假、停工学习、执行国家或社会义务等原因按计时工资标准或计时工资标准的一定比例支付的工资。

2）材料费

材料费是指施工过程中耗费的原材料、辅助材料、周转性材料、构配件、零件、半成品或成品、工程设备的费用。费用包括：

（1）材料原价：材料、工程设备的出厂价格或商家供应价格。

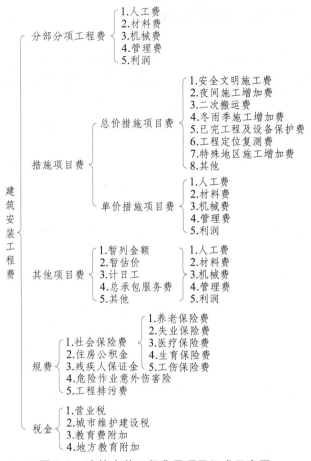

图 1-3 建筑安装工程费用项目组成示意图

工程设备是指构成或计划构成永久工程一部分的机电设备、金属结构设备、仪器装置及其他类似的设备和装置。

（2）运杂费：材料、工程设备自来源地运至工地仓库或指定堆放地点所发生的全部费用。

（3）运输损耗费：材料在运输装卸过程中不可避免的损耗。

（4）采购及保管费：组织采购、供应和保管材料、工程设备的过程中所需要的各项费用，包括采购费、仓储费、工地包管费、仓储损耗。

3）机械费

机械费是指施工作业所发生的施工机械、仪器仪表使用费或其租赁费。

（1）施工机械使用费：施工机械作业发生的使用费或租赁费。施工机械台班单价通常由折旧费、大修理费、经常修理费、安拆费及场外运输费、人工费、燃料动力费和税费组成。

（2）仪器仪表使用费：工程施工所需使用的仪器仪表的摊销和维修费用。

4）管理费

管理费是指建筑安装企业组织施工生产和经营管理所需要的费用。其内容包括：

（1）管理人员工资：按规定支付给管理人员的计时工资、奖金、津贴补贴、加班加点工资及特殊情况下支付的工资等。

（2）办公费：企业管理办公用的文具、纸张、账表、印刷、邮电、书报、办公软件、现场监控、会议、水电、烧水和集体取暖降温（包括现场临时宿舍取暖降温）等费用。

（3）差旅交通费：职工因公出差、调动工作的差旅费、住勤补助费，市内交通费和误餐补助费，职工探亲路费，劳动力招募费，职工退休、退职一次性路费，工伤人员就医路费，工地转移费，以及管理部门使用的交通工具的油料、燃料等费用。

（4）固定资产使用费：管理和试验部门及附属生产单位使用的属于固定资产的房屋、设备、仪器等的折旧、大修、维修或租赁费。

（5）工具用具使用费：企业管理使用的不属于固定资产的工具、器具、家具、交通工具和检验、试验、测绘、消防用具等的购置、维修和摊销费。

（6）劳动保险和职工福利费：由企业支付的职工退职金、按规定支付给离休干部的经费、集体福利费、夏季防暑降温、冬季取暖补贴、上下班交通补贴等。

（7）劳动保护费：企业按规定发放的劳动保护用品的支出，如工作服、手套、防暑降温饮料以及在有碍身体健康的环境中施工的保健费用等。

（8）检验试验费：施工企业按照有关标准规定，对建筑以及材料、构件和建筑安装物进行一般鉴定、检查所发生的费用，包括自设试验室所耗用的材料等费用。不包括新结构、新材料的试验费，对构件做破坏性试验及其他特殊要求检验试验的费用和建设单位委托检测机构进行检测的费用。对此类检测发生的费用，由建设单位在工程建设其他费用中列支，但对施工企业提供的具有合格证明的材料进行检测不合格的，该检测费用由施工企业支付。

（9）工会经费：企业按照《工会法》规定的全部职工工资总额比例计提的工会经费。

（10）职工教育经费：按照职工工资总额的规定比例计提，是企业为职工进行专业技术和职业技能培训、专业技术人员继续教育、职工职业技能鉴定、职业资格认定，以及根据需要对职工进行各类文化教育所发生的费用。

（11）财产保险费：施工管理用财产、车辆等的保险费用。

（12）财务费：企业为施工生产筹集资金或提供预付款担保、履约担保、职工工资支付担保等所发生的各种费用。

（13）税金：企业按规定缴纳的房产税、车船使用税、土地使用税、印花税等。

（14）其他：包括技术转让费、技术开发费、投标费、业务招待费、绿化费、广告费、公证费、法律顾问费、审计费、咨询费、保险费等。

5）利　润

利润是指施工企业完成所承包工程获得的盈利。

2. 措施项目费

措施项目费是指为完成建设工程施工，发生于该工程施工前和施工过程中的技术、生活、安全、文明、环境保护等方面的费用。措施项目费分为总价措施项目费和单价措施项目费。

1）总价措施项目费

（1）安全文明施工费。

① 环境保护费：施工现场为达到环保部门要求的环境卫生标准，改善生产条件和作业环

境所需要的各项费用。

② 文明施工费：施工现场文明施工所需要的各项费用。

③ 安全施工费：施工现场安全施工所需要的各项费用。

④ 临时设施费：施工企业进行建设工程所必须搭设的生活和生产用的临时建筑物、构筑物和其他临时设施费用，包括临时设施的搭设、维修、拆除、清理费或摊销费等。

安全文明施工费中各费用的工作内容及包含范围详见各专业《工程量计算规范》。

（2）夜间施工增加费：夜间施工所发生的夜班补助费、夜间施工降效、夜间施工照明设备摊销及照明用电等费用。

（3）二次搬运费：因施工场地条件限制而发生的材料、构配件、半成品等一次运输不能到达堆放地点，必须进行二次或多次搬运所发生的费用。

（4）冬雨季施工增加费：冬季或雨季施工需增加的临时设施，防滑、排除雨雪的人工及施工机械效率降低等增加的费用。

（5）已完工程及设备保护费：竣工验收前，对已完工程及设备采取的必要保护措施所发生的费用。

（6）工程定位复测费：工程施工过程中进行全部施工测量放线和复测工作的费用。

（7）特殊地区施工增加费：工程在沙漠或其他边缘地区、高海拔、高寒、原始森林等特殊地区施工增加的费用。

（8）其他。

2）单价措施项目费

（1）脚手架费：施工需要的各种脚手架搭、拆、运输费用，以及脚手架购置费的摊销（或租赁）的费用。

（2）混凝土模板及支架（撑）费：混凝土施工过程中需要的各种钢模板、木模板、支架等的支拆、运输费用及模板、支架的摊销（或租赁）的费用。

（3）垂直运输费：现场所用材料、机具从地面运至相应高度，以及职工人员上下工作面等所发生的运输费用。

（4）超高施工增加费：当单层建筑物檐口高度超过 20 m，多层建筑物超过 6 层时，可计算超高施工增加费。

（5）大型设备进出场及安拆费：机械整体或分体自停放场地运至施工现场或由一个施工地点运至另一施工地点，所发生的机械进出场运输、转移费用及机械在施工现场进行安装拆卸所需的人工费、材料费、机械费、试运转费和安装所需的辅助设施的费用。

（6）施工排水、降水费：将施工期间有碍施工作业和工程质量的水排到施工场地以外，以及防止在地下水位较高的地区开挖深基坑出现基坑浸水、地基承载力下降，在动水力作用下还可能引起流砂、管涌和边坡失稳等现象而必须采取有效的降水和排水措施的费用。

3. 其他项目费

1）暂列金额

暂列金额是指建设单位在工程量清单中暂定并包括在工程合同价款中的一笔款项，用于施工合同签订时尚未确定或者不可预见的所需材料、工程设备、服务的采购，施工中可能发生的工程变更、合同约定调整因素出现的工程价款调整以及发生的索赔、现场签证确认等的费用。

2）暂估价

暂估价是指建设单位在工程量清单中提供的用于支付必然发生但暂时不能确定价格的材料、工程设备的单价以及专业工程的金额。暂估价包括专业工程暂估价、材料暂估价。

3）计日工

计日工是指在施工过程中，施工企业完成建设单位提出的施工图纸意外的零星项目或工作，按合同中约定的单价计价的一种方式。

4）总承包服务费

总承包服务费是指总承包人为配合、协调建设单位进行的专业工程发包，对建设单位自行采购的材料、工程设备等进行保管以及施工现场管理、竣工资料汇总整理等服务所需的费用。

5）其 他

（1）人工费调差。

（2）机械费调差。

（3）风险费。

（4）停工、窝工损失费：因设计变更或由于建设单位的责任造成的停工、窝工损失。

（5）承发包双方协定认定的有关费用。

4．规 费

规费是指按照国家法律、法规规定，由省级政府和省级有关权力部门规定必须缴纳或计取的费用。规费包括：

1）社会保险费

（1）养老保险费：企业按照规定标准为职工缴纳的基本养老保险费。

（2）失业保险费：企业按照规定标准为职工缴纳的失业保险费。

（3）医疗保险费：企业按照规定标准为职工缴纳的基本医疗保险费。

（4）生育保险费：企业按照规定标准为职工缴纳的生育保险费。

（5）工伤保险费：企业按照规定标准为职工缴纳的工伤保险费。

2）住房公积金

住房公积金是指企业按照规定标准为职工缴纳的长期住房储金。

3）残疾人保证金

残疾人保证金是指按照规定缴纳的用于残疾人就业的专项资金。

4）危险作业意外伤害险

危险作业意外伤害险是指施工企业按照规定为从事危险作业的施工人员支付的意外伤害保险费。

5）工程排污费

工程排污费是指按照规定缴纳的施工现场工程排污费。

5．税　金

税金是指国家税法规定的应计入建筑安装工程造价的营业税、城市维护建设税、教育费附加以及地方教育附加。

1.4.2　各专业工程适用范围

依据国家现行工程量计算规范，按工程性质划分的各专业工程适用范围如下：

（1）房屋建筑与装饰工程：适用于工业与民用建（构）筑物的建筑与装饰工程。

（2）通用安装工程：适用于机械设备安装工程，电气设备安装工程，热力设备安装工程，炉窑砌筑工程，静置设备制作安装工程，工业管道工程，消防及安全防范设备安装工程，给排水、采暖、燃气工程，通风空调工程，自动化控制仪表安装工程，建筑智能化及通信设备线路安装工程，长距离输送管道工程，等。

（3）市政工程：适用于城镇管辖范围内的道路工程、桥涵工程、广（停车）场、隧道工程、市政管网、污水处理、路灯及交通工程、市政维修工程、城市生活垃圾填埋处理设施等工用事业工程。

（4）园林绿化工程：适用于新建、扩建、改建的园林建筑及绿化工程。其内容包括：绿化工程，堆砌假山及塑假石山工程，园路、园桥工程，园林小品工程。

（5）房屋修缮及仿古建筑工程：适用于各类房屋建筑和附属设备的修缮，随同房屋修缮工程施工的抗震加固工程，房屋的翻建工程，新建、扩建和改建的仿古建筑工程。

（6）城市轨道交通工程：适用于新建、扩建的城市轨道交通工程。

（7）独立土石方工程：适用于附属一个单位工程内其挖方或填方（挖填不累计）在 5 000 m² 以上或实行独立承包的土石方工程，不包括市政道路工程中用于结构的换填层。

1.4.3　建筑安装工程各项费用的计算方法

建筑安装工程各项费用的计算方法和系数（费率）是基于社会平均水平测算确定的。

1．各造价构成要素计算方法

1）人工费 = ∑(分部分项工程量×定额人工费)

2）材料费 = ∑(分部分项工程量×材料消耗量×材料单价)

3）机械费 = ∑(分部分项工程量×机械台班消耗量×定额台班单价)

4）管理费

计算方法：

管理费＝(定额人工费＋定额机械费×8%)×管理费费率

管理费费率见表 1-1。

表 1-1　管理费费率

专业	房屋建筑与装饰工程	通用安装工程	市政工程	园林绿化工程	房屋修缮及仿古建筑工程	城市轨道交通工程	独立土石方工程
费率/%	33	30	28	28	23	28	25

5）利　润

计算方法：

利润＝(定额人工费＋定额机械费×8%)×利润费率

利润费率见表 1-2。

表 1-2　利润费率

专业	房屋建筑与装饰工程	通用安装工程	市政工程	园林绿化工程	房屋修缮及仿古建筑工程	城市轨道交通工程	独立土石方工程
费率/%	20	20	15	15	15	18	15

6）规　费

（1）计算方法：

规费＝计算基础×费率

规费费率见表 1-3。

表 1-3　规费费率

工程类别	计算基础	费率/%
社会保险费	定额人工费	
住房公积金	定额人工费	26
残疾人保证金	定额人工费	
危险作业意外伤害险	定额人工费	1
工程排污费	按工程所在地有关部门的规定计算	

（2）规费作为不可竞争性费用，应按规定计取。

（3）未参加建筑职工意外伤害保险的施工企业不得计算危险作业意外伤害保险费用。

7）税　金

（1）计算方法：

税金＝计税基础×综合税率

综合税率见表1-4。

表1-4　综合税率

工程所在地	计税基础	综合税率/%
市　区	分部分项工程费＋措施项目费＋其他项目费＋规费－按规定不计税的工程设备费	3.48
县城、镇		3.41
不在市区、县城、镇		3.28

（2）税金作为不可竞争性费用，应按规定计取。

2．建安工程各项费用计算方法

1）分部分项工程费

分部分项工程费由人工费、材料费、机械费、管理费、利润组成。其中各项费用按构成要素计算方法计算，见表1-5。

表1-5　计算方法及费率

措施项目费用名称	计算方法	房屋建筑与装饰工程	通用安装工程	市政工程	园林绿化工程	房屋修缮及仿古建筑工程	城市轨道交通工程	独立土石方工程
安全文明施工费 其中： （1）环境保护费	（分部分项工程费中定额人工费＋分部分项工程费中定额机械费×8%）×费率	15.65	12.65	12.65	12.65	12.65	12.65	2
（2）安全施工费 （3）文明施工费		10.17	10.22	10.22	10.22	10.22	10.22	1.6
（4）临时设施费		5.48	2.43	2.43	2.43	2.43	2.43	0.4
冬、雨季施工增加费，生产工具用具使用费，工程定位复测、工程点交、场地清理费		5.95	4.16	市政工程中建筑工程：5.95 市政工程中安装工程：4.16	5.95	5.95	轨道交通工程中建筑工程：5.95 轨道交通工程中安装工程：4.16	5.95
特殊地区施工增加费	(定额人工费＋定额机械费)×费率	2 500 m＜海拔≤3 000 m 的地区，费率为8%； 3 000 m＜海拔≤3 500 m 的地区，费率为15%； 海拔＞3 500 m 的地区，费率为20%						

2）措施项目费

（1）总价措施项目费：对不能计算工程量的措施项目，采用总价的方式，以"项"为计量单位计算的措施项目费用，其中已综合考虑了管理费和利润。

（2）单价措施项目费：对能计算工程量的措施项目，采用单价方式计算的措施项目费。

（3）措施项目根据工程实际情况计列。措施项目费应根据消耗量定额及本章规定，结合工程施工方案、施工组织设计等计算。其中：安全文明施工费作为不可竞争性费用，应按规定费率计算。

3）其他项目费

（1）暂列金额：招标人按工程造价的一定比例估算，投标人按工程量清单中所列的暂列金额计入报价中。工程实施中，暂列金额应由发包人掌握使用，余额归发包人所有，差额由发包人支付。

（2）暂估价：暂估价由招标人在工程量清单的其他项目费中计列。投标人将工程量清单中招标人提供的材料（设备）暂估单价计入综合单价，将招标人提供不包括税金的专业工程暂总价直接计入投标报价的其他项目费用中。

（3）计日工：按规定计算，其管理费和利润按其专业工程费率计算。

（4）总承包服务费：根据合同约定的总承包服务内容和范围，参照下列标准计算：

① 发包人仅要求对其分包的专业工程进行总承包现场管理和协调时，按分包的专业工程造价的 1.5% 计算。

② 发包人要求对其分包的专业工程进行总承包管理和协调并同时要求提供配合服务时，根据配合服务的内容和提出的要求，按分包的专业工程造价的 3%~5% 计算。

③ 发包人供应材料（设备除外）时，按供应材料价值的 1% 计算。

（5）其他：

① 人工费调差：按省建设行政主管部门发布的人工调整文件计算。

② 机械费调差：按省建设行政主管部门发布的机械费调整文件计算。

③ 风险费：依据招标文件计算。

④ 因设计变更或由于建设单位的责任造成的停工、窝工损失，可参照下列办法计算费用：

a. 现场施工机械停滞费按定额机械台班单价的 40%（社会平均参考值）计算，机械台班停滞费不再计算除税金外的费用。

b. 生产工人停工、窝工工资按 38 元/工日计算，管理费按停工、窝工工资总额的 20%（社会平均参考值）计算。

除①、②条以外发生的费用，按实际计算。

（6）承、发包双方协定的有关费用按实际发生计算。

4）规　费

建安工程中的规费同前规费计算方法。

5）税　金

建安工程中的税金同前税金计算方法。

3. 有关说明

（1）省建设行政主管部门将对工程造价实行动态管理，适时发布人工费、机械费调整文件。调整的人工费、机械费计入工程造价，但不作为计费基础。

（2）使用《云南省通用安装工程消耗量定额》（公共篇）或借用其他专业工程定额时，其管理费、利润、给定费率的总价措施项目费按主体工程专业费率标准计算。

（3）大型机械进退场及安拆费不计算管理费、利润。

1.5 工程造价计算实例

【**例 1-1**】 已知某县某中学新建一栋综合实验楼，某造价咨询有限公司根据"计价依据"计算出分部分项工程费为 900 万元，其中：人工费 100 万元、机械费 70 万元、措施项目费 40 万元、暂列金额 10 万元、工程排污费 3 万元。试求该工程预算造价。

【**解**】

（1）分部分项工程费：900 万元。

（2）措施项目费：40 万元。

（3）其他项目费：10 万元。

（4）规费：

① 社会保障、住房公积金及残疾人保证金：100 万元×26%＝26 万元。

② 危险作业意外伤害险：100 万元×1%＝1 万元。

③ 工程排污费：3 万元。

规费：26＋1＋3＝30 万元。

（5）税金：(900＋40＋10＋30)×0.034 1＝33.418 万元。

（6）工程预算造价：900＋40＋10＋30＋33.418＝1 013.418 万元。

习题 1

1. 简述工程造价的两种含义。

2. 简述工程造价及工程造价计价的特点。

第 2 章　工程量计算基本原理

【学习要点】

（1）了解工程量计算原则。

（2）熟悉工程量计算依据。

（3）掌握工程量计算方法。

2.1　工程量的概念及其作用

2.1.1　工程量的概念

工程量是以规定的物理计量单位或自然计量单位所表示的建筑各个分部分项工程或结构构件的实物数量的多少。

物理计量单位是指分项工程或结构构件的物理属性计量单位，如长度、面积、体积和质量等。

自然计量单位是以客观存在的自然实体为单位的计算计量单位，如套、个、组、台、座等。

2.1.2　工程量的作用

1. 工程量是确定建筑工程造价的重要依据

准确计算工程量，才能正确计算定额直接费，才能合理确定工程造价。

2. 工程量是施工企业进行生产经营管理的重要依据

企业管理内容主要包括编制施工组织设计、安排作业进度、组织材料供应计划、进行统计工作和实现经济核算等。

3. 工程量是业主管理工程建设的重要依据

业主管理内容主要包括编制建设计划、筹集资金、安排工程价款的拨付和结算、进行财务管理和核算等。

2.2 工程量计算依据及计算结果的规定

2.2.1 工程量计算依据

（1）施工图设计文件、相关图集、设计变更等。

（2）工程施工合同、招投标文件（施工组织设计）。

（3）建筑工程工程量计算规则。

（4）建设工程工程量清单计价规范。

（5）建筑工程消耗量定额（或企业定额）。

（6）工程造价工作手册。

2.2.2 计算数据中有效位数的规定

（1）"以体积计算"的工程量以"m^3"为计量单位，工程量保留两位小数。

（2）"以面积计算"的工程量以"m^2"为计量单位，工程量保留两位小数。

（3）"以长度计算"的工程量以"m"为计量单位，工程量保留两位小数。

（4）"以质量计算"的工程量以"t"为计量单位，工程量保留三位小数。

（5）"以数量计算"的工程量以"台、块、个、套、件、根、组、系统"等为计量单位，工程量应取整数。

2.3 工程量计算方法

2.3.1 工程量计算的顺序

每一栋建筑物分项工程繁多，少则几十项，多则上百项，且图纸内容上下、左右、内外交叉，如果计算时不讲顺序，很可能造成漏算或重复计算，并且给计算和审核工作带来不便。因此在计算工程量时，必须按照一定的顺序进行。

1．单位工程工程量计算顺序

（1）按图纸顺序计算。

（2）按预算定额的分部分项顺序计算。

（3）按施工顺序计算。

2．分项工程量计算顺序

（1）从图的左上角开始，顺时针方向计算，如图 2-1。

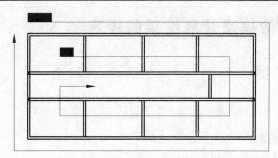

图 2-1　顺时针方向计算示意图

（2）按照横竖分割计算。先横后竖、先左后右、先上后下的顺序计算，如图 2-2。

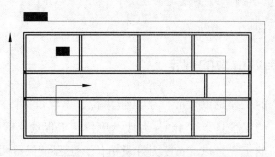

图 2-2　横竖分割计算示意图

（3）按构件图上注明的编号、分类依次进行计算，如图 2-3。

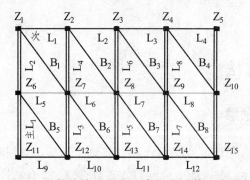

图 2-3　按构件编号、分类顺序计算示意图

（4）按图纸上标注的轴线进行计算，如图 2-4。

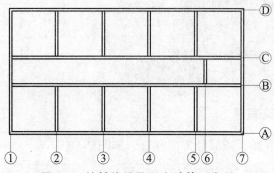

图 2-4　按轴线编号顺序计算示意图

2.3.2 工程量计算的方法和步骤

1. 工程量计算的方法

1）分段计算

在通长构件中，当其中截面有变化时，可采取分段计算的方法。如多跨连续梁，当某跨的截面高度或宽度与其他跨不同时可按柱间尺寸分段计算；再如楼层圈梁在门窗洞口处截面加厚时，其混凝土及钢筋工程量都应分段计算。

2）分层计算

该方法在工程量计算中较为常见，例如墙体、构件布置、墙柱面装饰、楼地面做法等各层不同时，都应分层计算，然后再将各层相同工程做法的项目分别汇总。

3）分区域计算

大型工程项目平面设计比较复杂时，可在伸缩缝或沉降缝处将平面图划分成几个区域分别计算工程量，然后再将各区域相同特征的项目合并计算。

2. 工程量计算的步骤

（1）熟悉图纸：工程量计算必须根据招标文件和施工图纸所规定的工程范围和内容计算，既不能漏项，也不能重复。

（2）划分项目（列出须计算工程量的分部分项工程名称）：按照消耗量定额项目划分。

（3）确定分项工程计算的顺序。

（4）根据工程量计算规则列出计算式计算工程量。

（5）汇总工程量。

2.4 工程量计算原则

2.4.1 工程量计算的原则

（1）工程量计算所用原始数据必须和设计图纸一致。

（2）计算口径必须与消耗量定额一致。

（3）计算单位必须与消耗量定额一致。

（4）工程量计算规则必须与消耗量定额一致。

（5）工程量计算的准保留位数必须和消耗量定额规定一致。

（6）按图纸结合建筑物的具体情况进行计算。

（7）在分项工程及建筑构配件列项计算时，既不能漏项，也不能重复列项。

2.4.2 工程量计算的相关基数——三线一面

三线指外墙外边线长度（$L_外$）、外墙中心线长度（$L_中$）、内墙净长线长度（$L_内$），一面指建筑物底层投影面积（$S_底$）。

（1）外墙外边线长度：建筑物平面图设计中外墙外边线的总长度，用"$L_外$"表示。

（2）外墙中心线长度：建筑物平面图设计中外墙中心线的总长度，用"$L_中$"表示。

（3）内墙净长线长度：建筑物平面图设计中内墙净长线长度的总长度，用"$L_内$"表示。

（4）底层建筑面积：建筑物底层水平投影面积，用"$S_底$"表示。

2.4.3 "三线一面"计算实例

【例 2-1】 如图 2-5 所示为底层建筑平面图，轴线居中。试计算工程量相关基数"三线一面"。

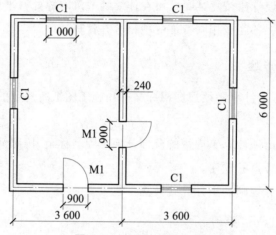

图 2-5 底层建筑平面图

【解】

$L_外 = (3.6 + 3.6 + 0.12 \times 2 + 6 + 0.12 \times 2) \times 2 = 27.36 \text{ m}$

$L_中 = (3.6 + 3.6 + 6) \times 2 = 26.4 \text{ m}$

$L_内 = (6 - 0.12 \times 2) = 5.76 \text{ m}$

$S_底 = (3.6 + 3.6 + 0.12 \times 2) \times (6 + 0.12 \times 2) = 46.43 \text{ m}^2$

习题 2

1. 简述工程量的计算顺序及计算方法。

2. 简述工程量的计算原则。

3. 如图 2-6 所示，轴线居中。试计算工程量相关基数"三线一面"。

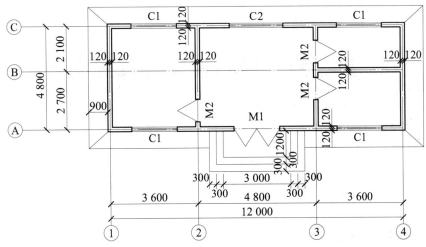

图 2-6　某建筑首层平面图

第3章　建筑面积计算规则

【学习要点】

（1）了解建筑面积的概念、作用。

（2）熟悉建筑面积计算规则。

（3）掌握计算建筑面积的范围、不计算建筑面积的范围。

3.1　建筑面积的概念

3.1.1　建筑面积的概念及内容

（1）建筑面积概念是指建筑物（包括墙体）所形成的楼地面面积。

（2）建筑面积包括：

① 结构面积：建筑墙体、柱等建筑结构所占的面积。

② 使用面积：直接为生产、生活使用的净面积的总和。

③ 辅助面积：建筑物各层平面布置中为辅助生产和生活所占净面积的总和，如楼梯、走廊、厨房、阳台等。

其中：有效面积＝使用面积＋辅助面积。

3.1.2　建筑面积的作用

（1）建筑面积是计算建筑物占地面积、土地利用系数、使用面积系数、有效面积系数，以及开工、竣工面积，优良工程率等指标的依据。

（2）建筑面积是一项建筑工程重要的技术经济指标，可通过其计算各经济指标，如单位面积造价、人工材料消耗指标。

（3）建筑面积是编制设计概算的一项重要参数。

【注】　建筑面积计算规则采用的是《建筑工程建筑面积计算规范》（ GB/T 50353—2013 ）。

3.2　术语解释

（1）自然层：按楼地面结构分层的楼层。

（2）结构层：整体结构体系中承重的楼板层。

（3）结构层高：楼面或地面结构层至上部结构层上表面之间的垂直距离。

（4）结构净高：楼面或地面结构上表面至上部结构层下表面之间的垂直距离。

（5）围护结构：围合建筑空间的墙体、门、窗。

（6）围护设施：为保障安全而设置的栏杆、栏板等围挡。

（7）建筑空间：以建筑界面限定的、供人们生活和活动的场所。

（8）地下室：室内地平面低于室外地平面的高度超过室内净高的 1/2 的房建（图 3-1）。

（9）半地下室：室内地平面低于室外地平面的高度超过室内净高的 1/3，且不超过 1/2 的房建（图 3-2）。

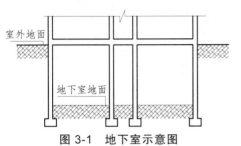

图 3-1　地下室示意图　　　　　　　图 3-2　半地下室示意图

（10）架空层：仅有结构支撑而无外围结构的开敞空间层。

（11）架空走廊：专门设置在建筑物二层或二层以上，作为不同建筑物之间水平交通的空间。

（12）建筑物通道：为穿过建筑物而设置的空间（图 3-3）。

（13）走廊、挑廊、檐廊如图 3-4 所示。

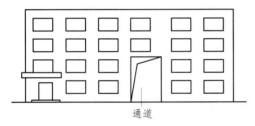

走廊：建筑物的水平交通空间。
挑廊：挑出建筑物外墙的水平交通空间。
檐廊：设置在建筑物底层出檐下的水平交通空间。

图 3-3　建筑物通道示意图　　　　图 3-4　走廊、挑廊、檐廊示意图

（14）凸窗（飘窗）：凸出建筑物外墙面的窗户。

（15）雨篷：建筑出入口上方为遮挡雨水而设置的部件。

（16）门廊：建筑物入口前有顶棚的半围合空间。

（17）门斗：建筑物出入口两道门之间的空间。

（18）变形缝：防止建筑物在某些因素作用下引起开裂甚至破坏而预留的构造缝。

（19）过街楼：跨越道路上空并与两边建筑相连的建筑物。

（20）骑楼：建筑底层沿街面后退且留出公共人行空间的建筑物。

（21）露台：设置在屋面、首层地面或雨篷上的供人室外活动的有围护设施的平台。

（22）勒脚：在房屋外墙接近地面部位设置的饰面保护构造。

（23）台阶：联系室内外地坪或同楼层不同标高而设置的阶梯型踏步。

3.3　计算建筑面积的范围

本规定的适用范围是新建、扩建、改建的工业与民用建筑工程建设过程中的建筑面积计

算，用于工业厂房、仓库，公共建筑，居住建筑，农业生产使用的房屋、粮种仓库，地铁车站等工程。

（1）建筑物的建筑面积应按自然层外墙结构外围水平面积之和计算。结构层高在 2.20 m 及以上计算全面积；结构层高在 2.20 m 以下计算 1/2 面积。

【例 3-1】 如图 3-5 所示，计算建筑面积（墙厚 240 mm，轴线居中）。

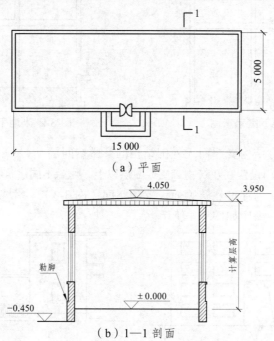

（a）平面

（b）1—1 剖面

图 3-5 某建筑平面图、剖面图

【解】 层高 3.95 > 2.2，所以计算全面积：

$$S_{建面} = (15 + 0.24) \times (5 + 0.24) = 79.86 \text{ m}^2$$

若层高<2.2 m，则计算半面积：

$$S_{建面} = (15 + 0.24) \times (5 + 0.24) \times 1/2 = 39.93 \text{ m}^2$$

【例 3-2】 如图 3-6 所示，计算建筑面积（墙厚 365 mm，轴线居中）。

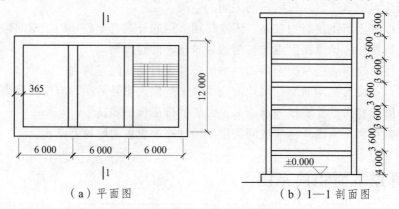

（a）平面图 （b）1—1 剖面图

图 3-6 某建筑平面图、剖面图

【解】 本建筑共 7 层，层高均大于 2.2 m，计算全面积：

$$S_{建面} = (6 \times 3 + 0.365) \times (12 + 0.365) \times 7 = 1\ 589.58\ m^2$$

（2）建筑物内设有局部楼层的，对于局部楼层的二层及以上楼层，有围护结构的应按其围护结构外围水平面积计算，无围护结构的应按其结构底板水平面积计算，且结构层高在 2.20 m 及以上的，应计算全面积；结构层高在 2.20 m 以下的，应计算 1/2 面积。

局部楼层如图 3-7 所示。

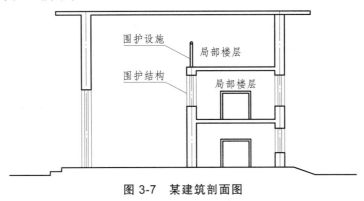

图 3-7 某建筑剖面图

【例 3-3】 如图 3-8 所示，计算建筑面积（墙厚 240 mm，轴线居中）。

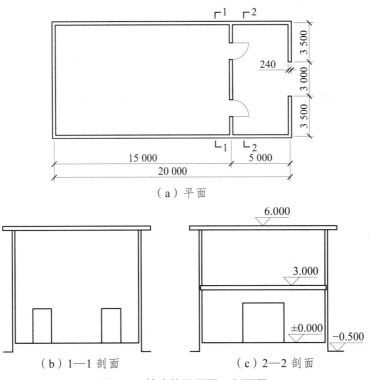

（a）平面

（b）1—1 剖面　　　　（c）2—2 剖面

图 3-8 某建筑平面图、剖面图

【解】 层高均>2.2 m，计算全面积：

首层建筑面积 $S_1 = (20 + 0.24) \times (10 + 0.24) = 207.26\ m^2$

局部楼层建筑面积 $S_2 = (5 + 0.24) \times (10 + 0.24) = 53.66$ m^2

建筑面积 $S_{建面} = S_1 + S_2 = 207.26 + 53.66 = 260.92$ m^2

（3）形成建筑空间的坡屋顶，结构净高在 2.10 m 及以上的部位应计算全面积；结构净高在 1.20 m 及以上至 2.10 m 以下的部位应计算 1/2 面积；结构净高在 1.20 m 以下的部位不应计算建筑面积。

【例 3-4】 如图 3-9 所示，计算建筑面积（墙厚 300 mm）。

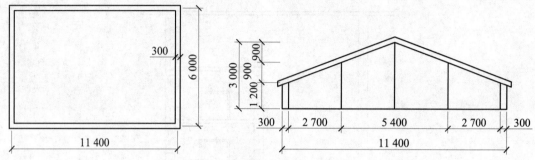

图 3-9 某建筑平面图、剖面图

【解】 净高 1.2 m 以下，不计算建筑面积。

净高 1.2~2.1 m，计算半面积：$S_{半} = 2.7 \times (6.9 + 0.3) \times 1/2 \times 2 = 19.44$ m^2

净高 2.1 m 以上部分，计算全面积：$S_{全} = 5.4 \times (6.9 + 0.3) = 38.88$ m^2

建筑面积 $S_{建面} = 19.44 + 38.88 = 58.32$ m^2

（4）场馆看台下的建筑空间，结构净高在 2.10 m 及以上的部位应计算全面积；结构净高在 1.20 m 及以上至 2.10 m 以下的部位应计算 1/2 面积；净高在 1.20 m 以下的部位不应计算建筑面积。室内单独设置的有围护设施的悬挑看台，应按看台结构底板水平投影计算建筑面积。

【例 3-5】 如图 3-10 所示，计算看台下建筑面积。

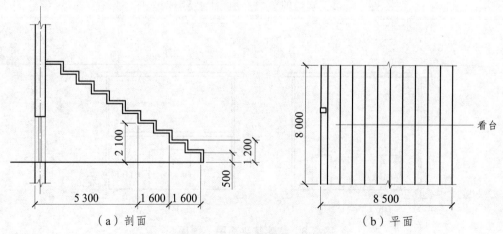

（a）剖面　　　　　　　　（b）平面

图 3-10 体育看台示意图

【解】 净高 1.2 m 以下，不计算建筑面积。

净高 1.2~2.1 m，计算半面积：$S_{半} = 1.6 \times 8 \times 1/2 = 6.40$ m^2

净高 2.1 m 以上部分，计算全面积：$S_{全} = 5.3 \times 8 = 42.40 \ m^2$

建筑面积 $S_{建面} = 6.40 + 42.40 = 48.80 \ m^2$

（5）有顶盖无围护结构的场馆看台应按其顶盖水平投影面积的 1/2 计算建筑面积（图 3-11）。

图 3-11 场馆看台示意图

（6）地下室、半地下室应按其结构外围水平面积计算。结构层高在 2.20 m 及以上的，应计算全面积；结构层高在 2.20 m 以下的，应计算 1/2 面积。

【例 3-6】 如图 3-12 所示，计算建筑面积。

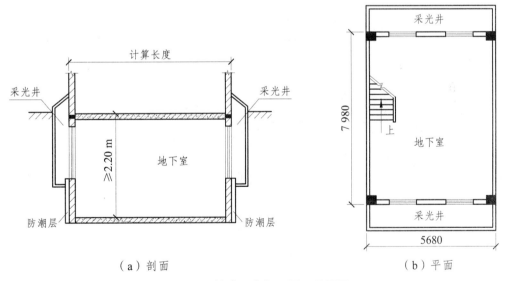

（a）剖面　　　　　　　　　　（b）平面

图 3-12 某地下室剖面图、平面图

【解】　层高≥2.2 m，计算全面积：

$$S_{建面} = 5.68 \times 7.98 = 45.33 \ m^2$$

（7）出入口外墙外侧坡道有顶盖的部位，应按其外墙结构外围水平面积的 1/2 计算面积（图 3-13）。

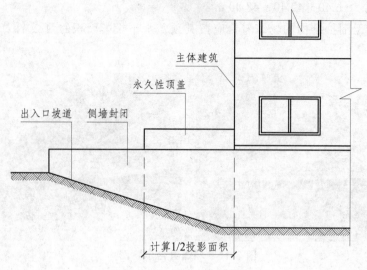

图 3-13　出入口示意图

（8）建筑物架空层及坡地建筑物吊脚架空层，应按其顶板水平投影计算建筑面积。结构层高在 2.20 m 及以上的，应计算全面积；结构层高在 2.20 m 以下的，应计算 1/2 面积（图 3-14）。

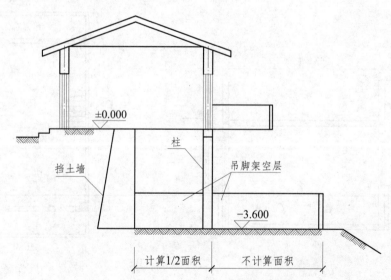

图 3-14　建筑物架空层及坡地建筑物吊脚架空层示意图

（9）建筑物的门厅、大厅按一层计算建筑面积。门厅、大厅内设置的走廊应按走廊结构底板水平投影计算建筑面积。结构层高在 2.20 m 及以上的，应计算全面积；结构层高在 2.20 m 以下的，应计算 1/2 面积（图 3-15）。

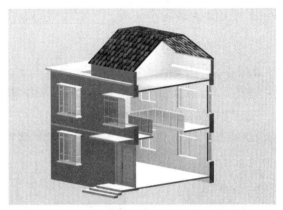

图 3-15 建筑物的门厅、大厅示意图

（10）对于建筑物间的架空走廊，有顶盖和围护结构的，应按其围护结构外围水平面积计算全面积。无围护结构、有围护设施的，应按其结构底板水平投影面积计算 1/2 面积（图 3-16、图 3-17）。

图 3-16 建筑物间无围护结构的架空走廊

图 3-17 建筑物间有围护结构的架空走廊

【例 3-7】 如图 3-18 所示，墙厚 240 mm，架空走廊层高 3 m，计算架空走廊建筑面积。

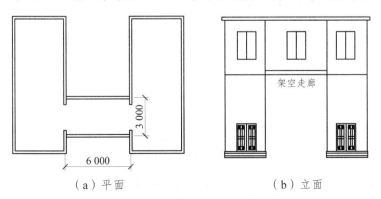

（a）平面　　　　　　　　（b）立面

图 3-18 某建筑物架空走廊示意图

【解】 如图3-18所示,架空走廊有围护结构,且层高＞2.2 m,计算全面积:

$$S_{建面} = (6 - 0.12 \times 2) \times (3 + 0.12 \times 2) = 18.66 \text{ m}^2$$

(11)对于立体书库、立体仓库、立体车库,有围护结构的,应按其围护结构外围水平面积计算建筑面积;无围护结构、有围护设施的,按其结构底板水平投影面积计算建筑面积。无结构层的应按一层计算,有结构层的应按其结构层面积分别计算。结构层高在2.20 m及以上的,应计算全面积;结构层高在2.20 m以下的,应计算1/2面积(图3-19、图3-20)。

图3-19　无围护结构无结构层立体车库

图3-20　有围护结构有结构层立体车库

(12)有围护结构的舞台灯光控制室,应按其围护结构外围水平面积计算。结构层高在2.20 m及以上的,应计算全面积;结构层高在2.20 m以下的,应计算1/2面积(图3-21)。

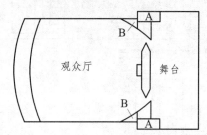

图3-21　舞台灯光控制室示意图

图3-22　建筑物外墙的落地橱窗

(13)附属在建筑物外墙的落地橱窗,应按其围护结构外围水平面积计算。结构层高在2.20 m及以上的,应计算全面积;结构层高在2.20 m以下的,应计算1/2面积(图3-22)。

(14)窗台与室内地面高差在0.45 m以下且结构净高在2.10 m及以上的凸(飘)窗,应按其围护结构外围水平面积计算1/2面积(图3-23)。

图3-23　窗台与室内地面高差示意图

（15）有围护设施的室外走廊（挑廊），应按其结构底板水平投影面积计算 1/2 面积；有围护设施（或柱）的檐廊，应按其围护设施（或柱）外围水平面积计算 1/2 面积（图 3-24）。

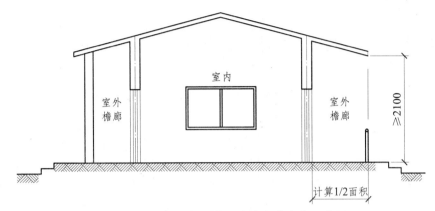

图 3-24　檐廊和有围护设施的室外走廊示意图

（16）门斗按其围护结构外围水平面积计算，且结构层高在 2.20 m 及以上的，应计算全面积；结构层高在 2.20 m 以下的，应计算 1/2 面积（图 3-25）。

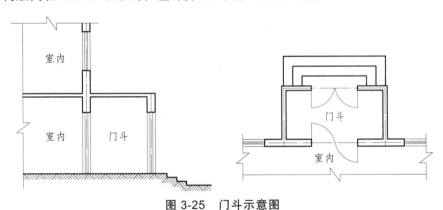

图 3-25　门斗示意图

【例 3-8】　计算如图 3-26 所示建筑物门斗的建筑面积。

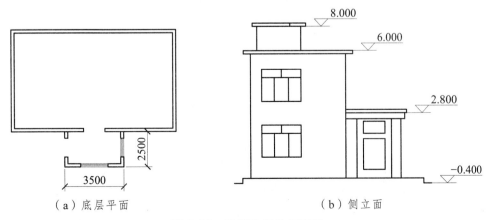

（a）底层平面　　　　　　　　　　　（b）侧立面

图 3-26　建筑物门斗示意图

【解】 因为门斗高>2.2 m，计算全面积：

$$S_{建面} = 3.5 \times 2.5 = 8.75 \text{ m}^2$$

（17）门廊应按其顶板水平投影面积的 1/2 计算建筑面积；有柱雨篷应按雨篷结构板的水平投影面积的 1/2 计算建筑面积；无柱雨篷的结构外边线至外墙结构外边线的宽度在 2.10 m 及以上，按雨篷结构板的水平投影面积的 1/2 计算建筑面积（图 3-27）。

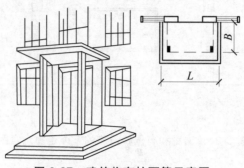

图 3-27　建筑物有柱雨篷示意图

【例 3-9】 如图 3-28 所示，计算雨篷建筑面积。

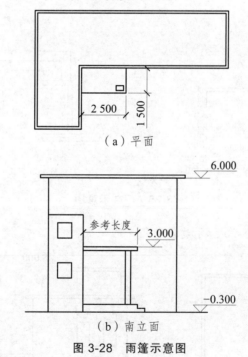

（a）平面

（b）南立面

图 3-28　雨篷示意图

【解】 如图为有柱雨篷，计算半面积：

$$S_{建面} = 2.5 \times 1.5 \times 1/2 = 1.88 \text{ m}^2$$

（18）设在建筑物顶部有围护结构的楼梯间、水箱间、电梯机房等，结构层高在 2.20 m 及以上的，应计算全面积；结构层高在 2.20 m 以下的，应计算 1/2 面积（图 3-29）。

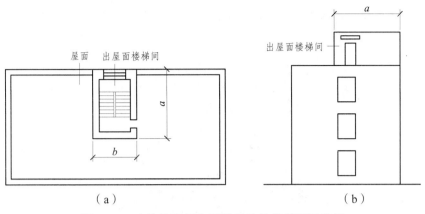

图 3-29 建筑物顶部有围护结构的楼梯间示意图

（19）围护结构不垂直于水平面的楼层，应按其底板面的外墙外围水平面积计算。结构净高在 2.10 m 及以上的部位，应计算全面积；结构净高在 1.20 m 及以上至 2.10 m 以下的部位，应计算 1/2 面积；结构净高在 1.20 m 以下的部位，不应计算建筑面积（图 3-30）。

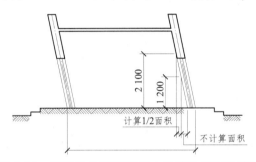

图 3-30 围护结构不垂直于水平面的楼层示意图

（20）建筑物的室内楼梯、电梯井、提物井、管道井、通风排气竖井、烟道应并入建筑物的自然层计算建筑面积。有顶盖的采光井应按一层计算建筑面积，且结构净高在 2.10 m 以上的，应计算全面积；结构净高在 2.10 m 以下的，应计算 1/2 面积（图 3-31、图 3-32）。

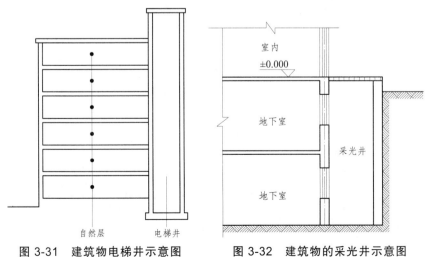

图 3-31 建筑物电梯井示意图   图 3-32 建筑物的采光井示意图

（21）室外楼梯应并入所依附建筑物自然层，并应按其水平投影面积的 1/2 计算建筑面积（图 3-33）。

图 3-33　某建筑室外楼梯示意图

（22）在主体结构内的阳台，应按其结构外围水平面积计算全面积；在主体结构外的阳台，应按其结构底板水平投影面积计算 1/2 面积（图 3-34、图 3-35）。

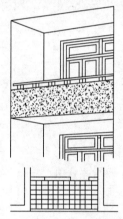

图 3-34　建筑物阳台在主体结构内的示意图

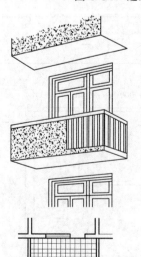

图 3-35　建筑物阳台在主体结构外的示意图

【例 3-10】 计算如图 3-36 所示，阳台建筑面积。

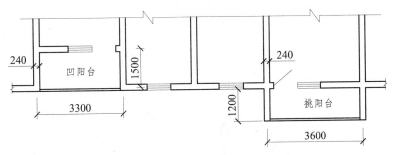

图 3-36 建筑物阳台平面图

【解】 ① 凹阳台属于结构内阳台，计算全面积：

$$S_1 = (3.3 - 0.24) \times (1.5 - 0.12 + 0.12) = 4.59 \ \text{m}^2$$

② 挑阳台属于结构外阳台，计算半面积：

$$S_2 = (3.6 + 0.24) \times 1.2 \times 1/2 = 2.30 \ \text{m}^2$$

$$S_{建面} = S_1 + S_2 = 4.59 + 2.3 = 6.89 \ \text{m}^2$$

（23）有顶盖无围护结构的车棚、货棚、站台、加油站、收费站等，应按其顶盖水平投影面积的 1/2 计算建筑面积（图 3-37）。

图 3-37 有顶盖无围护结构站台示意图

【例 3-11】 计算如图 3-38 所示车棚建筑面积。

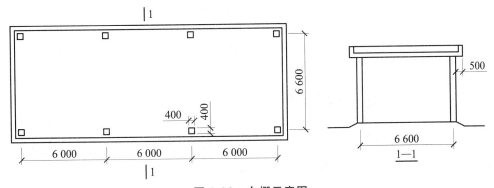

图 3-38 车棚示意图

【解】 $S_{建面} = [6 \times 3 + (0.2 + 0.5) \times 2] \times [6.6 + (0.2 + 0.5) \times 2] \times 1/2 = 77.60 \ \text{m}^2$

（24）以幕墙作为围护结构的建筑物，应按幕墙外边线计算建筑面积。

（25）建筑物的外墙外保温层，应按其保温材料的水平截面积计算，并计入自然层建筑面积（图 3-39）。

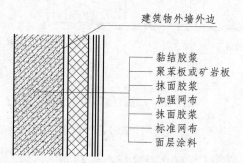

图 3-39 建筑物外墙外侧保温隔热层示意图

【例 3-12】 如图 3-40 所示建筑物外墙有保温隔热层，计算其建筑面积。

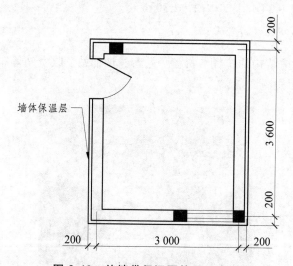

图 3-40 外墙带保温隔热层示意图

【解】 $S_{建面} = (3 + 0.2 \times 2) \times (3.6 + 0.2 \times 2) = 13.6 \ \text{m}^2$

（26）与室内相通的变形缝，应按其自然层合并在建筑物面积内计算；对于高低联跨的建筑物，当高低跨内部连通时，其变形缝应计算在低跨面积内。

（27）建筑物内的设备、管道层、避难层等有结构的楼层，结构层高在 2.20 m 及以上的，应计算全面积；结构层高在 2.20 m 以下的，应计算 1/2 面积。

3.4 不计算建筑面积的范围

本规定的适用范围是新建、扩建、改建的工业与民用建筑工程建设过程中的建筑面积计算，用于工业厂房、仓库，公共建筑，居住建筑，农业生产使用的房屋、粮种仓库，地铁车站等工程。

（1）与建筑物内不相连通的建筑部件。

（2）骑楼、过街楼底层的开放公共空间和建筑物通道。骑楼、过街楼（图 3-41）。

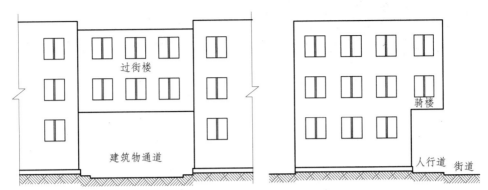

图 3-41　建筑物通道、骑楼、过街楼示意图

（3）舞台及后台悬挂幕布和布景的天桥、挑台等。

（4）露台、露天游泳池、花架、屋顶的水箱及装饰性结构构件（图 3-42）。

图 3-42　屋顶装饰性结构构件示意图

（5）建筑物内的操作平台、上料平台、安装箱和罐体的平台（图 3-43）。

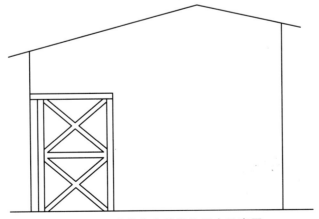

图 3-43　建筑物内的操作平台示意图

（6）勒脚、附墙柱、垛、台阶、墙面抹灰、装饰面、镶贴块料面层、装饰性幕墙、主体结构外的空调室外机隔板（箱）、构件、配件，挑出宽度在 2.10 m 以下的无柱雨篷和顶盖高度达到或超过两个楼层的无柱雨篷（图 3-44）。

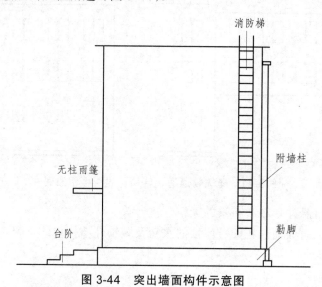

图 3-44　突出墙面构件示意图

（7）窗台与室内地面高差在 0.45m 以下且结构净高在 2.1m 以下的凸（飘）窗，窗台与室内地面高差在 0.45m 及以上的凸（飘）窗。

（8）室外爬梯、室外专用消防钢楼梯（图 3-45）。

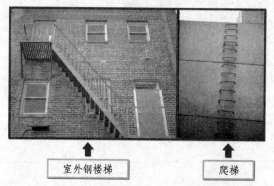

图 3-45　室外爬梯、室外专用消防钢楼梯示意图

图 3-46　自动扶梯示意图

（9）无围护结构的观光电梯、自动扶梯（图 3-46）。

（10）建筑物以外的地下人防通道，独立的烟囱、烟道、地沟、油（水）罐、气柜、水塔、储油（水）池、储仓、栈桥等构筑物。

3.5　建筑面积计算实例

【例 3-13】　某单层建筑物如图 3-47 所示，层高 3 m，计算建筑面积。

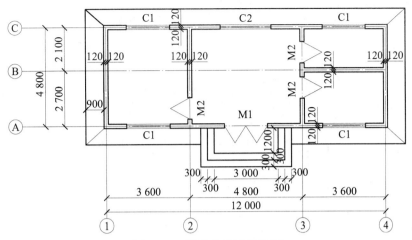

图 3-47 某建筑底层平面图

【解】 $S_{建面} = (12 + 0.12 \times 2) \times (4.8 + 0.12 \times 2) = 61.69 \ \text{m}^2$

【例 3-14】 某 6 层建筑物平面图如图 3-48 所示,墙厚 240 mm,6 层均有阳台,层高 2.8 m,计算建筑面积。

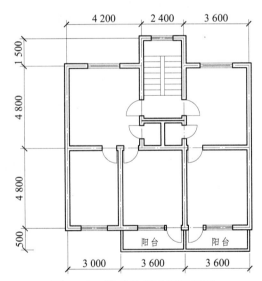

图 3-48 某建筑标准层平面图

【解】 本建筑 6 层,层高均大于 2.2 m,计算全面积,阳台为结构外阳台,计算半面积:

$S_1 = (3 + 3.6 + 3.6 + 0.24) \times (4.8 + 4.8 + 0.24) + (2.4 + 0.24) \times 1.5 = 106.69 \ \text{m}^2$

$S_2 = (3.6 + 3.6) \times (1.5 - 0.12) \times 1/2 = 4.97 \ \text{m}^2$

$S_{建面} = (S_1 + S_2) \times 6 = (106.69 + 4.97) \times 6 = 669.96 \ \text{m}^2$

习题 3

1. 简述建筑面积的概念及作用。

2. 建筑面积包括哪些内容?

3. 某 3 层建筑物，如图 3-49 所示，层高均为 2.8 m，首层建筑平面如图 3-50 所示，墙厚 240 mm，计算首层建筑面积。

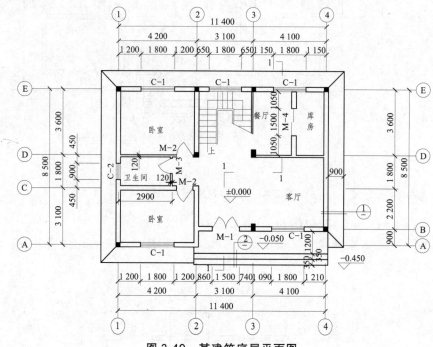

图 3-49　某建筑底层平面图

4. 某单层建筑物如图 3-50 所示，计算该建筑物的建筑面积。

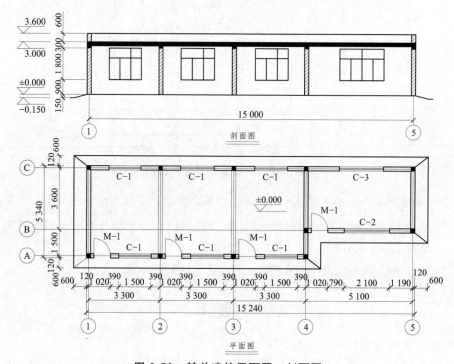

图 3-50　某单建筑平面图、剖面图

第4章 土石方工程量计算与定额应用

【学习要点】

（1）了解土壤和岩石的分类。

（2）熟悉沟槽、基坑、挖土方的划分，作面和放坡的取值规定，不同施工条件下的系数调整方法。

（3）掌握干、湿土的划分，人工土石方的计算规则、计算方法及定额子目套用。

4.1 基本问题

（1）放坡的含义：为了防止土壁塌方，确保施工安全，当挖方超过一定深度或填方超过一定高度时，其边沿应放出足够的边坡，使槽坑壁保持一定坡度，以保证不滑坡、不坍塌。这就是放坡。

（2）放坡系数：在工程中用放坡宽度 b 与挖深 H 的比值表示放坡系数 K，如图4-1所示。

$$K = \frac{b}{H} = \tan\alpha \tag{4-1}$$

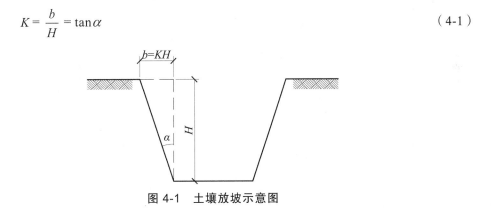

图 4-1 土壤放坡示意图

4.2 石方工程定额内容

4.2.1 土壤、岩石分类表

依据《中华人民共和国国家标准《岩土工程勘察规范》（GB 50021—2001）对土壤及岩石作出如下分类：

（1）土壤分类如表4-1所示。

表 4-1 土 壤 分 类

土壤分类	代表性土壤	开挖方法
一、二类土	粉土、密实度为松散的砂土、粉质黏土、弱中盐渍土、软塑红黏土、充填土	用锹,少许用镐、条锄开挖,机械能全部直接铲挖满载者
三类土	黏土、密实度为稍密的砂土、密实度为松散或稍密的碎石土(圆砾、角砾)、混合土、可塑红黏土、硬塑红黏土、素填土、压实填土	主要用镐、条锄,少许用铁锹开挖,机械需部分刨松方能铲挖满载者或可直接铲挖但不能满载者
四类土	密实度为中密以上的碎石土(卵石、碎石、漂石、块石)、密实度为中密以上的砂土、坚硬红黏土、超盐渍土、杂填土	全部用镐、条锄挖掘,少许用撬棍,机械需普遍刨松方能铲挖满载者

（2）岩石分类如表 4-2 所示。

表 4-2 岩 石 分 类

岩石分类		代表性岩石	饱和单轴抗压强度/MPa	开挖方法
极软岩		1. 全风化的各种岩石 2. 各种半成岩	$f_r \leqslant 5$	部分用镐、条锄、手凿工具、部分用爆破法开挖
软质岩	软岩	1. 强风化的坚硬岩或较硬岩 2. 中等风化—强风化的较软岩 3. 未风化—微风化的页岩、泥岩、泥质砂岩	$15 \geqslant f_r > 5$	用风镐和爆破法开挖
	较软岩	1. 中等风化—强风化的坚硬岩或较硬岩 2. 未风化—微风化的凝灰岩、千枚岩、泥灰岩、砂质泥岩等	$30 \geqslant f_r > 15$	用风镐和爆破法开挖
硬质岩	较硬岩	1. 微风化的坚硬岩 2.未风化—微风化的大理石、板岩、石灰岩、白云岩、钙质砂岩等	$60 \geqslant f_r > 30$	用爆破法开挖
	坚硬岩	未风化—微风化的花岗岩、闪长岩、辉绿岩、玄武岩、安山岩、片麻岩、石英岩、石英砂岩、硅质砾岩、硅质石灰岩等		

4.2.2 综合说明

（1）本定额按天然密实干土编制,如人工挖土时,人工乘以系数 1.18;机械挖土时,人工、机械乘以系数 1.15。干湿土的划分,以地质勘察资料为准,含水率≤25%为干土,含水

率 > 25% 为湿土；以地下常水位为准划分，地下常水位以上为干土，如采用井点降水或采用止水措施的土方按干土计算。

【例 4-1】 已知某工程采用人工挖沟槽，挖深 1.5 m，土方量 80 m³，其中地下常水位以下土方 30 m³，土壤为三类土，试套用定额，确定定额基价。

【解】 ① 干土工程量：80 − 30 = 50 m³

套定额 01010004：人工挖沟槽、基坑，三类土，深度 2 m 以内

定额人工费：3 076.40 元/100 m³

定额基价：3 076.40 元/100 m³

② 湿土工程量：30 m³

湿土应换算定额：01010004 换

定额人工费：3 076.40 元/100 m³ × 1.18 = 3 630.15 元/100 m³

定额基价：3 630.15 元/100 m³

（2）本定额未包括地下水位以下施工的排水费用，发生时另行计算。

（3）挖地槽、地坑已按比例进行综合，在施工中无论是挖地槽或地坑均执行本定额，不作调整。

（4）本定额平整场地是指挖填土在 ± 30 cm 以内的挖填找平；挖、填土方厚度超过 ± 30 cm 以外时，按场地土方平衡竖向布置图另行计算。场地竖向布置挖填土方及挖管道沟槽，不再计算平整场地的工程量。

（5）石方爆破定额是按炮眼法松动爆破编制的，不分明炮、闷炮，但闷炮的覆盖材料应按实计算。

（6）石方爆破定额是按电雷管导电起爆编制的。如采用火雷管爆破时，雷管应换算，数量不变，扣除定额中的胶质导线，换为导火索，导火索的长度按每个雷管 2.12 m 计算。

（7）石方爆破不含石渣清理及运输。

（8）盖挖法套用带支撑土石方开挖相应子目人工乘以系数 1.6，机械乘以系数 1.4。

（9）流砂、淤泥、泥浆运输项目按即挖即运考虑。对没有即时运走的，经晾晒后的淤泥、流砂、泥浆套用一般土方运输相应子目。

（10）本定额中挖土和运输均按自然方计算；填土按压实方计算；借土挖方和运输均按自然方计算，体积折算按表 4-3 计算。

表 4-3 土方体积折算

天然密实度体积	虚方体积	夯实后体积	松填体积
0.77	1.00	0.67	0.83
1.00	1.30	0.87	1.08
1.15	1.50	1.00	1.25
0.92	1.20	0.80	1.00

（11）本定额土方工程均按三类土为准编制，如实际是一、二、四类土时，分别套用相应子目，人工、机械乘以系数（表 4-4）。

表 4-4　一、二、四类土折算系数

项　　目	计算基数	一、二类土	四类土
人工土方	人工	0.60	1.45
机械土方	机械	0.84	1.18

【例 4-2】　挖掘机挖土方，不装车，二类土，试换算定额基价。

【解】　套定额 01010047 换：

人工费：344.95 元/1 000 m³

机械费：2 555.44 元/1 000 m³×0.84 = 2 146.57 元/1 000 m³

基价：344.95 + 2 146.57 = 2 491.52 元/100 m³

（12）带支撑基坑开挖定额适用于有内支撑的深基坑开挖。带支撑基坑土石方项目以第一道支撑下表面为划分界限，界限以上的土石方执行一般土石方相应子目，界限以下的土石方执行带支撑基坑土石方相应子目。挖掘机挖地下室带支撑基坑淤泥、流砂按基坑深度 19 m 以内编制，如基坑深度超过 19 m，按相应定额子目人工、机械乘以系数 1.3。

（13）土石方垂直运输子目适用于无水平运输道路或坡道，并且在土方施工机械施工范围以外。

4.2.3　人工土石方

（1）在有挡土板支撑下挖土方时，定额人工乘以系数 1.43。

（2）桩间挖土方时扣除桩径 > 600 mm（或桩身截面与之相当）的桩头体积。不得因打桩挤密土壤而改变土壤类别。

（3）坑槽内桩间挖土以深度 2 m 为准，超过 2 m 时，深度 3 m 以内人工乘系数 1.07，深度 4 m 以内乘人工系数 1.14。

（4）人工挖土方定额以深度 1.5 m 以内编制，开挖深度超过 1.5 m 时，按表 4-5 增加工作日。

表 4-5　人工挖土方超深增加工日　　　　　　　　　　　100 m³

深度（以内）	2 m	4 m	6 m
工日	4.72	14.96	22.24

4.2.4　机械土石方

（1）推土机推土、推石渣、铲运机铲运土重车上坡，坡度大于 5%时，先按坡度和坡长分别折算运距后套用相应的定额，其运距按坡度区段斜长乘以表 4-6 所示列系数计算。

表 4-6　坡度和坡长折算系数

坡度/%	5~10	15 以内	20 以内	25 以内
系数	1.75	2.0	2.25	2.50

（2）汽车、人力车重车上坡降效因素，已综合在相应的运输定额项目中，不再另行计算。

（3）机械挖土中人工辅助开挖（包括死角、修边、清底等）工程量，可按施工组织设计规定计算。如无规定时，若挖土方工程量小于 1 万立方米，按机械挖土方 90%、人工挖土方 10%计算；若挖土方工程量在 1 万立方米以上，按机械挖土方 95%、人工挖土方 5%计算。人工挖土部分按相应定额项目人工乘以系数 1.5。

（4）推土机推土或铲运机铲土土层平均厚度小于 30 cm 时，推土机台班量乘以系数 1.25，铲运机台班量乘以系数 1.17。

（5）挖掘机在垫板上进行作业时，人工、机械乘以系数 1.25，定额内不包括垫板铺设所需的工料、机械消耗量，实际发生时按实际算。

（6）推土机、铲运机，推、铲为经过压实的堆积土时，按相应定额子目乘以系数 0.73。

（7）机械挖桩间土方时，扣除钻（冲）孔桩、人工挖孔桩体积，按挖土方相应定额子目乘以系数 1.15。

（8）本定额中的爆破材料是按炮孔中无地下渗水、积水编制的，炮孔中若出现地下渗水、积水时，处理渗水或积水发生的费用按实计算。

（9）土方机械上下行驶坡道的土方，合并在土方工程量内计算。

（10）本定额中已考虑了运输中道路清洗的人工，如需要辅助材料时，按实计算。

（11）本定额使用机械除子目内已注明机种规格者外，均按综合机型考虑，不论使用何种机型，均不得调整。

4.3　土石方工程量计算规则与定额应用

（1）挖沟槽、基坑、土方工程量按下列规定计算：

① 沟槽、基坑、一般土石方划分：底宽<7 m 且底长>3 倍底宽者为沟槽；底长≤3 倍底宽且底面积≤150 m^2 者为基坑；超出以上范围者为一般土石方。

② 挖土深度按自然地面测量标高至设计标高的平均深度计算。

③ 挖沟槽、基坑深度，有设计要求的按设计深度计算，无设计要求或设计不明确的按施工组织设计计算。无设计及施工组织设计的按场地平整、竖向土方整理和大型基坑开挖后的标高与基础底面（有垫层的为垫层底面）标高之差计算。

④ 挖沟槽长度，外墙按图示中心线长度计算；内墙按图示基槽底面净长线长度计算；内外突出部分（垛、附墙烟囱等体积）并入沟槽土方工程量内计算。挖基坑以图示尺寸的体积计算。

$$挖土体积(V_{挖}) = 计算长度(L_{中}或 L_{槽底}) \times 沟槽断面面积（S） \tag{4-2}$$

外墙按图示中心线长度计算，当轴线在图示中心线上时，$L_{中}$ 即为外墙轴线之和；当轴线不在图示中心线上时，应作调中处理。

内墙基槽底面净长线（图 4-2）计算表达式：

$$L_{槽底} = 内墙轴线长 - 两端相交基底靠内侧宽度 - 两个工作面 \tag{4-3}$$

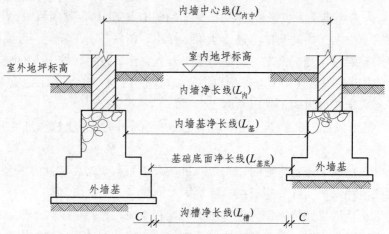

图 4-2　内墙沟槽净长计算示意图

【例 4-3】　根据图示计算沟槽开挖计算长度。图 4-3 所示轴线均居中，基础为砖基础，无垫层。

【解】　应用公式（4-2）、式（4-3）：

$$L_{中} = (8 + 12 + 6 + 12) \times 2 = 76 \text{ m}$$

基槽底面净长线有两种宽度：

槽宽 900 mm：$L_{槽底} = 6 + 12 - 0.5 \times 2 - 0.2 \times 2 = 16.6$ m

槽宽 800 mm：$L_{槽底} = 8 - 0.5 - 0.45 - 0.2 \times 2 = 6.65$ m

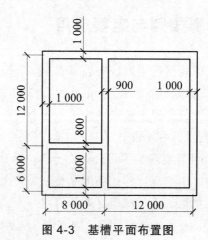

图 4-3　基槽平面布置图

⑤ 不同情况下沟槽工程量计算方法：

　　a. 有工作面不放坡不支挡土板的沟槽（图 4-4）：

$$V_{挖} = (a + 2c)H \times L \tag{4-4}$$

式中　$V_{挖}$——挖沟槽土方量（m^3）；

　　　　L——沟槽计算长度，外墙为中心线长（$L_{中}$），内墙为沟槽净长（$L_{槽}$）；

a——基础底宽（m）；

c——增加工作面宽度（m）；

H——挖土深度（m）。

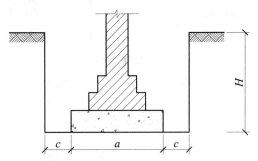

图 4-4 不放坡不支挡土板示意图

b. 有工作面两面放坡的沟槽（图 4-5）：

$$V_{挖} = (a + 2c + KH) \times H \times L \tag{4-5}$$

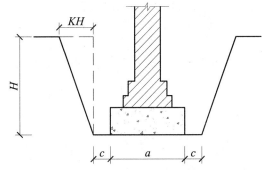

图 4-5 有工作面两面放坡地槽示意图

c. 两面支撑挡土板的沟槽（图 4-6）：

$$V_{挖} = (a + 2c + 2 \times 0.1)H \times L \tag{4-6}$$

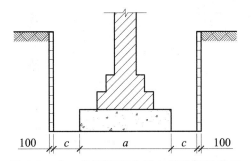

图 4-6 有工作面两面支挡土板地槽示意图

d. 一面放坡一面支挡土板的沟槽（图 4-7）：

$$V_{挖} = (a + 2c + 0.1 + 0.5KH)H \times L \tag{4-7}$$

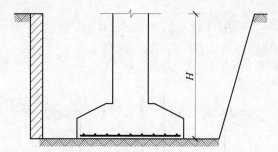

图 4-7 有工作面一面放坡一面支挡土板地槽示意图

e. 无工作面不放坡不支挡土板的沟槽（图 4-8）。

$$V = a \times H \times L \tag{4-8}$$

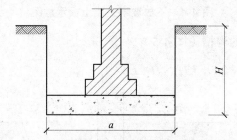

图 4-8 无工作面不放坡不支挡土板地槽示意图

【例 4-4】 某沟槽长 150 m，挖深 1 m，槽底宽度 0.8 m，试计算沟槽开挖土方工程量。

【解】 因为挖深 1 m，未达到放坡起点深度，不需要放坡或支挡土板，应用公式（4-8）：

$$V = a \times H \times L = 0.8 \times 1 \times 150 = 120 \text{ m}^3$$

⑥ 不同情况下的基坑计算方法：

a. 矩形不放坡地坑：

$$V_{挖} = (a + 2c) \times (b + 2c) \times H \tag{4-9}$$

b. 矩形放坡地坑（图 4-9）：

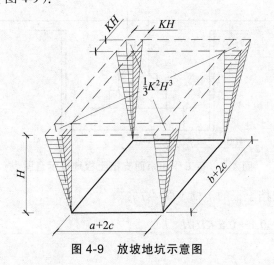

图 4-9 放坡地坑示意图

$$V_{挖} = (a + 2c + KH) \times (b + 2c + KH) \times H + \frac{1}{3}K^2H^3 \qquad (4\text{-}10)$$

c. 圆形不放坡地坑：

$$V_{挖} = \pi(r + c)^2 H \qquad (4\text{-}11)$$

d. 圆形放坡地坑（图 4-10）：

$$V_{挖} = \frac{1}{3}\pi H[r^2 + (r + KH)^2 + r(r + KH)] \qquad (4\text{-}12)$$

式中 r——坑底半径。

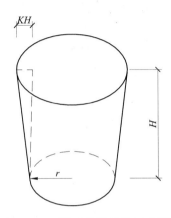

图 4-10   圆形放坡地坑示意图

【**例 4-5**】   某工程做钢筋混凝土独立基础 36 个，已知挖深为 1.8 m，三类土，基底混凝土要求支模，无垫层，底面积为 2.8 m×2.4 m，试求人工挖基坑土方量。

【**解**】   已知：$a = 2.8$ m，$b = 2.4$ m，$c = 0.3$ m，$k = 0.33$，$H = 1.8$ m

代入公式（4-10），单个基坑工程量为：

$$V_{挖} = (a + 2c + KH)(b + 2c + KH) \times H + \frac{1}{3}K^2H^3$$

$$= (2.8 + 2 \times 0.3 + 0.33 \times 1.8) \times (2.4 + 2 \times 0.3 + 0.33 \times 1.8) \times 1.8 + \frac{1}{3} \times 0.33^2 \times 1.8^3$$

$$= 3.994 \times 3.594 \times 1.8 + 0.21 = 26.05 \text{ m}^3$$

$$V_{挖总} = V_{挖} \times 36 = 26.05 \times 36 = 937.8 \text{ m}^3$$

⑦ 挖管道沟槽按图示中心线长度计算，沟底宽度设计有规定的，按设计规定尺寸计算；设计无规定的，可按下式计算确定：

$$B = D_0 + 2C \qquad (4\text{-}13)$$

式中，D_0 和 C 按表 4-7 取值。

⑧ 按表 4-7 计算管道沟土方工程量时，管道（不含铸铁给排水管）接口等处需加宽增加的土方量不另行计算。铺设铸铁给排水管道时其接口等处土方增加量，可按铸铁给排水管道地沟土方总量的 2.5% 计算。

表 4-7　管道沟一侧的工作面宽度计算表

管道的外径 D_o /cm	管道一侧的工作面宽度 C/cm		
	接口类型	混凝土类管道	金属类管道、化学建材管道
$D_o \leqslant 50$	刚性接口	40	30
	柔性接口	30	
$50 < D_o \leqslant 100$	刚性接口	50	40
	柔性接口	40	
$100 < D_o \leqslant 150$	刚性接口	60	50
	柔性接口	50	
$150 < D_o \leqslant 300$	刚性接口	80	70
	柔性接口	60	

（2）平整场地工程量按建筑外墙外边线，或构筑物底面积外边线每边各加 2 m 以平方米计算。

建筑物场地厚度在 ±30 cm 以内的挖土、填土、找平，应按平整场地（图 4-11）列项。±30 cm 以外的竖向布置挖土或山坡切土应按相应项目列项。

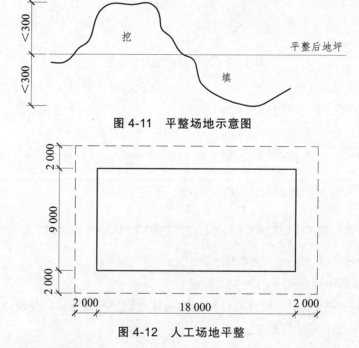

图 4-11　平整场地示意图

图 4-12　人工场地平整

如图 4-12 所示，计算矩形建筑物平整场地有以下两种方法：

① $S_{场}$ =（外墙外边线长边 + 2 m + 2 m）×（外墙边线宽边 + 2 m + 2 m）

$$= (A + 2 + 2) \times (B + 2 + 2) \tag{4-14}$$

② $S_{场} = S_{底} + L_{外} \times 2 + 16$ $\qquad$ （4-15）

【例 4-6】 如图 4-12 所示，计算场地平整工程量（图给实线尺寸为外墙外边线尺寸）。应用公式（4-14）、式（4-15）。

【解】 法一：$S_场 = (A + 2 + 2) \times (B + 2 + 2) = (18 + 2 + 2) \times (9 + 2 + 2) = 286 \text{ m}^2$

或法二：$S_场 = S_底 + L_外 \times 2 + 16 = 18 \times 9 + (18 + 9) \times 2 \times 2 + 16 = 286 \text{ m}^2$

（3）建筑场地原土碾压以平方米计算，填土碾压按图示填土厚度以立方米计算。

（4）计算挖沟槽、基坑、土方工程量需放坡时，应根据施工组织设计规定计算，如无明确规定，放坡系数按表 4-8 规定计算。

表 4-8 土方开挖放坡系数表

土类别	放坡起点 /m	人工挖土	机械挖土		
			在坑内作业	在坑上作业	顺沟槽在坑上作业
一、二类土	1.20	1:0.5	1:0.33	1:0.75	1:0.5
三类土	1.50	1:0.33	1:0.25	1:0.67	1:0.33
四类土	2.00	1:0.25	1:0.10	1:0.33	1:0.25

① 沟槽、基坑中土壤类别不同时，分别按其放坡起点、放坡系数，依不同土壤厚度加权平均计算。

$$K = \frac{H_1 K_1 + H_2 K_2 + \cdots + H_n K_n}{H} = \frac{\Sigma H_i K_i}{H} \qquad (4\text{-}16)$$

式中 K——综合放坡系数；

H_i——某土层的厚度；

K_i——某土层的放坡系数；

H——挖土总深度。

【例 4-7】 某基础沟槽采用人工挖土，挖深 4.2 m，其中二类土挖深 2.4 m，三类土挖深 1.8 m，求其综合放坡起点深度，并判断是否需要放坡。

【解】 已知：$H_1 = 2.4 \text{ m}$，$H_2 = 1.8 \text{ m}$，$H = 4.2 \text{ m}$，$K_1 = 0.5$，$K_2 = 0.33$

代入公式（4-16），则综合放坡系数 $K = \dfrac{2.4 \times 0.5 + 1.8 \times 0.33}{4.2} = 0.427$

综合放坡起点深度 $H = \dfrac{2.4 \times 1.2 + 1.8 \times 1.5}{4.2} = 1.33 \text{ m}$

因为开挖深度 4.2 m > 综合放坡起点深度 1.33 m，所以需要放坡。

② 计算放坡时，在交接处的重复工程量不予扣除，放坡起点为沟槽、基坑底（有垫层的为垫层底面），如图 4-13 所示。

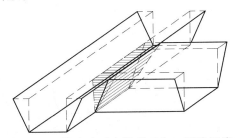

图 4-13 沟槽放坡时交接处重复工程量示意图

（5）基础施工所需工作面，按表4-9规定计算。

表4-9　基础施工所需工作面宽度计算表

基础材料	每边增加工作面宽度/cm
浆砌毛石、条石基础	15
砖基础	20
混凝土基础垫层支模板	30
混凝土基础支模板	30
基础垂直面做防水层	80

① 工作面从基础下表面起增加。

② 在同一基础断面内，具备多种增加工作面条件时，只能按表4-9中最大尺寸计算。

（6）挖沟槽、基坑土方需支挡土板时，其宽度按图示底宽，单面加10 cm，双面加20 cm计算，支挡土板后，不得再计算放坡。

（7）同时开挖的坑槽群，若单个计算的工程量总和小于以坑槽群周边为界的大开挖土方工程量时，以单个计算的工程量总和计算；若单个计算的工程量总和大于以基槽群周边为界的大开挖土方工程量时，以坑槽群周边为界的大开挖土方工程量计算，执行坑槽开挖定额。

（8）人工凿岩石及爆破岩石工程量按图示尺寸以立方米计算。

（9）爆破岩石（光面爆破除外）允许超挖量并入岩石挖方量内计算。平基、沟槽、基坑爆破岩石，爆破宽度及深度允许超挖量为：软岩、较软岩和较硬岩20 cm，坚硬岩15 cm。

（10）摊座按平基图示设计面积或坑槽底面积乘以摊座厚度（30 cm以内）以立方米计算。

摊座是指对爆破后基底进行厚度在30 cm以内的人工凿平、整理，达到设计要求的标高、平整度，并清理石渣的工作。

（11）石方修整边坡按修整面积乘以厚度（30 cm以内）以立方米计算。

（12）回填土按以下规定计算：

① 基础回填土体积 = 挖土体积 – 场地平整后的地表标高以下埋设的实物体积（包括地下室的外形体积），如图4-14所示。

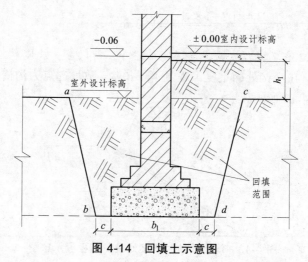

图4-14　回填土示意图

② 管道沟槽回填，以挖方体积减去管道井所占体积计算。管道外径在 50 cm 以下的管道沟槽不扣除管道所占体积；管道外径在 50 cm 以上的管道沟槽按表 4-10 的规定扣除垫层、管道基础、管道等所占体积计算。

表 4-10　每米管道扣除土方体积表　　　　　　　　　　　m³

管道名称	管道直径/mm					
	501～600	601～800	801～1 000	1 001～1 200	1 201～1 400	1 401～1 600
钢管、塑料管	0.21	0.44	0.71			
铸铁管	0.24	0.49	0.77			
混凝土管	0.33	0.60	0.92	1.15	1.35	1.55

③ 室内回填土，按室内填土面积乘以图示回填土厚度以立方米计算。

室内填土面积指室内主墙间净面积，回填土厚度是指室内地坪与平整场地之间的高差减去地面的构造厚度。

④ 余土或取土工程量可按下式计算：

$$V_{运} = V_{挖} - 1.15 \times V_{填} \qquad\qquad (4\text{-}17)$$

式中，1.15 为自然密实体积与夯实体积之间的折算系数。

（13）土石方运距按下列规定计算：

① 推土机推土运距：按挖方区重心至回填区重心之间的直线距离计算。

② 铲运机运土运距：按挖方区重心至卸土区重心加转向距离 45 m 计算。

③ 自卸汽车运土运距：按挖方区重心至填土区（或堆放地点）重心的最短距离计算。

④ 人工运土垂直运距折合水平运距 7 倍计算。

（14）泥浆运输按体积计算。

（15）盖挖法挖土方工程量按室内实际净面积乘以挖土方深度以立方米计算。

（16）回填砂、石屑、级配碎石，按设计图示尺寸以立方米计算。

（17）水泥稳定土，按设计图示尺寸以立方米计算。

（18）抛石挤淤工程量按设计抛石量以堆积以及计算。

（19）带支撑基坑工程量按围护结构内围面积乘以围护冠梁底至底板（或垫层）底的高度以立方米计算。

4.4　计算实例

【例 4-8】　如图 4-15～4-17 所示为房屋基础图，土壤类别为二类土，地坪总厚度为 120 mm，施工要求混凝土垫层支模板，垫层厚 100 mm，已知设计室外地坪以下混凝土垫层体积为 11.36 m³，石砌基础体积为 64.33 m³，砖基础体积为 3.95 m³。求人工场地平整、人工开挖基槽、沟槽回填土、房心回填土及余土外运工程量。

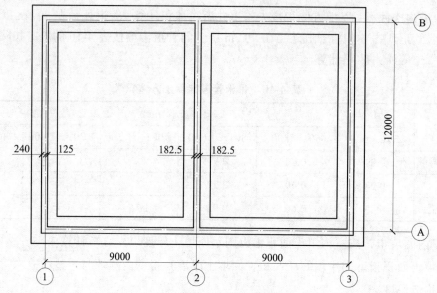

图 4-15 基础平面图

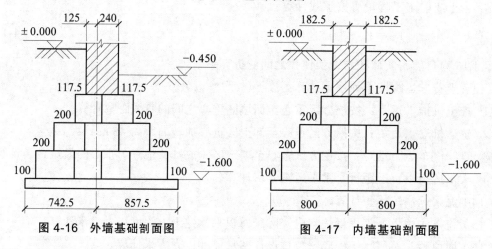

图 4-16 外墙基础剖面图   图 4-17 内墙基础剖面图

【解】 （1）人工场地平整计算。代入公式（4-14）得：

$$S_{场} = (9 + 9 + 0.24 \times 2 + 2 \times 2) \times (12 + 0.24 \times 2 + 2 \times 2) = 370.47 \text{ m}^2$$

（2）人工挖基槽。

场地为二类土，放坡起点深为 1.2 m。

$$H = 1.6 + 0.1 - 0.45 = 1.25 \text{ m} > 1.2 \text{ m}$$

应放坡 $k = 0.5$。

由于混凝土垫层支模板，工作面取 300 mm。

内墙基础底宽：$a = 0.8 \times 2 - 0.1 \times 2 = 1.4 \text{ m}$

外墙基础底宽：$a = 0.742\,5 + 0.857\,5 - 0.1 \times 2 = 1.4 \text{ m}$

计算长度（L）应为：

外墙取中心线长度，由于墙厚为 365 mm，外墙轴线不居中，应进行调中后再计算外墙中心线长。

偏中距：$\delta = 365/2 - 125 = 57.5$ mm

$$L_{中} = (9 + 9 + 12) \times 2 + 0.057\,5 \times 8 = 60.46 \text{ m}$$

内墙用沟槽净长线：

$$L_{槽} = 12 \quad (0.125 + 0.117\,5 + 0.2 \times 2 + 0.3) \times 2 = 10.115 \text{ m}$$

代入公式得：

$$V_{挖} = (60.46 + 10.115) \times (1.4 + 2 \times 0.3 + 0.5 \times 1.25) \times 1.25$$
$$= 185.26 \text{ m}^3$$

（3）沟槽回填土：

$$V_{基填} = V_{挖} - V_{实} = 185.26 - (11.36 + 64.33 + 3.95) = 105.62 \text{ m}^3$$

（4）房心回填土：

室内主墙间净面积为：

$$S = (12 - 0.125 \times 2) \times (9 - 0.125 - 0.182\,5) \times 2 = 204.27 \text{ m}^2$$

回填土厚为：$h = 0.45 - 0.12 = 0.33$ m

房心回填土体积为：$V_{房填} = 204.27 \times 0.33 = 67.41 \text{ m}^3$

（5）余土外运量：

$$V_{运} = V_{挖} - 1.15 \times V_{填} = 185.26 - 1.15 \times (105.62 + 67.41) = -13.72 \text{ m}^3$$

运土量为负值，表明需要借土回填，借土量为 13.72 m³。

【例 4-9】　如图 4-18～4-20 所示为房屋基础图，根据施工方案，混凝土垫层支模，土壤为三类，采用双轮车运土方，运距 100 m。计算人工场地平整、人工挖基槽、回填土及余土运输工程量，确定定额项目，计算分部分项工程费。

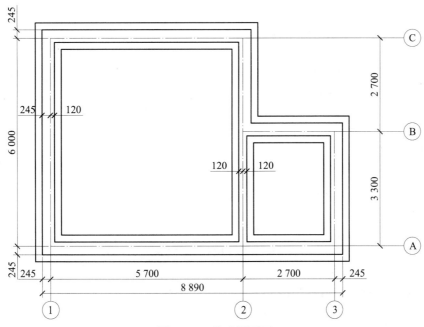

图 4-18　基础平面图

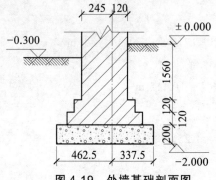

图 4-19　外墙基础剖面图

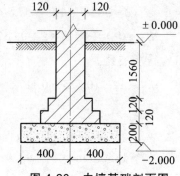

图 4-20　内墙基础剖面图

【解】

（1）计算工程量。

① 场地平整工程量：

$$S_{场} = S_{底} + L_{外} \times 2 + 16 = (5.7 + 2.7 + 0.245 \times 2) \times (6 + 0.245 \times 2) -$$
$$2.7 \times 2.7 + (8.4 + 0.49 + 6 + 0.49) \times 2 \times 2 + 16 = 127.93 \ \text{m}^2$$

② 人工挖基槽土方量：

$$L_{中} = (5.7 + 2.7 + 6) \times 2 + 8 \times 0.062\ 5 = 29.3 \ \text{m}$$

$$L_{槽底} = 3.3 - (0.12 + 0.063 \times 2 + 0.3) \times 2 = 2.21 \ \text{m}$$

$$H = 2 - 0.3 = 1.7 \ \text{m} > 1.5 \ \text{m}$$

故考虑放坡。

三类土 $K = 0.33$，应用公式（4-6）：

$$V_{外挖} = L \times (B + 2C + KH) \times H$$

$$= 29.3 \times (0.365 + 0.063 \times 4 + 2 \times 0.3 + 0.33 \times 1.7) \times 1.7 = 88.56 \ \text{m}^3$$

$$V_{内挖} = L \times (B + 2C + KH) \times H$$

$$= 2.21 \times (0.24 + 0.063 \times 4 + 2 \times 0.3 + 0.33 \times 1.7) \times 1.7 = 6.21 \ \text{m}^3$$

$$V_{挖} = V_{外挖} + V_{内挖} = 88.56 + 6.21 = 94.77 \ \text{m}^3$$

③ 回填土的量：

a. 基础回填土 = $V_{挖}$ - 室外设计地坪以下埋入量

外墙：$V_{埋外} = 29.3 \times [0.365 \times (2 - 0.3 - 0.2) + 0.063 \times 0.12 \times 3 \times 2 + 0.8 \times 0.2] = 22.06 \ \text{m}^3$

$V_{埋内} = (3.3 - 0.12 \times 2) \times [0.24 \times (2 - 0.3 - 0.2) + 0.063 \times 0.12 \times 3 \times 2] +$
$(3.3 - 0.337\ 5 \times 2) \times 0.8 \times 0.2 = 1.66 \ \text{m}^3$

$V_{基回} = V_{挖} - V_{埋外} - V_{埋内} = 94.77 - 22.06 - 1.66 = 71.05 \ \text{m}^3$

b. 房心回填土 = $S_{净} \times H$

$V_{房回} = [(5.7 - 0.12 \times 2) \times (6.0 - 0.12 \times 2) + (2.7 - 0.12 \times 2) \times$
$(3.3 - 0.12 \times 2)] \times (0.3 - 0.12) = 7.02 \ \text{m}^3$

④ 余土运输量：

$$V_余 = V_挖 - 1.15 \times (V_基 + V_房) = 94.77 - 1.15 \times (71.05 + 7.02) = 4.99 \text{ m}^3$$

（2）确定定额项目，计算分部分项工程费。

① 人工场地平整：套【01010121】。

定额人工费：235.72 元/100 m²

$$管理费 = (定额人工费 + 定额机械费 \times 8\%) \times 管理费费率$$
$$= 235.72 \times 33\% = 77.79 \text{ 元/100 m}^2$$

$$利润 = (定额人工费 + 定额机械费 \times 8\%) \times 管理费费率$$
$$= 235.72 \times 20\% = 47.14 \text{ 元/100 m}^2$$

$$分部分项工程费 = (127.93 \div 100) \times (235.72 + 77.79 + 47.14)$$
$$= 1.279\ 3 \times 360.65 = 461.38 \text{ 元}$$

② 人工挖沟槽、基坑，三类土，挖深 2 m 以内：套【01010004】。

定额人工费：3 076.40 元/100 m³

$$管理费 = (定额人工费 + 定额机械费 \times 8\%) \times 管理费费率$$
$$= 3\ 076.40 \times 33\% = 1\ 015.21 \text{ 元/100 m}^3$$

$$利润 = (定额人工费 + 定额机械费 \times 8\%) \times 管理费费率$$
$$= 3\ 076.40 \times 20\% = 615.28 \text{ 元/100 m}^3$$

$$分部分项工程费 = (94.77 \div 100) \times (3076.40 + 1015.21 + 615.28)$$
$$= 0.9477 \times 4706.89 = 4460.72 \text{ 元}$$

③ 人工夯填，基础：套【01010125】。

定额人工费：1878.07 元/100 m³

定额机械费：229.90 元/100 m³

$$管理费 = (定额人工费 + 定额机械费 \times 8\%) \times 管理费费率$$
$$= (1\ 878.07 + 229.90 \times 8\%) \times 33\% = 625.83 \text{ 元/100 m}^3$$

$$利润 = (定额人工费 + 定额机械费 \times 8\%) \times 管理费费率$$
$$= (1\ 878.07 + 229.90 \times 8\%) \times 20\% = 379.29 \text{ 元/100 m}^3$$

$$分部分项工程费 = (71.05 \div 100) \times (1878.07 + 229.90 + 625.83 + 379.29)$$
$$= 0.7105 \times 3113.09 = 2211.85 \text{ 元}$$

④ 人工夯填，地坪：套【01010124】。

定额人工费：1427.08 元/100 m³

定额机械费：227.60 元/100 m³

$$管理费 = (定额人工费 + 定额机械费 \times 8\%) \times 管理费费率$$
$$= (1\ 427.08 + 227.60 \times 8\%) \times 33\% = 476.95 \text{ 元/100 m}^3$$

$$利润 = (定额人工费 + 定额机械费 \times 8\%) \times 管理费费率$$

$$= (1\,427.08 + 227.60 \times 8\%) \times 20\% = 289.06 \text{ 元}/100 \text{ m}^3$$

$$分部分项工程费 = (7.02 \div 100) \times (1427.08 + 227.60 + 476.95 + 289.06)$$
$$= 0.0702 \times 2420.69 = 169.93 \text{ 元}$$

⑤ 双轮车运土方，运距 100 m 以内：套【01010033】。

定额人工费：1096.95 元/100 m²

$$管理费 = (定额人工费 + 定额机械费 \times 8\%) \times 管理费费率$$
$$= 1\,096.95 \times 33\% = 361.99 \text{ 元}/100 \text{ m}^2$$

$$利润 = (定额人工费 + 定额机械费 \times 8\%) \times 管理费费率$$
$$= 1096.95 \times 20\% = 219.39 \text{ 元}/100 \text{ m}^2$$

$$分部分项工程费 = (4.99 \div 100) \times (1096.95 + 361.99 + 219.39)$$
$$= 0.0499 \times 1678.33 = 83.75 \text{ 元}$$

本工程人工场地平整、人工挖基槽、回填土及余土运输的分部分项工程费为：

$$461.38 + 4\,460.72 + 2\,211.85 + 169.93 + 83.75 = 7\,387.63 \text{ 元}$$

【例 4-10】　已知某工程基础详图如图 4-21 所示，J1 共 18 个，J2 共 2 个，设计室外地坪标高 −0.45 m，土壤为四类土。采用挖掘机挖土，人工回填土方，人工装车机动翻斗车运土方，运距 500 m。试计算挖基坑、基础回填土及余土运输工程量，并确定定额项目，计算分部分项工程费。

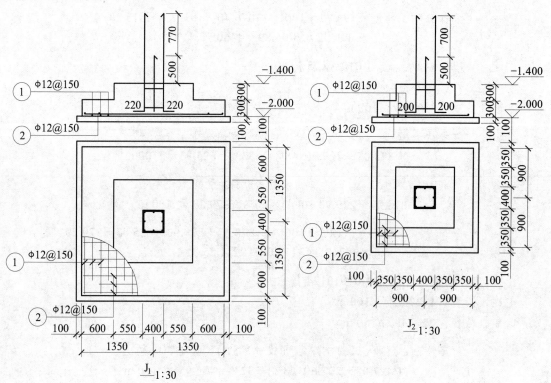

图 4-21　基础详图

【解】:

（1）工程量计算。

① 混凝土基础支模，工作面 $c = 30$ cm。

机械挖土、四类土，放坡系数 $K = 0.33$。

J1、J2 的基坑挖深 $H = -0.45 - (-2.1) = 1.65$ m

J1 单个挖土方量：

$$V_{挖1} = (a + 2c + KH)(b + 2c + KH) \times H + \frac{1}{3} K^2 H^3$$
$$= (2.7 + 2 \times 0.3 + 0.33 \times 1.65) \times (2.7 + 2 \times 0.3 + 0.33 \times 1.65) \times$$
$$1.65 + \frac{1}{3} \times 0.33^2 \times 1.65^3$$
$$= 24.39 + 0.16 = 24.55 \text{ m}^3$$

J2 单个挖土方量：

$$V_{挖2} = (a + 2c + KH)(b + 2c + KH) \times H + \frac{1}{3} K^2 H^3$$
$$= (1.8 + 2 \times 0.3 + 0.33 \times 1.65) \times (1.8 + 2 \times 0.3 + 0.33 \times 1.65) \times$$
$$1.65 + \frac{1}{3} \times 0.33^2 \times 1.65^3$$
$$= 14.31 + 0.16 = 14.47 \text{ m}^3$$

挖基坑土方工程量：$V_{挖总} = V_{挖1} + V_{挖2} = 24.55 \times 18 + 14.47 \times 2 = 470.84$ m³

② $V_{基回} = V_{挖总} - V_{实}$（设计室外地坪以下）。

$$V_{实} = V_{垫层} + V_{基础} + V_{柱}$$
$$= [2.9 \times 2.9 \times 0.1 + 2.7 \times 2.7 \times 0.3 + 1.5 \times 1.5 \times 0.3 + 0.4 \times 0.4 \times$$
$$(1.4 - 0.45)] \times 18 + [2.0 \times 2.0 \times 0.1 + 1.8 \times 1.8 \times 0.3 + 1.1 \times 1.1 \times$$
$$0.3 + 0.4 \times 0.4 \times (1.4 - 0.45)] \times 2 = 69.39 + 3.77 = 73.16 \text{ m}^3$$

$$V_{基回} = V_{挖总} - V_{实} = 470.84 - 73.16 = 397.68 \text{ m}^3$$

③ 余土运输量：

$$V_{余} = V_{挖} - 1.15 \times V_{基回} = 470.84 - 1.15 \times 397.68 = 13.51 \text{ m}^3$$

（2）确定定额项目，计算分部分项工程费。

① 挖掘机挖坑槽土方，不装车：套【01010049】。

定额人工费：413.94 元/1 000 m³

定额机械费：2 842.86 元/1 000 m³

因为定额按三类土编制，土壤为四类土，需要对定额进行换算：

挖掘机挖坑槽土方，不装车（四类土）：套【01010049】换。

定额人工费：413.94 元/1 000 m³

定额机械费：2 842.86 元/1 000 m³ × 1.18 = 3 354.57 元/1 000 m³

管理费 =(定额人工费 + 定额机械费 × 8%)× 管理费费率

$\quad$ = (413.94 + 3 354.57 × 8%)× 33% = 225.16 元/1 000 m³

利润 =(定额人工费 + 定额机械费 × 8%)× 管理费费率

$\quad$ = (413.94 + 3 354.57 × 8%)× 20% = 136.46 元/1 000 m³

分部分项工程费 = (470.84 ÷ 1 000)×(413.94 + 3 354.57 + 225.16 + 136.46)

$\quad$ = 0.470 84 × 4 706.89 = 4 130.13 元

② 人工夯填，基础：套【01010125】。

定额人工费：1 878.07 元/100 m³

定额机械费：229.90 元/100 m³

管理费 =(定额人工费 + 定额机械费 × 8%)× 管理费费率

$\quad$ = (1 878.07 + 229.90 × 8%)× 33% = 625.83 元/100 m³

利润 = 定额人工费 + 定额机械费 × 8%)× 管理费费率

$\quad$ = (1 878.07 + 229.90 × 8%)× 20% = 379.29 元/100 m³

分部分项工程费 = (397.68 ÷ 100)×(1 878.07 + 229.90 + 625.83 + 379.29)

$\quad$ = 3.976 8 × 3 113.09 = 12 380.14 元

③ 人工装车机动翻斗车运土方，运距 500 m：套【01010100】+【01010101】× 4。
定额【01010100】：

定额人工费：6 807.05 元/1 000 m²

定额材料费：67.20 元/1 000 m²

定额机械费：6 856.76 元/1 000 m²

管理费 =(定额人工费 + 定额机械费 × 8%)× 管理费费率

$\quad$ = (6 807.05 + 6 856.76 × 8%)× 33% = 2 427.34 元/1 000 m²

利润 =(定额人工费 + 定额机械费 × 8%)× 管理费费率

$\quad$ = (6 807.05 + 6 856.76 × 8%)× 20% = 1 471.12 元/1 000 m²

定额【01010101】：

定额机械费：884.50 元/1 000 m²

管理费 =(定额人工费 + 定额机械费 × 8%)× 管理费费率

$\quad$ = 884.50 × 8% × 33% = 23.35 元/1 000 m²

利润 =(定额人工费 + 定额机械费 × 8%)× 管理费费率

$\quad$ = 884.50 × 8% × 20% = 14.15 元/1 000 m²

分部分项工程费 = (13.51 ÷ 1 000)×[(6 807.05 + 67.20 + 6 856.76 +

$\quad$ 2 427.34 + 1 471.12)+(884.50 + 23.35 + 14.15)× 4]

$$= 0.013\,51 \times (17\,629.47 + 922 \times 4) = 288.00\ \text{元}$$

习题 4

1. 已知沟槽总长 100 m，如图 4-22 所示。求人工开挖同一沟槽中两种土质土方工程量。

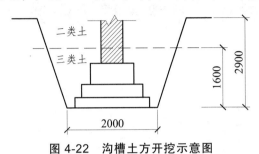

图 4-22　沟槽土方开挖示意图

2. 若将【例 4-8】中混凝土垫层改为原槽浇灌，其余条件不变，试计算相应工程量。

第5章 地基处理、边坡支护工程量计算与定额应用

【学习要点】

（1）了解地基处理与边坡支护工程基本概念。

（2）熟悉地基处理与边坡支护工程的定额内容。

（3）掌握地基处理与边坡支护的计算规则。

5.1 基本问题

（1）地基处理一般是指用于改善支承建筑物的地基（土或岩石）的承载能力，改善其变形性能或抗渗能力所采取的工程技术措施。常用的地基处理方法有：褥垫层、铺设土工合成材料、预压地基、地基强夯、振冲密实、振动沉管打拔桩机打孔灌注砂（碎石、砂石桩）、水泥粉煤灰碎石桩、深层搅拌桩、粉喷桩、夯实水泥土桩、高压旋喷桩、石灰桩、灰土挤压桩、注浆地基等。

（2）边坡支护是指为保证边坡及其环境的安全，对边坡采取的支挡、加固与防护措施。常用的支护结构有：钢筋混凝土板桩、钢板桩、圆木桩、地下连续墙、钻孔咬合灌注桩、杆（索）、土钉、喷射混凝土面层、钢筋混凝土支撑、钢支撑等。

5.2 地基处理、边坡支护工程定额内容

（1）本定额适用于一般工业与民用建筑地基处理、基坑与边坡支护工程。

（2）本定额的土质级别分原则：

① 根据工程地质资料中的土层构造和土壤物理、力学性能有关指标确定。

② 土壤中有砂夹层者，优先按砂层连续厚度确定土壤级别；无砂层者，按土壤的物理力学性能指标确定土壤级别。

③ 土质级别划分原则：采用土壤力学性能指标进行鉴别时，桩长在 12 m 以内者，相当于桩长三分之一厚度的土壤，应达到所规定的指标。桩长超过 12 m 者，判别厚度按 5 m 确定。

土壤鉴别见表 5-1。

表 5-1 土质鉴别表

内 容		土壤级别	
		一级土	二级土
夹砂层	砂层连续厚度	≤1 m	>1 m
物理性能	卵石含量	—	> 15%
	压缩系数	>0.02	≤0.02
	孔隙比	> 0.7	≤0.7
力学性能	动力触探击数	≤12	>12

（3）工程量小于或等于表 5-2 规定的数量时，其人工、机械消耗量按相应定额子目乘以系数 1.25。

表 5-2 单位工程量界限表

项 目	单位工程的工程量
打孔灌注砂，石桩	460 m³
钢板桩	50 t
深层搅拌水泥桩	200 m³
高压旋喷桩	1 000 m
圆木桩	20 m³

【例 5-1】 已知某工程根据地勘报告显示砂层连续厚度为 1.1 m，基坑支护钢板桩工程量 38.542 t，桩长 8.5 m，求分部分项工程费。

【解】 查表 5-1，该工程砂层连续厚度为 1.1 m，大于 1 m，可知该工程为二级土。钢板桩工程量 38.542 t，小于 50 t，所以定额人工、机械消耗量按相应定额子目乘以系数 1.25。

应对定额进行调整，具体如下：查定额 01020109（打钢板桩）（表 5-3），原基价为 596.54 元，其中人工费为 161.62 元，材料费为 37.32 元，机械费为 397.60 元。

$$01020109_{换} = 人工费 \times 1.25 + 材料费 + 机械 \times 1.25$$
$$= 161.62 \times 1.25 + 37.32 + 397.60 \times 1.25$$
$$= 736.35 元$$

其中：人工费 = 161.62 × 1.25 = 202.03 元

材料费 = 37.32 元

机械费 = 397.60 × 1.25

= 497.00 元

分部分项工程费 = [736.35 + (202.03 + 497.00 × 8%) × (33% + 20%)] × 38.542

= 33 319.51 元

表 5-3　钢板桩定额消耗量表

工作内容：准备打桩机具、移动打桩机及其轨道、吊桩定位、安卸桩帽、校正、打桩等。

计算单位：t

定额编号				01020108	01020109	01020110	01020111
项目名称				打钢板桩			
				桩长 10 m 以内		桩长 10 m 以外	
				一级土	二级土	一级土	二级土
基价/元				423.47	596.54	265.01	366.12
其中	人工费/元			114.66	161.62	92.63	130.00
	材料费/元			29.24	37.32	29.24	37.32
	机械费/元			279.57	397.60	143.14	198.80
	名　称	单位	单价/元	数　量			
材料	二等板纺材	m²	1230.00	0.002	0.002	0.002	0.002
	金属周转材料	kg	4.67	4.810	6.540	4.810	6.540
	木楔	m³	1080.00	0.004	0.004	0.004	0.004
机械	轨道式柴油打桩机 2.5 t	台班	965.34	0.175	0.250	0.090	0.125
	履带式起重机 15 t	台班	625.07	0.177	0.250	0.090	0.125

（4）本定额中混凝土灌注桩（墙）及钢筋混凝土支撑、冠梁、腰梁定额子目均按商品混凝土浇灌施工工艺编制，如采用现场搅拌施工工艺，另外套用第三章混凝土现场搅拌、运输或泵送定额子目。

（5）打试验桩（简称打试桩）或做试验锚索套相应定额子目人工、机械乘以系数 2.0。

（6）打桩、压桩、沉管灌注桩，桩间净距（桩边距）≤4 倍桩径的，套相应定额子目人工、机械乘以系数 1.13。

（7）本定额以打直桩为准编制，如设计要求打斜桩，斜度≤1：6 时，套相应定额子目人工、机械乘以系数 1.25；当斜度＞1：6 时，按套相应定额子目人工、机械乘以系数 1.43。

（8）定额以平地（坡度≤15°）打桩为准，在坡度＞15°的堤坡上打桩时，按相应定额子目人工、机械乘以系数 1.15；若在深度＞1.5 m 的基坑内打桩或在地坪上深度＞1 m 的坑槽内打桩时，按相应定额子目人工、机械乘以系数 1.11。

（9）本定额中混凝土灌注桩、连续墙均不包括充盈系数。实际灌入量与定额含量不同时，按现场签证计算超量混凝土，超量混凝土只计算混凝土材料费，人工、机械不变。

超量混凝土 =(实际灌入量 - 图示工程量)×(1 + 损耗率)

（10）本定额工作内容中未包括工作面和桩机行驶地面的平整铺垫与压实，实际发生时按相应的措施项目另行计算。

（11）在桩间补桩或在强夯后的地基上打桩时，按相应定额人工、机械乘系数 1.15。

（12）本定额不包括清除地下障碍物，发生时按实计算。

（13）地下连续墙、钻孔咬合桩、锚杆（索）等入岩的岩层划分为强风化岩、中风化岩和微风化岩三类。强风化岩不作入岩计算，中风化岩和微风化岩要作入岩计算。

岩石风化程度划分见表 5-4。

表 5-4　岩石风化程度划分表

风化程度	特　　征
微风化	岩石新鲜、表面稍有风化迹象
中等风化	结构和构造层理清晰
	岩体被节理、裂隙分裂成块状（200～500 mm），裂隙中填充少量风化物，锤击声脆，且不易击碎
	用镐难挖掘，用岩心钻可钻进
强风化	结构和构造层理不甚清晰，矿物层分显著变化
	岩层被节理、裂隙分割成碎状（20～200 mm），碎石用手可折断
	用镐可以挖掘，手摇钻不易钻进

（14）真空预压定额抽真空时间以 3 个月为准。抽真空时间每增减 0.5 个月，人工增减 2 工日、ϕ100 mm 电动单级离心水泵增减 5.48 台班、真空泵增减 5.48 台班。

（15）专用袋装砂井机械工的袋装砂井直径按 70 mm 考虑，振动沉管桩机施工的装袋砂井直径按 110 mm 考虑，设计直径不同时按砂井截面面积等比例换算砂井含量，其他的不得调整。

（16）振动沉管打桩机打孔灌注砂、碎石、砂石桩等定额按一级土编制，当土壤类别为二级土时，按相应定额人工、机械乘以系数 1.23。

（17）SMW 工法中插拔型管租赁日期自首批（50 t 为一批）型钢管工完成日起计算，钢管支撑与型钢组合支撑租赁日期自支撑体系形成独立受力单元之日起计算。定额租赁时间按 90 天计算，超过 90 天后的租赁费按实际发生的租赁时间计算。如果型钢不能拔出回收，则按现场实际发生的数量计算型钢材料费。

定额中不包括导槽开挖工作与泥浆外运子目，发生时按地下连续墙导墙开挖相应定额子目及泥浆外运相应定额子目执行。

（18）长螺旋钻孔水泥土置换桩定额子目中，水泥土按现场搅拌泵送施工工艺编制，水泥土配合比可按设计调整。

（19）高压旋喷桩。

① 高压旋喷桩水泥及粉煤灰用量及截面面积可以按设计要求调整。

② 高压旋喷桩钻孔深度与高压旋喷桩加固深度不一致时（即上部出现空孔），超出的钻孔深度单独计算钻孔及回灌费用，按相应定额子目扣除材料费及灰浆搅拌机台班用量。

③ 三重管高压摆喷桩按相应定额子目乘以系数 0.8，三重管高压定额喷桩按相应定额子目乘以系数 0.6.

④ 高压旋喷桩泥浆槽按地下连续导墙开挖相应定额子目执行,置换泥浆外运工程量按实计算。

（20）分层注浆、压缩注浆的浆体材料用量可按设计含量调整。

（21）地下连续墙、钻孔咬合桩定额子目，已含 50 m 以内场内运土，运距超过 50 m 时另行计算土方运输。

（22）地下连续墙成槽的护壁泥浆，是按普通泥浆编制的，若采用其他泥浆时，可进行调整。定额中未包括泥浆池的制作、拆除、废泥浆外运及处置费用。

（23）钻孔咬合桩导墙按地下连续墙导墙相应子目计算，入岩按照旋挖钻孔桩入岩相应定额子目执行。

（24）圆木桩未包括防腐费用，发生时按实计算，人工打圆木桩包括手绞捶和三星捶。

（25）钢板桩子目未包括钢板桩的制作、除锈与刷油漆。如打槽钢或钢轨，套用钢板桩相应定额子目机械乘以系数 0.77.

（26）本定额子目未包括钢板桩、拉森钢板桩与型钢桩拔出后桩孔回填工作内容，发生时另行计算。

（27）锚杆（索）与土钉。

① 预应力锚杆（索）中设计锚具型号与定额用量不同时可调整，其他不变。

② 压力分散型锚索中设计承压板、P 锚数量与定额用量不同时可调整，其他不变。

③ 可回收锚索中设计回收装置数量与定额用量不同时可调整，其他不变。

④ 注浆水泥用量与设计用量不同时可调整，其他不变。

⑤ 本定额预应力锚杆（索）均按水平斜向成孔注浆编制，垂直抗浮（抗拔）锚杆（索）执行相应水平斜向定额子目。

⑥ 采用钻机或其他方式成孔且成孔直径不小于 50 mm 的杆体（含管壁开孔注浆且管头扩大部分大于 50 mm 的钢管）按锚杆定额子目执行；采用气腿式风动凿岩机成孔且成孔直径小于 50 mm，与土体形成重力式挡壁的按土钉定额子目执行。

⑦ 预应力锚索注浆按常压注浆、二次高压（劈裂）注浆、高压喷射扩孔注浆分别计算，预应力锚索制作安装按锚索构造分为拉力型锚索、压力分散型锚索与可回收式锚索分别计算。

⑧ 锚杆（索）及土钉钻孔、注浆、布筋、安装、张拉、混凝土喷射等搭设的脚手架，另行计算。

（28）腰梁水平植筋和垂直混凝土面凿毛套用其他章节相应定额子目。

（29）除长螺旋钻孔灌注桩、沉管灌注桩全长浇灌外，其余桩型本定额未包括钻孔空桩回填费用，发生时按实计算。

5.3 地基处理、边坡支护工程量计算规则与定额应用

（1）褥垫层按设计图示面积（设计无规定时按基础垫层每边外扩 300 mm）乘以褥垫层相应厚度以体积（立方米）计算。

【例 5-2】 已知某工程筏板基础 C15 垫层设计尺寸为 45.2 m×24.2 m，现设计变更要求 C15 垫层下再做 0.3 m 厚褥垫层，求设计变更部分的褥垫层工程量。

【解】 设计变更部分的褥垫层工程量 = $(45.2 + 0.3 \times 2) \times (24.2 + 0.3 \times 2) \times 0.3 = 340.75$ m³

（2）铺土工布、土工格栅、土工膜与膨润防水毯按设计图示尺寸以平方米计算。

（3）堆载预压与真空预压按设计图示尺寸以平方米计算，袋装砂井以塑料排水板按设计图示尺寸长度以延长米计算。

（4）地基强夯工程量按设计处理地基的有效面积以平方米计算，即以边缘夯点外边线进行计算，包括夯点面积和夯点间的面积。低垂满夯按有效地基处理面积以平方米计算。

（5）重锤原土夯实按夯实面积以平方米计算，填土夯实按夯实后体积以立方米计算。

（6）振冲灌注碎石桩及振冲密实的工程量按设计桩截面面积乘以桩长以立方米计算。

（7）在桩位上先埋设预制混凝土桩尖，再打孔灌注的砂、碎石、砂石、石灰、灰土、水泥土与混凝土的单打、复打灌注桩工程量，按设计桩长减去桩尖长度再加 0.5 m，乘以设计桩身断面面积以立方米计算。复打桩每复打一次，增加预制桩尖一个。预制桩尖另行计算。

（8）水泥粉煤灰碎石桩（CFG 桩）复合地基：按桩长乘以设计截面面积以立方米计算。桩长按设计桩长加超灌高度。长螺旋钻孔灌注 CFG 桩、沉管灌注 CFG 桩施工超灌高度为施工操作面至设计桩顶距离，不足 0.5 m 时按 0.5 m 计算。

（9）深层搅拌桩（单管机深层搅拌桩、粉喷桩、长螺旋水泥土置换桩、三轴水泥搅拌桩）：

① 水泥消耗量均可按设计要求进行调整，水泥损耗率为 4%。

② 单管机深层搅拌桩、粉喷桩、长螺旋水泥土置换桩、三轴水泥搅拌桩（也称水泥劲性搅拌围护桩）的体积均按桩长（桩长 = 设计桩长 + 超灌高度，超灌高度设计无规定时取 0.5 m）乘以成桩截面面积以立方米计算，不扣除相互咬合及重叠部分体积。

③ 深搅加芯方桩按设计图示长度以延长米计算。

④ 插拔型刚桩按设计图示质量以吨计算，租赁费按时间与质量以"元/（t·d）"计算。

（10）夯实水泥土桩、石灰桩、灰土挤密桩均按设计桩长乘以桩截面面积以立方米计算。

（11）单重管、双重管与三重管高压旋喷桩按桩长（桩长 = 设计桩长 + 超灌高度，超灌高度设计无规定时取 0.5 m）乘以设计截面面积以立方米计算，相互咬合时，不扣除咬合部分体积。

（12）注浆地基：

① 分层注浆、压密注浆钻孔按设计深度以延长米计算。

② 注浆工程量计算：设计图纸注明加固土体体积的，按注明的加固体积以立方米计算；设计图纸按布点形式图示土体加固范围的，则按两孔间距的一半作为扩散半径，以布点边线各加扩散半径，形成计算平面计算注浆体积；如果设计图纸上注浆点位于钻孔灌注桩之间，按两注浆孔孔距的一半作为每孔的扩散半径，以此圆柱体体积计算。

（13）地下连续墙：

① 成槽土方量及浇注混凝土工程量按连续墙设计断面面积（设计长度 × 宽度）乘以槽深（设计槽深 + 超高高度，超灌高度设计无规定时取 0.5 m）以立方米计算。

② 锁口管、接头箱吊拔及清底置换按设计图示连续墙的单元以段计算，其中清底置换按连续墙设计段数计算，锁口管、接头箱吊拔按连续墙段数加 1 计算。

（14）钻孔咬合桩（分硬切割与软切割）按桩长（设计桩长 + 超灌高度，超灌高度设计无规定时取 0.5 m）乘以设计截面面积以立方米计算，不扣除咬合部分体积。

（15）地下连续墙、钻孔咬合桩工程中泥浆制作工程量按钻孔（挖槽）体积以立方米计算，运输排放工程量按钻孔（挖槽）体积 × 0.3（试桩 0.6）系数以立方米计算。

（16）圆木桩工程量按图示尺寸以立方米计算。

（17）钢筋混凝土板桩按设计图示尺寸以立方米计算。

（18）钢板桩打、拔按设计图示尺寸质量以吨计算。安、拆导向夹具，按设计图示长度以延长米计算。

（19）锚杆（索）、土钉：

① 锚杆、土钉制作安装按设计图示尺寸以吨计算。

② 钢管锚杆制作安装及注浆按质量以吨计算。

③ 锚杆（索）土钉钻孔注浆按设计图示尺寸以延长米计算。

④ 预应力锚索钻孔注浆扩孔增加费按设计图示扩孔长度以延长米计算。

⑤ 预应力锚索钻孔二次高压注浆按设计图示尺寸以延长米计算。

⑥ 预应力锚索制作安装及张拉以[图示长度＋预留长度（20 m 以内增加 1.0 m，20 m 以外增加 1.8 m；可回收式预应力锚索 20 m 以内增加 1.5 m，20 m 以外增加 1.8 m）]乘以锚索索数、索体单位质量以吨计算。

【例 5-3】 已知某工程地基施工组织设计中采用土钉支护，如图 5-1 所示，土钉深度为 2 m，平均每平方设一个，C20 混凝土喷射厚度为 100 mm。土钉用公称直径为 25 mm 的三级钢筋（钢筋理论重量 3.85 kg/m），求土钉工程量。

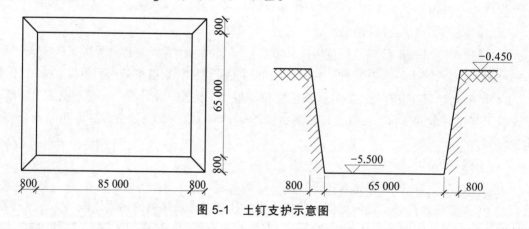

图 5-1 土钉支护示意图

【解】 土钉支护工程量：

$$S_1 = 1/2 \times [(85+0.8 \times 2)+85] \times \sqrt{0.8^2+(5.5-0.45)^2} \times 2 = 877.39 \ \text{m}^2$$

$$S_2 = 1/2 \times [(65+0.8 \times 2)+65] \times \sqrt{0.8^2+(5.5-0.45)^2} \times 2 = 672.87 \ \text{m}^2$$

$$S = S_1 + S_2 = 1\ 550.26 \ \text{m}^2$$

土钉工程量 = 1 550.25 ÷ 1 × 2 × 3.85 = 11 937 kg = 11.937 t

⑦ 预应力锚索锚具、承压垫板与锚头锚墩等制作安装均以套（孔）计算，锚索张拉用钢筋混凝土锚墩按设计图示尺寸以延长米计算。

⑧ 锚杆（索）入岩增加费按设计图纸要求与现场签证以米计算。

（20）喷射混凝土：

① 喷射混凝土工程量按设计图示尺寸展开面积以平方米计算。

② 混凝土喷射平台搭拆按水平投影面积以平方米计算。

③ 钢筋网片竖向按锚杆排距横向按开挖长度分层分段搭接。

（21）桩顶冠梁、桩间腰梁、钢筋混凝土支撑梁按设计图示尺寸以立方米计算，支护桩与腰梁间空隙混凝土并入腰梁计算，加掖角混凝土工程量并入混凝土内支撑梁计算。

（22）钢支撑按设计图示尺寸以吨计算，钢支撑租赁按时间质量以"元/（t·d）"计算。

习题 5

1. 计算题

（1）已知某设备独立基础 C15 垫层设计为 6.5 m×4.5 m，先要求垫层下再做 0.5 m 厚褥垫层，计算褥垫层工程量。

（2）已知某工程方案采用地下连续墙支护，其中某轴线地下连续墙为长 20.5 m、宽 0.35 m、槽深 4.25 m，求该地下连续墙混凝土量。

2. 简答题

（1）边坡失稳的主要原因有哪些？

（2）地基处理的主要方法包括哪些？

（3）边坡支护的常用结构有哪些？

第 6 章　桩基础工程量计算与定额应用

【学习要点】

（1）了解桩基础的定义及分类。

（2）熟悉桩基础工程的定额说明及内容。

（3）掌握桩基础工程计算规则与定额应用。

6.1　基本问题

6.1.1　桩基础的概念

桩基础是用承台把沉入土中的若干个单桩的顶部联系起来的一种基础。桩的作用是将上部建筑物的荷载传递到深处承载力较大的土层上，或将软弱土层挤密以提高地基土的承载力及密实度。在设计时，遇到地基软弱土层较厚、上部荷载较大，用天然地基无法满足建筑物对地基变形和强度方面的要求时，常用桩基础。但在工程造价管理中特指桩身部分。

桩基础是常用的一种深基础形式。若桩身全部埋于土中，承台底面与土体接触，称为低承台桩基；若桩身上部分露出底面而承台底部位于地面以上，则称为高承台桩基。建筑桩基通常采用低承台桩基础。

6.1.2　桩基础的组成

桩基础由承台和桩身两大部分组成，如图 6-1 所示。

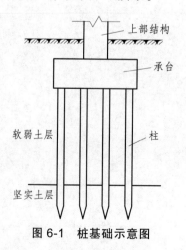

图 6-1　桩基础示意图

承台：承受全部上部结构的重量，并把连同自身重量在内的全部荷载传递给桩。

桩身：基础中的柱状构件，其作用在于穿过软弱土层，把承台传来的全部荷载传递到较坚硬、较密实、压缩性较小的土层或直接传递到岩石层上。

6.1.3　桩基础的分类

根据不同目的，桩基的分类一般可按以下方式进行：一是按成桩方式对土层的影响划分；二是按桩身使用材料划分；三是按作用性质及传力特点划分；四是按施工方法或成桩工艺划分。

桩基础的分类详见表6-1。

表 6-1　桩基础的分类

划分方式	第一层分类	第二层分类
按成桩方法对土的影响	挤土桩	
	非挤土桩	
	部分挤土桩	
按桩身使用材料分类	木桩	
	钢筋混凝土桩	
	钢桩	
	组合桩	
按作用性质及传力特点分	抗轴向压桩	端承桩
		摩擦桩
		摩擦端承桩
	抗侧压桩	
	抗拔桩	
按施工方法或成桩工艺分	打入桩	
	灌注桩	沉管灌注桩
		钻管灌注桩
		挖孔灌注桩
	静压桩	
	螺旋桩	

6.1.4　名词解释

（1）打入桩：将预制桩（包括木桩、混凝土桩和钢桩）用击打或振动法打入地层至设计要求标高。采用的机械有自由落锤、蒸汽锤、柴油锤、压缩空气锤和振动锤等。若施工中遇到难于通过的较坚实地层时，可辅之以射水枪。

（2）静压桩：利用无噪声的机械将预制桩压入到设计标高。

（3）螺旋桩：在桩的端部接一段螺旋钻头，借旋转机械桩将桩打入土层至设计标高。目前已较少。

（4）沉管灌注桩：属于就地灌注桩的一种，成孔方法是将钢管打入土层至设计标高，然后灌注混凝土，并将钢管拔出。

（5）钻孔灌注桩：属于就地灌注桩的一种，使用机械形成桩孔，随即灌注混凝土成桩，一般没有护壁或采用泥浆护壁，不扰动周围土层，采用的钻孔机械有冲击钻、旋转钻、长螺旋和短螺旋等。

（6）挖孔灌注桩：用人力挖土形成桩孔，在向下挖进的同时，将孔壁衬砌以保证施工安全。采用此种方法施工可以形成大尺寸桩，但只能用于地下水位以上的地层，并应特别注意施工挖土时的安全。

（7）摩擦桩：在极限承载力状态下，桩顶荷载由桩侧阻力承受，即外部荷载主要通过桩身侧表面与土层的摩擦力传递给周围土层，桩尖（端）部分承受的荷载很小（一般不超过 10%）。摩擦桩多打在饱和软土地基和松砂地基中。

（8）端承桩：在极限承载力状态下，桩顶荷载由桩端阻力承受，即通过软弱土层桩尖（端）嵌入岩基的桩。外部荷载通过桩身直接传给基岩，桩的承载力主要由桩的端部提供，一般不考虑桩侧阻力的作用。

（9）端承摩擦桩：在荷载作用下，即极限承载力状态下。桩的端阻力和侧壁摩阻力都同时发挥作用。

（10）抗轴向压桩：一般工业与民用建筑物的桩基，在不考虑地震的正常工作下，主要承受从上部结构传来垂直荷载的桩。摩擦桩、端承桩、端承摩擦桩均属于抗轴向压桩，是从桩的荷载传递机理来加以划分的。

（11）接桩：预制钢筋混凝土方桩，因设计桩身过长，采用分段预制，打桩时逐段进行连接的桩，接桩方法有电焊连接与硫磺胶泥接桩两种。

（12）送桩：打预制桩工程中，有时要求将桩顶面打到低于桩架操作平台以下或是由于某种原因，要求将桩顶面打入自然面以下，这时桩锤就不可能触击到桩头，需要另有一根冲桩（也称送桩）接到该桩顶上，以传递桩锤的力量，使桩锤打到需要的位置，最后再去掉冲桩，这一施工措施称为送桩。

6.1.5　工程量计算前的准备工作

为了正确计量、合理取向，在计算打桩的工程量前，首先应确定下列事项：

确定土质级别，依工程地质资料中的土层构造、土壤物理学性质及每米沉桩时间鉴别适用定额土质级别；确定施工方案、工艺流程、采用机型、桩、土壤泥浆运距。

6.2　桩基础工程定额内容

（1）定额的适用范围：

定额适用于一般工业与民用建筑在陆地上的打桩工程，不适用于水工建筑、公路桥梁工程的打桩。

（2）定额的土壤级别划分为一级土与二级土。

（3）工程量小于或等于表 6-2 规定的数量时，其人工、机械乘以系数 1.25。

表 6-2　单位工程量界限表

项　目	单位工程的工程量
预制钢筋混凝土管桩	1 000 m
预制钢筋混凝土方桩	800 m
沉管灌注混凝土桩	60 m³
钻、冲孔灌注混凝土桩	100 m³
钢管桩	30 t

（4）试桩、打桩间距、混凝土灌注及超量混凝土如下：

① 关于打试验桩的规定。

什么叫作打试验桩？

所谓打试验桩，又叫作打试桩，是指在桩基础施工前，了解桩的灌入深度、持力层强度、桩的承载力以及施工过程中遇到各种问题和反常情况等，在没打过的地方预先进行试验。通过试验来校核拟订的设计，确定打桩方案，保证质量措施和打桩等技术要求。在一般情况下，试验桩不打在工程桩的位置上。

定额对打试验桩作何规定？

打试验桩，按相应定额项目的人工、机械乘以系数 2 计算。

② 关于充盈系数的规定

本分部定额中各种打孔灌注桩的材料用量均不包括充盈系数。实际灌入量与定额含量不同时，按现场签证，计算超量混凝土。

$$超量混凝土 = (实际灌入量 - 图示工程量) \times 1.015$$

超量混凝土只计混凝土材料费。

【例 6-1】　某综合楼设计规定桩基用履带式柴油打桩机打孔现场灌注 C30 混凝土桩 200 根，设计桩长 15 m（含桩尖长度 0.5 m），桩径 400 mm，均复打一次，后经甲乙双方确认每桩实际灌入量为 2.88 m³，求其超量混凝土。

【解】

（1）该桩灌注桩图纸工程量：

$$(15 - 0.5 + 0.5) \times (0.4/2)2 \times 3.141\ 6 \times 200 = 377\ m³$$

（2）该灌注桩实际灌入量：

$$2.88 \times 200 = 576\ m³$$

（3）该灌注桩超量混凝土：

$$（实际灌入量 - 图示工程量）\times 1.015 = (576 - 377) \times 1.015 = 201.99\ m³$$

（5）打送桩。

① 静压预制桩送桩按相应压桩定额的人工、机械乘表 6-3 系数计算。

表 6-3　静压桩送桩系数

送桩深度	系数
2 m 以内	1.25
4 m 以内	1.43
4 m 以外	1.67

② 打送预制桩定额按送 4 m 为界，如实际超过 4 m 时，人工、机械按相应定额乘以下列调整系数：

送桩 5 m 以内乘以系数 1.2；

送桩 6 m 以内乘以系数 1.5；

送桩 7 m 以内乘以系数 2.0；

送桩 7 m 以上，以调整后 7 m 为基础，每超过 1 m，系数按 0.75 递增。

③ 钢管桩送桩，套用相应打（压）桩定额子目，人工、机械乘以系数 1.5。

（6）打、压预制桩，不包括接桩。若需接桩，按接桩定额执行。本定额均考虑在已搭置的支架平台上操作，但不包括支架平台的搭设与拆除，实际发生时按有关定额计算。

（7）定额子目中均不包括桩的桩帽制作、墩台制作、抽芯检查、荷载试验、动测检验等的费用，发生时另行计算。

（8）本定额未包括施工场地和桩机行驶地面的平整铺垫与压实，未包括送桩后孔洞回填和隆起土壤的处理费用，如发生时另行计算。

（9）冲击（抓）成孔桩、旋挖钻孔桩入岩的岩层划分为强风化岩、中风化岩和微风化岩三类。强风化岩不作入岩计算，中风化岩和微风化岩要作计算。岩石风化程度详见第二章说明第十三条。

（10）定额不包括清除地下障碍物，发生时按实计算。

（11）回旋钻孔桩、冲击（抓）成孔桩、旋挖钻孔桩定额子目，已含 50 m 以内场内运土，超过时另行计算土方运输。

（12）长螺旋钻孔引孔：为减少挤土效应或为了穿越下卧软土层中的上覆硬土层及较厚砂层时，长螺旋引孔的孔径及深度按设计与经审定批准的施工组织设计确定。

（13）定额钢管桩按成品考虑，不含防腐处理费用，如发生时可根据设计要求按实计算。

（14）锚杆静压桩：

① 锚杆静压桩定额按成品预制桩计算。

② 锚杆（反力架）制作、安装定额中锚杆安装 M27 钢筋锚杆考虑，锚入基础深度为 300 mm。设计锚杆直径和锚入基础深度与定额不同时，除锚杆（反力架）按设计规格调整外，人工、机械及硫磺胶泥含量按比例调整。锚杆交叉连接钢筋的制作、安装费用已包括在封桩定额内，不得另行计算。

③ 锚杆静压桩混凝土基础开凿压桩孔按设计注明的桩芯直径及基础厚度套用定额。基础厚度指压桩孔穿透部分基础混凝土的厚度，不包括各类垫层厚度，基础凿除后废除渣外运费另计。

④ 遇开凿压桩孔后原基础钢筋隔断需要复原的，复原费用另行计算。

⑤ 锚杆静压桩的压桩、送桩按桩径不同套用相应定额,压桩定额中已综合了接桩所需的压桩机台班。当设计桩长在 12 m 以内时,压桩定额人工和机械乘以系数 1.25;设计桩长在 30 m 以上时,压桩定额人工和机械乘以系数 0.85。

⑥ 锚杆静压桩接桩,按桩径不同套用相应定额。

⑦ 由于设计要求或地质条件原因导致锚杆静压桩需截桩时,截除部分桩体压桩费用不计,但桩体材料费用不扣。

⑧ 锚杆静压桩设计采用预加载封桩时,按桩径不同分别套用相应定额。封桩孔基础厚度按 800 mm 编制,设计与定额不同时,混凝土及对应机械含量按比例调整。

⑨ 封桩中突出基础部分的桩帽梁套用"混凝土加固"定额子目。

(15)人工挖孔桩有地下水时,抽水机台班按实际计算。护壁混凝土及模板包括相关规范规定突出地面的 200 mm 高度在内,并与护壁混凝土及模板合并计算。

① 挖淤泥、流砂不包含堵漏、防塌措施费用,实际发生按实际计算。

② 全风化、强风化不作入岩,微风化作入岩计算,中风化按入岩相应子目乘以系数 0.7。岩石风化程度划分见表 6-4。

表 6-4　岩石风化程度划分表

风化程度	特　征
微风化	岩石新鲜,表面稍有风化迹象
中等风化	结构和构造层理清晰
	岩体被节理、裂隙分割成块状(200～500 mm),裂隙中填充少量风化物,锤击声脆,且不易击碎
	用镐难挖掘,用岩心可钻进
强化风	结构和结构层理不甚清晰,矿物层分显著变化
	岩质被节理、裂隙分割成碎状(20～200 mm),碎石用手可折断
	用镐可以挖掘,手摇钻不易钻进

(16)振动沉管灌注桩施工中确需空管扰土时,工程量须经签认确认,其费用按打桩相应项目的人工及打桩费用之和的 25% 计算。

(17)灌注桩中的钢筋笼接头吊焊子目适用于钢筋笼设计长度大于 10 m 进行吊焊。

(18)本定额旋挖钻孔桩、回旋钻孔桩、冲击(抓)桩的护壁泥浆,是按普通泥浆编制的,若采用其他泥浆时,可进行调整,且未包括泥浆池的制作、拆除、废泥浆外运及处置费用。

(19)本定额中除人工挖孔桩外的现场灌注桩超量混凝土计算同定额第二章说明九。

(20)打钢筋混凝土板桩定额中,均已包括打、拔导向桩内容,不得重复计算。

(21)打桩定额均未包括运桩。

(22)定额中的金属周转材料包括打桩压桩桩帽、送桩器、桩帽盖、钢管及料斗等。

(23)本定额未包括钻孔或挖孔的空桩回填费用,发生时按实计算。

6.3 桩基础工程量计算规则与定额应用

（1）打、压预制钢筋混凝土桩：

① 打、压预制钢筋混凝土方桩按设计桩长（包括桩尖，不扣除桩尖虚体积）以延长米计算。

② 压预制钢筋混凝土管桩，按设计桩长以延长米计算。管桩的空心部分，若设计要求灌注混凝土或其他填充材料时，应另行计算。

打、压预制钢筋混凝土桩应按不同打桩机机型、桩长、土壤级别应分别计算其工程量，分别执行定额的相应子目。

（2）送桩：

按送桩长度以延长米计算。送桩长度以桩顶面至自然地坪面另加 0.5 m 计算。

（3）接桩：

接桩分电焊接桩和硫磺胶泥接桩两种工艺。电焊接桩、硫磺胶泥接桩按设计接头以个计算。

电焊接桩的工作内容包括：准备接桩工具，对接上、下节桩，桩顶垫平，放置接桩筒铁、钢板，焊接，焊制，等。

硫磺胶泥接桩的工作内容包括：准备接桩工具，溶制灌注胶泥，等。

【例 6-2】 如图 6-2 所示，自然地面标高 −0.3 m，设计桩顶标高 −2.8 m，设计桩长（包括桩尖）17.6 m。设计 C30 预制钢筋混凝土共 80 根，采用硫磺胶泥接桩。计算：打桩、送桩与接桩的工程量。

【解】 （1）计算打桩工程量：

$$L = 17.6 \times 80 = 1408 \text{ m}$$

（2）计算送桩工程量：

$$L = (2.9 - 0.3 + 0.5) \times 80 = 240 \text{ m}$$

（3）计算接桩工程量：

$$n = 1 \times 80 = 80 \text{ 个}$$

（4）长螺旋钻孔引孔按引孔深度以延长米计算。

（5）锚杆静压桩：

① 锚杆静压桩中锚杆制作、安装，按锚杆数量以根计算。

② 混凝土基础开凿压装孔按设计图示以个计算。

③ 锚杆静压桩压桩、送桩按设计桩长（包括桩尖）以延长米计算。

④ 锚杆静压桩接桩，孔内截桩和封桩按其数量以个计算。

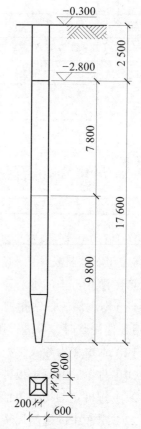

图 6-2 预制钢筋混凝土桩示意图

（6）灌注桩：

根据打桩工艺和打桩时选用的机具不同，现场就地灌注混凝土桩又分为打孔灌注混凝土和钻孔灌注混凝土桩。

① 在桩位上先埋设预制混凝土桩尖，再打孔灌注混凝土单打、复打灌注桩工程量，按设计桩长减去桩尖长度再加 0.5 m，乘以设计桩径断面面积以立方米计算。复打桩每复打一次，增计预知桩尖一个。预制桩尖另行计算。

② 钻孔灌注混凝土桩桩长 = 设计桩长 + 超灌高度。

泥浆护壁水下混凝土灌注桩超灌高度，如设计无规定，超灌高度（不论有无地下室）按不同设计桩长确定：20 m 以内按 0.5 m、35 m 以内按 0.8 m、35 m 以上按 1.2 m 计算。

长螺旋钻孔灌注桩、沉管灌注桩按设计桩长增加 0.5 m 计算。

③ 钢护筒的高度、直径按审定的施工组织设计确定，无具体规定时高度按 3 m 计算，直径按设计桩身加 20 cm 计算。

④ 灌注桩钢筋笼制作按图示尺寸以吨计算；吊焊按钢筋笼的质量以吨计算。

⑤ 后注浆注浆管理设本定额按桩底注浆考虑，如设计采用侧向注浆，则人工、机械乘以系数 1.2。

⑥ 长螺旋钻孔灌注桩、沉管灌注桩施工超灌高度为施工操作面至设计桩顶距离，不足 0.5 m 时按 0.5 m 计算。

（7）人工挖孔桩：

① 人工挖孔桩挖土按图示尺寸（包括桩芯、护壁及扩大头）以立方米计算。

② 人工挖孔桩挖淤泥、流砂工程量按施工签证以体积计算；入岩工程量按图示尺寸以体积计算，设计不明确按施工签证计算。

③ 护壁混凝土按护壁平均厚度乘以长度以立方米计算，区别预制、现浇，护壁长度按打桩前的自然地坪标高至桩底标高（不含入岩长度）另加 20 cm 计算。

④ 桩芯混凝土浇捣按设计桩芯图示尺寸以立方米计算。

⑤ 人工挖孔桩钢筋另按相应章节规定计算。

（8）截（凿）桩头：

① 机械切割预制桩头工程量，按设计数量以个计算。

② 人工凿桩头工程量，除另有规定外，按设计图纸要求的长度乘以截面面积以立方米计算，设计没有要求的，其长度从桩头顶面标高计至桩承台顶以上 100 mm，实际与设计要求不一致时按实际调整。凿灌注桩、钻（冲）孔桩的工程量，按凿桩头长度乘以桩设计截面面积再乘以系数 1.20 计算。凿人工挖孔桩护壁的工程量应扣除桩芯体积计算。

③ 人工凿深层搅拌桩桩头工程量，按设计数量乘以个计算。

（9）泥浆护壁钻孔桩工程中泥浆制作工程量按钻孔体积以立方米计算，运输排放工程量按钻孔体积 × 0.3（试桩 0.6）系数以立方米计算。

（10）旋挖钻孔桩、回旋钻孔桩钻孔或入岩实际钻孔深度以延长米计算。

（11）钢板桩打、拔按质量以吨计算。安、拆导向夹具，按设计规定的长度以延长米计算。

（12）打钢筋混凝土板桩分不同施工场地、长度，以立方米计算。

（13）混凝土现场搅拌、运输及泵送工程量无签证时，按设计图示尺寸以体积计算。

6.4　计算实例

【例 6-3】　已知：如图 6.3 所示为某建筑物基础采用预制钢筋混凝土桩，设计混凝土桩 170 根，将桩送至地面以下 0.6 m，桩尺寸如图所示。试求：① 打桩工程量，② 打送桩工程量；并确定定额项目。

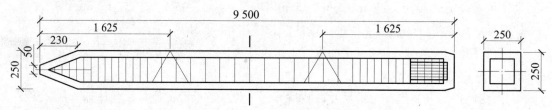

图 6-3　某建筑物基础采用预制钢筋混凝土桩

【解】

（1）计算打桩工程量：

$$L = 9.5 \times 170 = 1\ 615\ \text{m}$$

套用定额 01030001，打混凝土预制方桩 12 m 内：

　　定额基价 = 1 841.39 元/100 m

　　定额直接费 = 1 615 × 1 841.39 = 29 738.45 元（不含钢筋混凝土桩的费用）

（2）计算打送桩工程量：

　　送桩深度 = 设计送桩深度 + 0.50 m = 1.1 m

　　送桩工程量 1.1 × 170 = 187 m

套用定额 01030031，（送桩 2 m 内）：

　　定额基价 = 原基价 + (人工 + 机械) × 1.25 = 2 823.79 元/100 m

　　定额直接费 = 1.87 × 2 823.79 = 520.49 元（不含送桩帽的费用）

【例 6-4】　已知：某工程设计要求打预制钢筋方桩 187 根，规定每桩分 3 节制作，采用电焊接头，已知桩顶标高为 −2.3 m，自然地面标高为 −0.70 m，试求该工程接桩、送桩工程量。

【解】　（1）接桩工程量：

$$n = 2 \times 187 = 374\ \text{个}$$

（2）送桩工程量：

$$L = (2.3 - 0.7 + 0.5) \times 187 = 392.7\ \text{m}$$

习题 6

1. 某工程打孔灌注钢筋混凝土桩，设计桩长 14 m（不含桩尖长度），桩径 400 mm，共计 150 根，全部复打一次。施工采用走管式柴油打桩机，桩管外径 377 mm，已知定额桩含量 10.15 m/10 m³。

（1）计算该工程复打灌注桩工程量；

（2）计算该工程量的混凝土用量。

2. 某工程基础为灌注混凝土桩基，场地一级土，桩径 ϕ377，桩长 14.7 m（含桩尖长 0.5 m），共打 240 根，其中单打 120 根，其余均复打一次。施工采用振动沉管 400 kN 内打拔桩机，经甲乙双方现场共同记录，已确认每桩混凝土灌入量单打为 2.32 m³，复打为 2.88 m³，试计算该工程混凝土超量灌入量。

3. 简述桩及桩的分类。

4. 简述人工挖孔桩的概念及工程量计算规则。

第 7 章 砌筑工程量计算与定额应用

【学习要点】

（1）了解定额项目划分。

（2）熟悉砌体中砌块和砂浆消耗量的计算方法，标准砖墙体厚度的规定，不同施工条件下的系数调整方法。

（3）掌握基础与墙身划分的规定，墙体、基础的工程量计算规则及计算方法，墙体、基础的定额子目套用。

7.1 基本问题

7.1.1 定额相关概念

（1）砖基础：砖砌筑的基础，按构造形式分为条形基础和独立基础。

（2）清水砖墙：又称单面清水墙，凡砖墙只有一面粉刷或饰面，而另一面只是在墙面上勾缝或刷涂漆的，称为单面清水墙。

（3）混水砖墙：砖墙两面均做粉刷或饰面的，称为混水砖墙。

（4）多孔砖：孔小而多，孔洞垂直于大面（承压面），只适用于 6 层以下建筑物的承重部位。

（5）空心砖墙：孔大而少，孔洞平行于大面（大面为承压面），一般用作隔墙或框架结构的填充墙。

（6）填充墙：用于框架内隔墙，厚 355 mm（1.5 砖表示），填充料多用矿渣或炉渣混凝土。

（7）框架间砌体：框架结构中填砌在框架柱梁间，作为结构围护体的墙体。

（8）地沟：一般指敷设管网、电缆和送气管道等的整体沟道。其中明沟、暗沟指排雨水、污水的管道。

7.1.2 名词解释

（1）门窗洞口：门与窗在砖墙内所占的面积。

（2）过人洞：为建筑物内交通方便，往往不需设门时开设的洞口。

（3）空圈：砖墙平面所空出的洞口，以方便建筑物的各种用途，如垃圾井的开启部分、楼梯转角处安放灭火器的缺口等等。

（4）过梁：墙体上开设门、窗洞口时，为了支撑洞口上部砌体所传来的各种荷载，并将这些荷载传给窗间墙，因而在门、窗洞口上设置的横梁，称为过梁。

（5）圈梁：沿外墙四周及部分内墙设置的连续闭合梁，有时由于构造的需要，圈梁经过门窗洞口上方时，亦可充当过梁。

（6）挑梁：一端悬挑，而另一端锚固于柱或墙体的钢筋混凝土梁。挑梁一般位于阳台、雨篷下面。

（7）暖气包壁龛：墙体内为安放暖气散热器预先留设的洞口，以方便放置之用。

（8）内墙板头：板搁置在墙体的部分，通常根据内墙而定，板的搁置长度不超过内墙的1/2。

（9）梁头：梁搭置在墙体的部分，如图 7-1 所示。

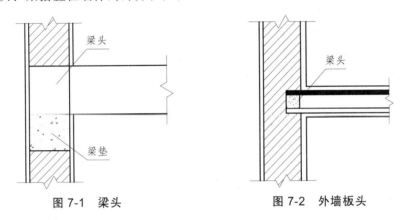

图 7-1　梁头　　　　　　　　　　图 7-2　外墙板头

（10）外墙板头：板搁置在外墙上的部分，多指预制板，如图 7-2 所示。

（11）檩条：又称桁条，设置在屋架间、山墙间或山墙间的小梁，用以支撑椽子或屋面板。

（12）窗台虎头砖：窗台顶部采用顶砌一皮砖或将一皮砖侧砌并悬挑 60 mm 的挑砖，如图 7-3 所示。

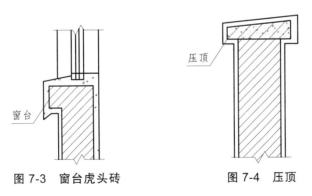

图 7-3　窗台虎头砖　　　　　　　图 7-4　压顶

（13）压顶：露天的墙顶上用砖或混凝土等材料筑成的覆盖层。它有防止雨水渗入墙身，起到保护墙身的作用，如图 7-4 所示。

（14）砖垛：因结构需要，柱与墙连接处突出墙面的砖柱。它是墙身的稳固构造，如图 7-5 和 7-6 所示。

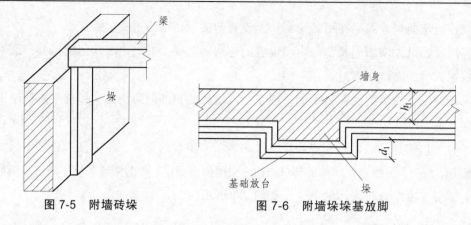

图 7-5　附墙砖垛　　　　　　　　　图 7-6　附墙垛垛基放脚

（15）附墙烟囱、附墙通风道、附墙垃圾道：依附墙身而建的烟囱、通风道、垃圾道。

（16）女儿墙：高出屋面的矮墙，对屋顶起保护作用，如图 7-7 所示。

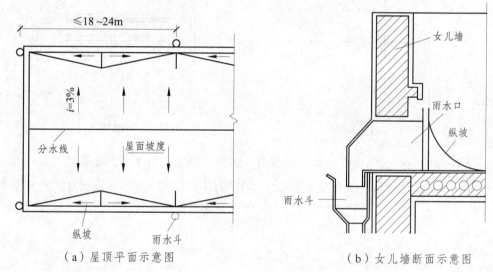

（a）屋顶平面示意图　　　　　　　　　（b）女儿墙断面示意图

图 7-7　女儿墙示意图

7.2　砌筑基础工程定额内容

7.2.1　砌砖、砌块

（1）本章按标准砖规格编制；多孔砖、砖块按常用规格编制。如实际用砖规格不同时，可按以下规定换算其砖和砂浆的用量。

① 砖墙：1 m³ 各种不同厚度砖墙的砖和砂浆用量的计算式：

$$砖：A = 1/墙厚 \times （砖长＋灰缝）\times （砖厚＋灰缝）\times K \tag{7-1}$$

式中：A——每一立方米砖砌体砖的净用量（损耗另计）；

K——墙厚的砖数×2（砖数：如 0.5 砖、1 砖、1.5 砖等）。

砂浆：$B = (1 - $ 每一块砖的体积 $\times A) \times$ 压实系数 1.07

式中：$B = $ 每一立方米砖砌体砂浆的净用量（损耗另计）。

②方形砖柱：

砖：$A = $ 一层砖的块数/柱横断面积 $\times$（一层砖厚 + 灰缝）　　　　　　　　（7-2）

砂浆：$B = (1 - $ 每一块砖的体积 $\times A) \times$ 压实系数 1.07（A、B 的含义同上，缝宽 10 mm）

③砖墙、砖柱主要材料的换算方法，也适用于其他规则的六面体砌块的换算。

（2）砌墙定额中已包括先立门窗框的调直用工，以及腰线、窗台线、挑檐等一般出线用工。

（3）砖砌体均包括了原浆勾缝用工。加浆勾缝时，另按相应定额计算。

（4）弧形砖基础，套用砖基础定额，其人工乘以系数 1.10。

（5）砖砌挡土墙，墙体厚度在 2 砖以上套用砖基础定额，墙体厚度在 2 砖以内套用砖墙定额。

（6）各种类型的砌块墙，是按混合砂浆编制的，如设计使用水玻璃矿渣等黏结剂胶合料时，应按设计要求另行计算。

（7）沟算子中的不锈钢、塑料、铸铁算子按成品考虑，钢筋算子按现场制作编制。

（8）项目中砂浆强度等级按常用品种、强度等级列出。如与设计不同时，可以换算。

7.2.2　砌　石

（1）毛石指爆破后直接得到的，或经粗凿加工得到的形状不规则的块石。毛石砌体按其平整度分类：

乱毛石：以不规则的毛石错缝砌筑。

平毛石：以毛石上下面大致凿平、分层找平、错缝砌筑、露面拼缝。

整毛石：以砌筑前先将毛石加工为大致五面体，大面为自然不加工的面。分层找平、错缝砌筑、露面拼接、逗口崭齐、无缺棱掉角。

（2）料石为具有规则的六面体石块，多为人工凿琢而成，按表面加工的平整分类：

料石：稍加整修所得。

粗料石：表面凸凹深度（Δh）不大于 2 cm。

细料石：表面凸凹深度（Δh）不大于 0.2 cm。

（3）本章中粗、细料石（砌体）墙按 400 mm $\times$ 220 mm $\times$ 200 mm，柱按 450 mm $\times$ 220 mm $\times$ 200 mm，踏步石按 400 mm $\times$ 300 mm $\times$ 120 mm 规格编制的。实际规格不同，不允许换算。

（4）毛石护坡高度高过 4 m 时，人工定额量乘以系数 1.15。

（5）砌筑圆弧形石砌体基础、墙（含砖石混合砌体）按定额项目人工定额量乘以 1.10。

（6）毛石地下室墙，按相应定额执行。

（7）条石踏步基础按不同材料套用相应定额：毛石踏步按平毛石基础定额执行。

（8）石砌挡土墙墙身与基础划分：大放脚上表面以下套用基础定额，以上套用墙身定额。

7.2.3　工程内容

除各节说明外，均包括准备工具、挂线、吊直、校正皮数杆、选砖（石），原材料场内运输、浇砖、淋化石灰膏、调直砂浆，清扫墙面及清理落地砖（石）灰，并运至指定地点，堆放等全部操作过程。

7.2.4 轻质墙

（1）定额中轻质墙板厚度是按常用厚度编制的，若实际厚度与定额不同时，可以换算。

（2）钢丝网架聚苯乙烯夹芯墙板是按双面网板编制的，墙厚包括双面钢丝架厚度。

7.3 砌筑基础工程量计算规则与定额应用

7.3.1 砌筑工程主要说明要点

1. 砌体厚度的规定

（1）本分部中黏土实心砖的规格是按标准砖编制的，其规格为 240 mm×115 mm×53 mm。砖块、多孔砖规格是按常用规格编制的。规格不同，可以换算。

标准砖以 240 mm×115 mm×53 mm 为准，其砌体计算厚度，按表 7-1 计算。

表 7-1 标准砌体计算厚度表

砖数（厚度）	1/4	1/2	3/4	1	1.5	2	2.5	3
计算厚度/mm	53	115	180	240	365	490	615	740

（2）使用非标准砖时，其砌体厚度应按砖实际规格和砂浆设计厚度计算。

2. 基础与墙身（柱身）的划分

（1）基础与墙身（柱身）使用同一种材料时，以设计室内地面为界（有地下室者，以地下室室内设计地面为界），以下为基础，以上为墙（柱）身，如图 7-8 所示。

（2）基础与墙身（柱身）使用不同材料时，分界线位于设计室内地面 ±300 mm 以内时，以不同材料为分界；超过 ±300 mm 时，以设计室内地面为界线，如图 7-9 所示。

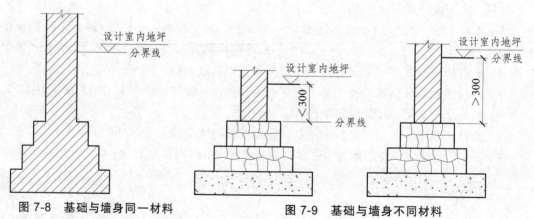

图 7-8 基础与墙身同一材料　　　　图 7-9 基础与墙身不同材料

（3）砖、石围墙，以设计室外地坪为界，以下为基础，以上为墙身。

3. 基础长度

（1）外墙墙基按外墙中心线（$L_中$）长度计算；内墙墙基按内墙基顶面净长线（$L_{基顶}$）计算。

（2）基础大放脚 T 形接头处的重叠部分以及嵌入基础的钢筋、铁件、管道、基础防潮层及单个面积在 $0.3\ m^2$ 以内孔洞所占体积不予扣除，但靠墙暖气沟的挑檐亦不增加。

4. 墙的长度

外墙长度按外墙中心线长度（$L_中$）计算；内墙长度按内墙净长线（$L_内$）计算。

5. 墙身高度

（1）外墙：斜坡屋面无檐口天棚者算至屋面板底；有屋架且室内外均有天棚者，算至屋架下弦底另加 20 cm；无天棚者算至屋架下弦底另加 30 cm，出檐宽度超过 60 cm 时，应按实砌高度计算；平屋面算至钢筋混凝土板底；有梁时算至梁底。

（2）内墙：位于屋架下弦者，其高度算至屋架底；无屋架者算至天棚底另加 100 mm；有钢筋混凝土楼板隔层者算至楼板底；有框架梁时算至梁底面。

（3）女儿墙：自外墙顶面算至女儿墙顶面。

（4）内外山墙：按其平均高度计算。

7.3.2　砌筑工程量计算规则

（1）砌体工程量计算规则：

① 砖、石、砌块墙：按设计图示尺寸以体积计算。应扣除门窗洞口，过人洞，空圈，嵌入墙身的钢筋混凝土柱、梁、圈梁、挑梁、过梁及凹进墙身的壁龛、暖气槽、消火栓箱所占的体积。不扣除梁头、板头、檩头、垫木、木楞头、沿椽木、木砖、门窗走头、墙身内的加固钢筋、木筋铁件、钢管及单个面积在 $0.3\ m^2$ 以下的孔洞所占体积。凸出墙面腰线、挑檐、压顶、窗台线、虎头砖、门窗套的体积亦不增加。凸出墙面的砖垛并入墙体体积计算。

【例 7-1】　已知某建筑物平面图和剖面图如图 7-10 所示，三层，层高均为 3.0 m，M5.0 混合砂浆砌筑混水砖墙，内外墙厚均为 240 mm；外墙有女儿墙，高 900 mm，厚 240 mm；现浇钢筋混凝土楼板、屋面板厚度为 120 mm。门窗洞口尺寸为：M1：1 400 mm×2 700 mm，M2：1 200 mm×2 700 mm，C1：1 500 mm×1 800 mm（二、三层 M1 换成 C1），门窗上设置圈梁兼过梁，240 mm×300 mm，计算墙体工程量，并套用定额。

【解】　$L_中 = (3.6 \times 3 + 5.8) \times 2 = 33.2\ m$

$L_内 = (5.8 - 0.24) \times 2 = 11.12\ m$

240 砖外墙工程量 $= \{33.2 \times [3 - (0.18 + 0.12)] \times 3 - 1.4 \times 2.7 - $
$1.5 \times 1.8 \times 17\} \times 0.24 \approx 52.62\ m^3$

240 砖内墙工程量 $= [11.12 \times (3 - 0.3) \times 3 - 1.2 \times 2.7 \times 6] \times 0.24 \approx 16.95\ m^3$

240 砖砌女儿墙工程量 $= 33.2 \times 0.9 \times 0.24 \approx 7.17\ m^3$

240 混水砖墙工程量 $= 52.62 + 16.95 + 7.17 = 76.74\ m^3$

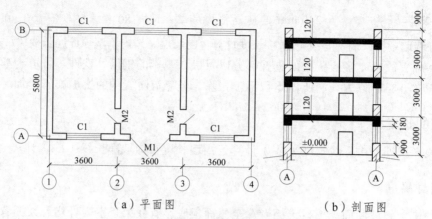

（a）平面图　　　（b）剖面图

图 7-10　某建筑平面、断面图

套用定额：01040009　　M5.0 砌筑混合砂浆

其中：人工费 = 76.74/10×912.21 = 7 000.30 元

材料费（辅材）= 76.74/10×5.94 = 45.58 元

标准砖（主材）= 76.74/10×5.3×500 = 20 336.10 元

M5.0 混合砂浆（混合料）= 76.74/10×2.396×259.56 = 4 772.50 元

材料费 = 主材费 + 辅材费 + 混合材料费

$\qquad$ = 20 336.10 + 45.58 + 4 772.50

$\qquad$ = 25 154.18 元

机械费 = 76.74/10×34.67 = 266.06 元

管理费 = (定额人工费 + 定额机械费×8%)×管理费费率

$\qquad$ = (7 000.30 + 266.06×8%)×33%

$\qquad$ = 2 317.12 元

利　润 = (定额人工费 + 定额机械费×8%)×利润费率

$\qquad$ = (7 000.30 + 266.06×8%)×20%

$\qquad$ = 1 404.32 元

分部分项工程费 = 人工费 + 材料费 + 机械费 + 管理费 + 利润

$\qquad$ = 7 000.30 + 25 154.18 + 266.06 + 2 317.12 + 1 404.32

$\qquad$ = 36 141.98 元

② 砖垛、三皮砖以上的腰线和挑檐等体积，并入墙身体内计算。

③ 附墙烟囱（包括附墙通风道、垃圾道）按其外形体积计算，并入所依附的墙体体积内，不扣除每一个孔洞横截面面积在 0.1 m² 以下的体积，但孔洞内的抹灰工程量亦不增加。

④ 女儿墙高度，自外墙顶面至图示女儿墙顶面高度，区别不同墙厚并入墙身计算。

⑤ 平砌砖过梁按设计图示尺寸以立方米计算。若设计无规定时，平砌砖过梁按门窗洞口宽度两端共加 500 mm 计算，高度按 440 mm 计算。若实际高度不足规定高度时，按实际高度计算：

平砌砖过梁体积 = 平砌砖过梁长度×高度×厚度　　　　　　　　　　　　（7-3）

平砌砖过梁厚度($L_{中}$)：按相关规定计算。

【**例 7-2**】　有一墙厚为 240 mm 的砖混结构房屋，设有 80 樘窗，窗洞宽 1 800 mm，采用钢筋砖过梁，计算钢筋砖过梁的工程量，并套用定额。

【**解**】　钢筋砖过梁的工程量 = (1.8 + 0.5)×0.44×0.24×60(樘) = 14.573 m

定额编号：01040083　　M10 砌筑混合砂浆

其中：人工费 = 14.573/10×1 406.64 = 2049.47 元

材料费（辅材）= 14.573/10×241.88 = 352.42 元

标准砖（主材）= 14.573/10×5.33×500 = 3 882.91 元

ϕ10 以内钢筋（主材）= 14.573/10×0.11×800 = 128.22 元

M10 砌筑混合砂浆（混合料）= 14.573/10×2.760×272.89 = 1 097.38 元

材料费 = 主材费 + 辅材费 + 混合材料费

$\qquad$ = 3 882.91 + 128.22 + 352.42 + 1097.38

$\qquad$ = 5 460.93 元

机械费 = 14.573/10×39.97 = 58.24 元

管理费 = (定额人工费 + 定额机械费×8%)×管理费费率

$\qquad$ = (2 049.47 + 58.24×8%)×33%

$\qquad$ = 677.86 元

利　润 = (定额人工费 + 定额机械费×8%)×利润费率

$\qquad$ = (2049.47 + 58.24×8%)×20%

$\qquad$ = 410.83 元

分部分项工程费 = 人工费 + 材料费 + 机械费 + 管理费 + 利润

$\qquad$ = 2 049.47 + 5 460.93 + 58.24 + 677.86 + 410.83

$\qquad$ = 8 657.33 元

（2）基础工程量计算规则：

① 基础：按设计图示尺寸以体积计算，包括附墙剁基础宽出部分体积,扣除地梁（圈梁）、构造柱所占体积，不扣除基础大放脚 T 形接头处的重叠部分及嵌入基础内的钢筋、铁件、管道、基础砂浆防潮层和单个面积 0.3 m² 以内的孔洞所占体积，靠墙暖气沟的挑檐不增加。基础长度：外墙按中心线、内墙按净长线计算。

② 砖基础一般采用大放脚形式，通常有等高式和不等高式两种，如图 7-11 所示。

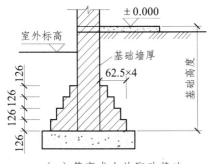

（a）等高式大放脚砖基础

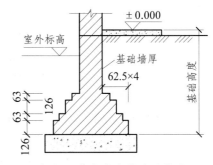

（b）不等高式大放脚砖基础

图 7-11　大放脚砖基础示意图

外墙基础体积＝外墙中心线长度×基础断面积－应扣除项目的体积

内墙基础体积＝内墙基础净长线×基础断面积－应扣除项目的体积

基础体积＝外墙基础体积＋内墙基础体积　　　　　　　　　　　　　　（7-4）

注意问题：

① 基础断面＝基础墙宽度×设计高度＋增加断面面积

　　　　　＝基础墙宽度×(设计高度＋折加高度)　　　　　　　　　　（7-5）

② 基础大放脚在 T 形接头处的重叠部分不予扣除。

【例 7-3】　某工程基础平面和断面如图 7-12 所示，M5.0 砂浆砌筑，试计算基础工程量，并套用定额。

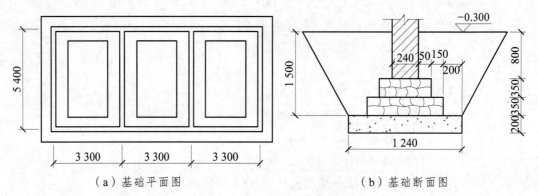

（a）基础平面图　　　　　　　　　　（b）基础断面图

图 7-12　基础平面、断面图

【解】

① 计算基数：

$$L_{中} = (3.30 \times 3 + 5.40) \times 2 = 30.60 \text{ m}$$

$$L_{内} = (5.40 - 0.24) \times 2 = 10.32 \text{ m}$$

② 计算砖基础工程量[用公式（7-4）、式（7-5）]：

砖基础工程量＝(0.80＋0.30)×0.24×(30.60＋10.32)≈10.80 m³

套用定额：01040001　M5.0 砌筑水泥砂浆

其中：人工费＝10.80/10×778.06＝840.30 元

　　　材料费（辅材）＝10.80/10×5.88＝6.35 元

　　　标准砖（主材）＝10.80/10×5.240×500＝2 829.60 元

　　　M5.0 水泥砂浆（混合材料）费＝10.80/10×2.490×220.68＝593.45 元

　　　材料费＝主材费＋辅材费＋混合材料费

　　　　　　＝2 829.6＋6.35＋593.45

　　　　　　＝3 429.40 元

　　　机械费＝10.80/10×36.06＝38.94 元

　　　管理费＝(定额人工费＋定额机械费×8%)×管理费费率

　　　　　　＝(840.30＋38.94×8%)×33%

　　　　　　＝278.33 元

利　润 =(定额人工费 + 定额机械费 × 8%) × 利润费率

　　　　= (840.30 + 38.94 × 8%) × 20%

　　　　= 168.68 元

分部分项工程费 = 人工费 + 材料费 + 机械费 + 管理费 + 利润

　　　　　　　= 840.30 + 3429.40 + 38.94 + 278.33 + 168.68

　　　　　　　= 4 755.65 元

③ 计算毛石基础工程量：

毛石基础工程量 = [(1.24 − 0.20 × 2) × 0.35 + (0.84 − 0.15 × 2) × 0.35] × (30.6 + 10.32) ≈ 19.76 m³

套用定额：01040039　　M5.0 砌筑水泥砂浆

人工费 = 19.76 /10 × 703.32 = 1389.76 元

材料（辅材）费 = 19.76 /10 × 4.42 = 8.73 元

毛石（主材）费 = 19.76/10 × 300 × 11.22 = 6 651.22 元

M5.0 水泥砂浆（混合料）= 19.76/10 × 3.30 × 220.68 = 1 439.01 元

材料费 = 主材费 + 辅材费 + 混合材料费

　　　= 6 651.22 + 8.73 + 1 439.01

　　　= 8 098.96 元

机械费 = 19.76/10 × 47.80 = 94.45 元

管理费 =(定额人工费 + 定额机械费 × 8%) × 管理费费率

　　　= (1 389.76 + 94.45 × 8%) × 33%

　　　= 461.11 元

利　润 =(定额人工费 + 定额机械费 × 8%) × 利润费率

　　　= (1 389.76 + 94.45 × 8%) × 20%

　　　= 279.46 元

分部分项工程费 = 人工费 + 材料费 + 机械费 + 管理费 + 利润

　　　　　　　= 1 389.76 + 8 098.96 + 94.45 + 461.11 + 279.46

　　　　　　　= 10 323.74 元

（3）框架建砌体工程量计算规则：

框架间砌体，不分内外墙以框架间的净面积乘以墙厚计算，框架外表镶贴砖部分并入框架间砌体工程量内计算。

（4）空花墙工程量计算规则：

空花墙按空花部分外形体积以立方米计算，空花部分不予扣除。其中实体部分以立方米另行计算。

（5）多孔砖、混凝土小型空心砌块工程量计算规则：

多孔砖、混凝土小型空心砌块按图示厚度以立方米计算，不扣除其孔、空心部分体积。

（6）围墙工程量计算规则：

围墙按体积计算，砖柱、垛、三皮砖以外的压顶按体积并入墙身计算。

（7）轻集料混凝土小型空心砌块墙按设计图示尺寸以立方米计算。

（8）加气混凝土砌块墙按设计图示尺寸以立方米计算，镶嵌砖砌体部分，已包含在相应项目内，不另计算。

（9）沟算子按设计图示尺寸以平方米计算，规格不同时可以调整，但人工不做调整；钢筋算子设计以项目含量不同时，可按钢材用量调整项目含量。

（10）其他砖砌体工程量计算规则：

① 砖砌台阶（不包括梯带）按水平投影面积（包括最上层踏步边沿加 300 mm）以平方米计算。

② 厕所蹲台、小便池、水槽、灯箱、垃圾箱、台阶挡墙或梯带、花台、花池、地垄墙及支撑地楞的砖墩，房上烟囱、屋面架空隔热层砖墩及毛石墙的门窗立边、窗台虎头砖等及单件体积在 0.3 m³ 以内的实砌体积，以立方米计算，套用零星砌体定额项目。

③ 砖、毛石砌地沟不分墙基、墙身合并以立方米计算。

④ 砌体与混凝土结构结合部分防裂构造（钢丝网片）按设计尺寸以面积计算。

⑤ 石砌构筑物以设计图示尺寸以实体体积计算。

⑥ 砌筑沟、井、池按砌体设计图示尺寸以立方米计算，不扣除单个面积在 0.3 m² 以内的孔洞所占面积。

⑦ 砖地坪按设计图示主墙间净空面积计算，不扣除独立柱、垛及 0.3 m² 以内的孔洞所占面积。

（11）轻质墙板按设计图示尺寸以面积计算，不扣除 0.3 m² 以内孔洞所占面积。

7.4　计算实例

【例 7-4】　某单层砖混加工用房。

（1）基础：砖墙和砖柱的基础均为 M5.0 水泥砂浆砌平毛石基础，如图 7-13、图 7-14 所示。

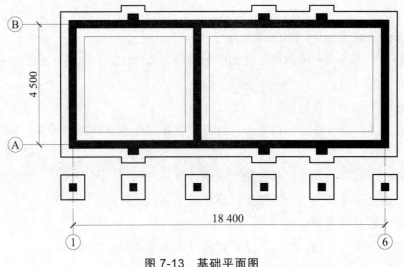

图 7-13　基础平面图

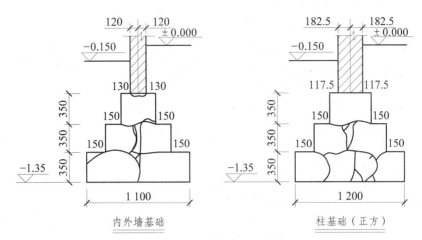

图 7-14 基础剖面图

（2）墙体：M2.5 混合砂浆砌筑一砖混水内外墙，M10 混合砂浆砌混水砖柱如图 7-15~图 7-17 所示。

（3）上部结构：屋面板（平板）为 C20 钢筋混凝土，板厚 80 mm；门窗过梁为砖平砌过梁。

试求：

（1）M5.0 水泥砂浆砌筑内外墙及砖柱平毛石基础的工程量，并套用定额。

（2）M7.5 混合砂浆一砖混水内外墙的工程量，并套用定额。

（3）M10 混合砂浆砌筑混水砖柱的工程量，并套用定额。

【解】（1）M5.0 水泥砂浆砌筑内外墙下毛石基础的工程量：

外墙中心线 $L_{轴} = (18.4 + 4.5) \times 2 = 45.8$ m

内墙基顶净长线：$L_{内（基顶）} = 4.5 - 0.25 \times 2 = 4.0$ m

基础断面面积：$S_{基} = (1.1 + 0.8 + 0.5) \times 0.35 = 0.84$ m^2

附墙剁宽出部分的体积：

$$\begin{aligned} V_{垛基} &= \sum 每台垛基的断面面积 \times 每台垛基的厚度 \times 垛基个数 \\ &= [(0.365 + 0.13 \times 2) \times 0.35 \times 0.125 + (0.365 + 0.13 \times 2 + 0.15 \times 2) \times \\ &\quad 0.35 \times 0.125 + (0.365 + 0.13 \times 2 + 0.15 \times 2 \times 2) \times 0.35 \times 0.125] \times 6 \\ &= 0.121 \times 6 = 0.726 \text{ m}^3 \end{aligned}$$

根据公式：$S_{垛} = S_{基} + (A - B) \times H$

$\quad\quad\quad\quad V_{垛} = L_{内} \times C$

$$\begin{aligned} V_{垛基} &= [S_{基} + (0.365 - 0.24) \times 1.05] \times 0.125 \times 6 \\ &= (0.84 + 0.125 \times 1.05) \times 0.125 \times 6 \\ &= 0.726 \text{ m}^3 \end{aligned}$$

内外墙平毛石条形基础的工程量

$$V_{垛} = [\, S_{基} + (0.365\text{-}0.24) \times 1.05\,] \times 0.125 \times 6$$
$$= (0.84 + 0.125 \times 1.05) \times 0.125 \times 6 = 0.726 \text{ m}^3$$

内外墙平毛石条形基础的工程量：

$$L_{外中} = (18.4 + 4.5) \times 2 = 48.5 \text{ m}$$

$$L_{内轴} = 4.5 \text{ m}$$

$$L = 6 \times 0.125 = 0.75$$

$$V_{毛基墙} = 基础计算长度 \times 基础断面积 + 应增加体积 - 应扣除体积$$
$$= (\, L_{中} + L_{内\,(基顶)}\,) \times S_{断} + V_{垛}$$
$$= (45.8 + 4.0) \times 0.84 + 0.726$$
$$= 42.56 \text{ m}^3$$

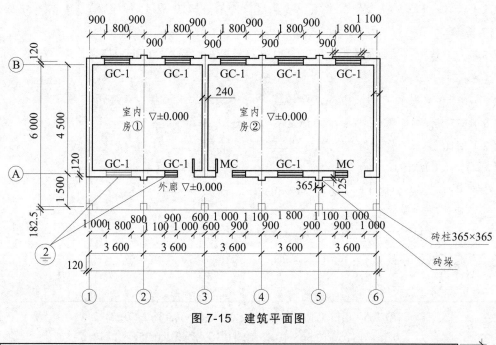

图 7-15　建筑平面图

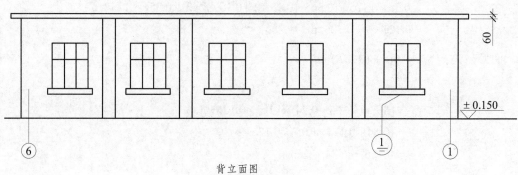

背立面图

图 7-16　背立面图

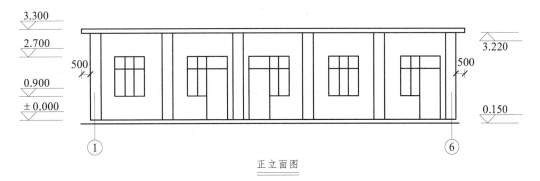

正立面图

图 7-17 正立面图

（2）M5.0 水泥砂浆砌柱下平毛石独立基础的工程量：

$$V_{毛基柱} = \sum 砖柱基础每台的水平投影面积 \times 砖柱基础每台的高度$$

$$= (1.2 + 0.9 + 0.6) \times 0.35 \times 6$$

$$= 5.481 \text{ m}^3$$

（3）M5.0 水泥砂浆砌平毛石基础的工程量：

$$V_{毛基} = V_{毛基墙} + V_{毛基柱}$$

$$= 42.6 + 5.481$$

$$= 48.041 \text{ m}^3$$

套用定额：01040040　定额单位：10 m³

其中：人工费 = 48.041/10 × 872.60 = 4191.97 元

材料费（辅材）= 48.041/10 × 4.48 = 21.52 元

平毛石（主材）= 48.041/10 × 12.34 × 350 = 20 748.48 元

M5.0 水泥砂浆（混合料）= 48.041/10 × 2.69 × 220.68 = 2851.79 元

材料费 = 主材费 + 辅材费 + 混合材料费

$$= 20\ 748.48 + 21.52 + 2851.79$$

$$= 23\ 621.79 \text{ 元}$$

机械费 = 48.041/10 × 38.93 = 187.02 元

管理费 = (定额人工费 + 定额机械费 × 8%) × 管理费费率

$$= (4\ 191.97 + 187.02 \times 8\%) \times 33\%$$

$$= 1\ 388.29 \text{ 元}$$

利 润 = (定额人工费 + 定额机械费 × 8%) × 利润费率

$$= (4\ 191.97 + 187.02 \times 8\%) \times 20\%$$

$$= 841.39 \text{ 元}$$

分部分项工程费 = 人工费 + 材料费 + 机械费 + 管理费 + 利润

$$= 4\ 191.97 + 23\ 621.79 + 187.02 + 1\ 388.29 + 841.39$$

$$= 30\ 230.46 \text{ 元}$$

（4）M7.5 混合砂浆砌筑一砖混水内外墙的工程量：

外墙中心线：$L_{轴} = (18.4 + 4.5) \times 2 = 45.8$ m

内墙净长线：$L_{内} = 4.5 - 0.12 \times 2 = 4.26$ m

砖墙高度：$H = 3.22 + 0.3$（室内地坪以下砖砌体高度）$= 3.52$ m

砖墙厚度：$\delta = 0.24$ m

门窗洞口：$S_{门窗} = (1 \times 2.7 + 0.9 \times 1.8) \times 3 + 1.8 \times 1.8 \times 7 = 35.64$ m^2

门窗砖平碹过梁的体积：

$$V_{过梁} = [(1.9 + 0.1) \times 0.365 \times 3 + (1.8 + 0.1) \times 0.365 \times 7] \times 0.24$$
$$= 1.691 \text{ m}^3$$

附墙砖垛的体积：

$$V_{砖垛} = 0.365 \times 0.125 \times (3.22 + 0.3) \times 6$$
$$= 0.964 \text{ m}^3$$

则一砖混水内外墙的体积：

$$V_{砖墙} = (砖墙计算长度 \times 砖墙高度 - 门窗洞口面积) \times$$
$$砖墙计算厚度 + 应增加体积 - 应扣除体积$$

$$= [(L_{中} + L_{内}) \times H - S_{门窗}] \times \delta + V_{砖垛} - V_{过梁}$$

$$= [(45.8 + 4.26) \times 3.52 - 35.64] \times 0.24 + 0.964 - 1.691$$

$$= 33.01 \text{ m}^3$$

套用定额：01040009 换　M7.5 砌筑混合砂浆

其中：人工费 = 33.01/10 × 912.21 = 3011.21 元

材料费（辅材）= 33.01/10 × 5.94 = 19.61 元

标准砖（主材）= 33.01/10 × 5.3 × 500 = 8 747.65 元

M7.5 混合砂浆（混合料）= 33.01/10 × 2.396 × 262.76 = 2 078.22 元

材料费 = 主材费 + 辅材费 + 混合材料费

　　　　= 8747.65 + 19.61 + 2078.22

　　　　= 10845.48 元

机械费 = 33.01/10 × 34.67 = 114.45 元

管理费 = (定额人工费 + 定额机械费 × 8%) × 管理费费率

　　　　= (3 011.21 + 114.45 × 8%) × 33%

　　　　= 996.72 元

利　润 = (定额人工费 + 定额机械费 × 8%) × 利润费率

　　　　= (3 011.21 + 114.45 × 8%) × 20%

　　　　= 604.07 元

分部分项工程费 = 人工费 + 材料费 + 机械费 + 管理费 + 利润

　　　　　　　= 3 011.21 + 10 845.48 + 114.45 + 996.72 + 604.07

　　　　　　　= 15 571.93 元

（5）M10 混合砂浆砌筑混水砖柱的工程量：

$$V_{砖柱} = 砖柱断面面积 \times 砖柱柱高$$
$$= 0.365 \times 0.365 \times (3.22 + 0.3) \times 6$$
$$= 2.814 \ m^3$$

套用定额：01040036　　定额单位 10 m³

其中：人工费 $= 2.814/10 \times 1\ 557.39 = 437.63$ 元

材料费（辅材）$= 2.814/10 \times 6.16 = 1.73$ 元

标准砖（主材）$= 2.814/10 \times 5.52 \times 500 = 775.56$ 元

M10 混合砂浆 $= 2.814/10 \times 2.18 \times 272.89 = 167.17$ 元

材料费 $=$ 主材费 $+$ 辅材费 $+$ 混合材料费

$$= 775.56 + 1.73 + 167.17$$
$$= 944.46 \ 元$$

机械费 $= 2.814/10 \times 31.54 = 8.86$ 元

管理费 $=$ (定额人工费 $+$ 定额机械费 $\times 8\%$) $\times$ 管理费费率

$$= (437.63 + 8.86 \times 8\%) \times 33\%$$
$$= 144.65 \ 元$$

利　润 $=$ (定额人工费 $+$ 定额机械费 $\times 8\%$) $\times$ 利润费率

$$= (437.63 + 8.86 \times 8\%) \times 20\%$$
$$= 87.67 \ 元$$

分部分项工程费 $=$ 人工费 $+$ 材料费 $+$ 机械费 $+$ 管理费 $+$ 利润

$$= 437.63 + 944.46 + 8.86 + 144.65 + 87.67$$
$$= 1\ 623.27 \ 元$$

习题 7

1．定额规则中如何规定墙体的高度？

2．如何计算基础工程量及墙体工程量？

3．如图 7-18 所示为某工程基础平面图及剖面图，轴线居中。采用 M10 水泥砂浆砌筑标准砖基础，基础底面标高为 $-1.90\ m$，试计算砖基础及砖墙工程量。

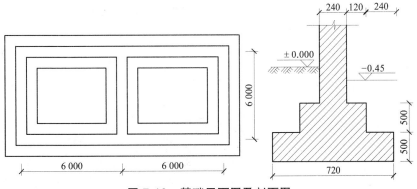

图 7-18　基础平面图及剖面图

4. 某单层建筑物平面如图 7-19 所示。已知层高 3.6 m，内、外墙墙厚均为 240 mm，所有墙身上均设置圈梁，圈梁与现浇楼板顶平，板厚 100 mm。门窗尺寸及墙体埋件体积如表 7-2 所示。计算砖墙体工程量。

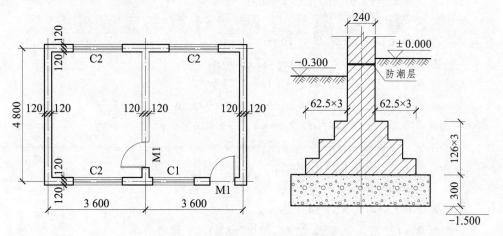

图 7-19 建筑平面图、基础剖面图

表 7-2 墙体埋件体积和门窗尺寸

墙体埋件体积		门窗尺寸		
构件名称	构件所占体积/m³	门窗名称	洞口尺寸/mm²	数量
构造柱	0.81	C1	1 200×1 800	1
过梁	0.45	C2	1 500×1 800	3
圈梁	1.35	M1	900×2 700	2

第 8 章 混凝土工程量计算与定额应用

【学习要点】

（1）了解混凝土构件、预制混凝土构件运输及安装项目类别的划分。

（2）熟悉混凝土基础的划分，有梁板、无梁板、平板的划分，柱高、梁长计算规定，预制混凝土构件运输及安装子目的套用。

（3）掌握各种混凝土构件的计算规则、计算方法及定额项目应用，预制混凝土构件运输及安装工程量的计算规则。

8.1 基本问题

本章内容包括现浇混凝土、商品混凝土、预制混凝土、预应力混凝土、泵送混凝土、构件运输及安装共 7 个定额节，共 351 个子项目。每个定额节又按混凝土构件类别不同分别列项。

8.1.1 混凝土工程主要工作内容

（1）现浇混凝土（含现场搅拌混凝土、商品混凝土）工作内容：混凝土搅拌、浇捣、养护等全部操作过程等。

（2）预制混凝土工作内容：混凝土搅拌、浇捣、养护、成品堆放等全部操作过程等。

（3）预应力混凝土工作内容：

① 后张法预应力混凝土工作内容：混凝土搅拌、浇捣、养护、穿、摇、拔管子、成品堆放、混凝土灌浆等全部操作过程。

② 先张法预应力混凝土工作内容：混凝土搅拌、浇捣、养护、成品堆放等全部操作过程。

（4）混凝土泵送工作内容：将搅拌好的混凝土输送到浇灌点浇灌、清洗设备等。

（5）构件运输工作内容：

① 预制混凝土构件运输工作内容：设置一般支架（垫木条）、装车、绑扎、运输、按规定地点卸车堆放、支垫稳固等。

② 半成品钢筋运输工作内容：装车、运输到施工地点卸车、堆放等。

（6）构件安装工作内容：

① 柱安装工作内容：构件翻身、就位、加固、安装、校正、垫实结点、焊接或紧固螺栓等。

② 框架安装工作内容：构件翻身、就位、加固、安装、校正、垫实结点、焊接或紧固螺栓等。

③ 吊车梁安装工作内容：构件翻身、就位、加固、安装、校正、垫实结点、焊接或紧固螺栓等。

④ 梁安装工作内容：构件翻身、就位、加固、安装、校正、垫实结点、焊接或紧固螺栓等。

⑤ 屋架安装工作内容：构件翻身、就位、加固、安装、校正、垫实结点、焊接或紧固螺栓等。

⑥ 天窗架、天窗端壁安装工作内容：构件翻身、就位、加固、安装、校正、垫实结点、焊接或紧固螺栓等。

⑦ 板安装工作内容：构件翻身、就位、加固、安装、校正、垫实结点、焊接或紧固螺栓等。

⑧ 升板工程提升工作内容：楼板提升及临时固定、清除提升孔及塑料薄膜；楼板及柱顶留孔支模、浇灌混凝土料、拆除模板。

⑨ 楼梯安装工作内容：构件翻身、就位、加固、安装、校正、垫实结点、焊接或紧固螺栓、按规定地点卸车堆放、支垫稳固等。

⑩ 预制混凝土构件接头灌缝工作内容：混凝土水平运输；混凝土搅拌、捣固、养护等。

8.1.2 混凝土构件类别划分

1. 现浇混凝土构件分类（含现场搅拌混凝土、商品混凝土）

1）基础垫层

2）基础部分

（1）定额主要按基础的构造形式列项，包括带形基础（毛石混凝土、混凝土及钢筋混凝土）、独立基础（毛石混凝土、混凝土及钢筋混凝土）、满堂基础（有梁式、无梁式）、桩承台、杯形基础、基础后浇带、设备基础（毛石混凝土、混凝土及钢筋混凝土）。

（2）基础的简要说明。

a. 带形基础：凡在墙体下的条形基础，或在柱和柱之间把单独基础连接起来的带形结构，均称为带形基础。带形基础又可分为无梁式（板式基础）和有梁式（有肋条形基础）两种，见图 8-1。

b. 独立基础：凡现浇钢筋混凝土独立柱下的基础都称为独立基础，其断面形式有阶梯形、平板形、角锥形和圆锥形等，如图 8-2 所示。

c. 满堂基础：为适应建筑物荷载的需要，用混凝土整片浇筑成的基础。这种基础又可分为无梁式满堂基础、梁式满堂基础和箱式满堂基础等形式。

无梁式满堂基础也称板式基础，如图 8-3 所示。

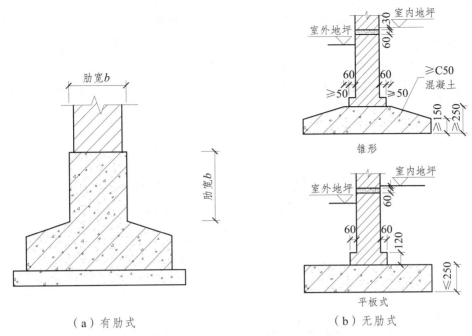

（a）有肋式　　　　　　　　　（b）无肋式

图 8-1　带形基础断面示意图

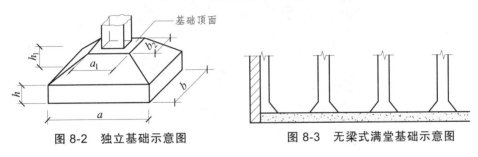

图 8-2　独立基础示意图　　　　**图 8-3　无梁式满堂基础示意图**

有梁式满堂基础也称梁板式基础，相当于倒置的有梁板或井格形板，如图 8-4 所示。

箱式满堂基础是指形状像箱子的基础，由顶板、底板、柱、墙、梁及纵横墙板连成整体，如图 8-5 所示。

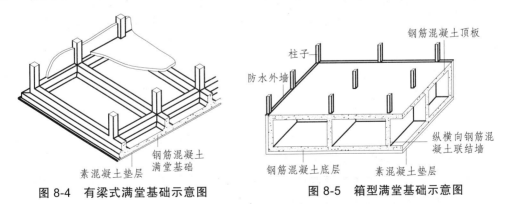

图 8-4　有梁式满堂基础示意图　　　**图 8-5　箱型满堂基础示意图**

d. 桩承台：设置于桩顶，把各单桩联结成整体，并把建筑物荷载均匀地传递给各根桩的现浇混凝土构件，称为桩承台，见图 8-6。

e. 杯形基础：独立基础中心预留有安装钢筋混凝土预制柱的孔洞时，称为杯形基础（因其形如水杯）。由于它的施工与其他独立基础有不同，故而分开列项，以示区别见图8-7。

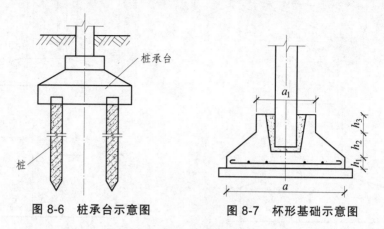

图 8-6　桩承台示意图　　　　图 8-7　杯形基础示意图

f. 设备基础：为安装机器设备而浇筑的块状和其他形状的混凝土及钢筋混凝土构件，如图8-8所示。

图 8-8　设备基础示意图

3）柱部分

定额按柱的断面形状和柱的作用列项，包括矩形柱、圆形柱、异形柱（指除矩形柱、圆形格外的多边形柱）、构造柱、升板柱帽、型钢混凝土柱、管桩顶填芯、管内填芯。

4）梁部分

（1）定额按梁断面形式和外形列项，包括基础梁、单梁连续梁、异形梁、圈梁、过梁、梁后浇带、型钢混凝土梁。

（2）梁简要说明。

a. 基础梁：位于地面以下，独立基础之间或现浇柱之间的梁，一般用于支承两基础和柱之间的墙体重量，如图8-9所示。

b. 单梁：跨越两个支座的柱间和墙间的梁，如开间梁和进深梁；跨越门窗洞口或空圈洞口顶部的单梁就称为过梁。

c. 连续梁：当梁连续跨越三个或三个以上支座的柱间和墙间时，就称其为连续梁，如图8-10所示。

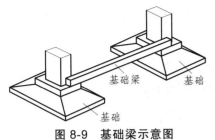

图 8-9 基础梁示意图

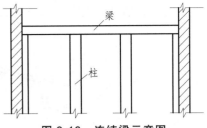

图 8-10 连续梁示意图

d. 异形梁：轴线为直线的非矩形断面梁，如图 8-11 所示。

（a）L 形　　　（b）T 形　　　（c）十字形　　　（d）工字形

图 8-11 异形梁示意图

e. 圈梁：在墙身或带形基础上设置，连续闭合的梁（特点是下部未悬空，不需要支底模）。

f. 独立过梁：独立设置，跨越门窗洞口顶部的梁。

5）墙部分

墙部分包括挡土墙（毛石混凝土、混凝土及钢筋混凝土）、钢筋混凝土直（弧）形墙、电梯井壁墙后浇带、型钢混凝土直（弧）形墙等。

6）板部分

（1）板部分包括有梁板、无梁板、平板、拱形板、斜坡板、双曲薄壳、板后浇带、压型钢板混凝土组合楼板、空心板等。

（2）板部分简要说明。

a. 有梁板：带有梁（含主、次梁但不包括圈梁、过梁）并与板整浇成一体的梁板结构，如肋形楼盖[如图 8-12（a）、图 8-12（b）]、井式楼盖（图 8-12c）、密肋楼盖（图 8-12d）等。

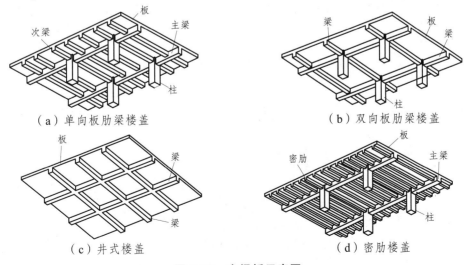

（a）单向板肋梁楼盖　　　　　　　（b）双向板肋梁楼盖

（c）井式楼盖　　　　　　　（d）密肋楼盖

图 8-12 有梁板示意图

b. 无梁板：没有梁，直接由柱和柱帽支承的板，如图 8-13 所示。工程量按柱帽体积与板合并计算。

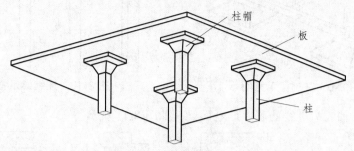

图 8-13 无梁板示意图

c. 平板：无柱无梁（指不带现浇框架梁、现浇框架柱），由墙或预制梁承重的板。

（3）现浇挑檐、天沟与板（楼、屋面板）连接时，按外墙皮为分界线；与梁连接时，按梁外皮为分界线。如图 8-14 所示。

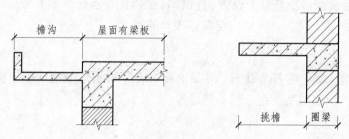

图 8-14 现浇挑檐天沟示意图

7）其 他

其他部分包括整浇楼梯（图 8-15）、雨篷、栏板、栏杆、混凝土线条、挑檐天沟、压顶、池槽、零星构件、门窗框、框架梁柱接头、台阶、电缆沟、排水沟、屋顶水箱等。

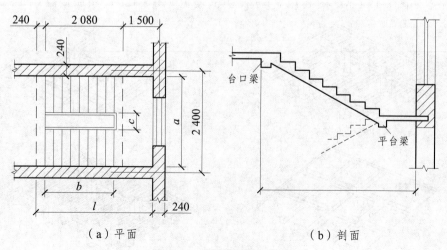

（a）平面　　　　　　　　（b）剖面

图 8-15 整体楼梯示意图

2．预制混凝土构件分类

1）桩部分

桩部分包括方桩（图8-16）、桩尖（图8-17）。

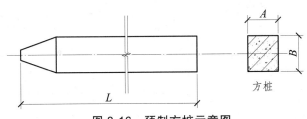

图 8-16 预制方桩示意图   图 8-17 预制桩尖示意图

2）柱部分

柱部分包括矩形柱、工字形柱、双肢柱、空格柱、空心柱、围墙柱等，如图8-18所示。

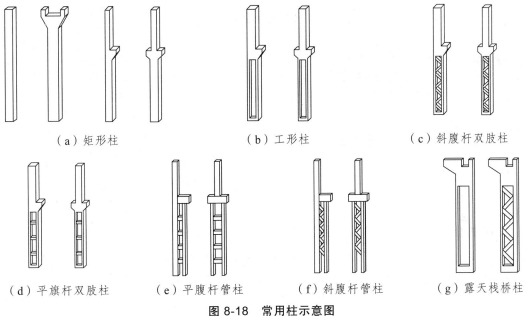

（a）矩形柱   （b）工形柱   （c）斜腹杆双肢柱

（d）平旗杆双肢柱   （e）平腹杆管柱   （f）斜腹杆管柱   （g）露天栈桥柱

图 8-18 常用柱示意图

3）梁部分

梁部分包括矩形梁、异形梁、过梁、拱形梁、托架梁、T形吊车梁、鱼腹形吊车梁等，如图8-19所示。

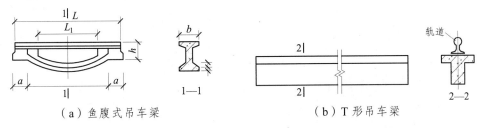

（a）鱼腹式吊车梁   （b）T形吊车梁

图 8-19 吊车梁示意图

4）屋架部分

屋架部分包括折线形屋架、锯齿形屋架、组合形屋架、薄腹梁、门式钢架、天窗架、天窗端壁等，如图 8-20 ～ 8-23 所示。

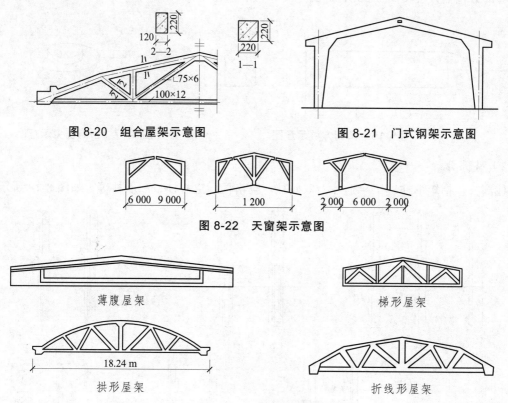

图 8-20　组合屋架示意图　　　　　　　　图 8-21　门式钢架示意图

图 8-22　天窗架示意图

图 8-23　屋架示意图

5）板部分

板部分包括空心板、平板、槽形板、F 形板、大型屋面板、拱形屋面板、双 T 板、单肋板、天沟板、折线板、挑檐板、遮阳板、架空隔热板、地沟盖板、升板等，如图 8-24 所示。

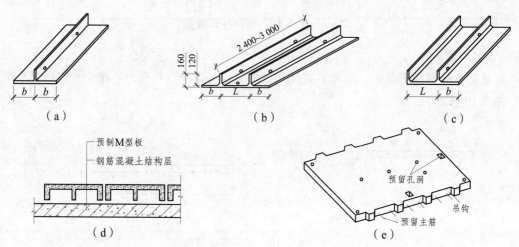

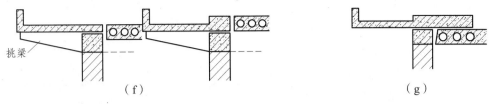

图 8-24 预制板示意图

6）其他部分

其他部分包括檩条、支撑、天窗上下挡、烟道、垃圾道、通风道、阳台、雨篷、门窗框、楼梯、楼梯段、栏杆、扶手、零星构件、花格、水磨石窗台板、水磨石隔板、水磨石池槽、井圈、井盖等。

3. 预应力混凝土构件分类

1）先张法部分

先张法部分包括吊车梁、拱（梯）形屋架、薄腹梁、托架梁等。

2）后张法部分

后张法部分包括矩形梁、空心板、平板、槽形板、单肋板、大型屋面板、双 T 板、挑檐板、天沟板、檩条支撑、天窗上下挡等。

8.1.3　混凝土定额项目划分一览表

《云南省房屋建筑与装饰工程消耗量定额》将模板及支撑项目列入措施项目中。本章定额项目内容如表 8-1 所示。

表 8-1　混凝土工程定额项目划分一览表

节	分　节	定额项目
一、现场搅拌混凝土	1. 基础垫层	01050001
	2. 基础	01050002—01050014
	3. 柱	01050015—01050025
	4. 梁	01050026—01050032
	5. 墙	01050033—01050041
	6. 板	01050042—01050050
	7.其他	01050051—01050067
二、商品混凝土施工	1. 基础垫层	01050068
	2. 基础	01050069—01050081

续表 8-1

节	分 节	定额项目
二、商品混凝土施工	3. 柱	01050082—01050092
	4. 梁	01050093—01050099
	5. 墙	01050100—01050108
	6. 板	01050109—01050120
	7. 其他	01050121—01050137
三、预制混凝土	1. 桩	01050138—01050139
	2. 柱	01050140—01050145
	3. 梁	01050146—01050152
	4. 屋架	01050153—01050159
	5. 板	01050160—01050174
	6. 其他	01050175—01050191
四、预应力混凝土	1. 后张法	01050192—01050196
	2. 先张法	01050197—01050203
五、混凝土泵送		01050204—01050213
六、构件运输	1. 预制混凝土构件运输	01050214—01050221
	2. 半成品钢筋运输	01050222—01050223
七、构件安装	1. 柱安装	01050224—01050235
	2. 框架安装	01050236—01050241
	3. 吊车梁安装	01050242—01050249
	4. 梁安装	01050250—01050268
	5. 屋架安装	01050269—01050294
	6. 天窗架、天窗端壁安装	01050295—01050304
	7. 板安装	01050305—01050325
	8. 升板工程提升	01050326—01050327
	9. 楼梯安装	01050328—01050331
	10. 预制混凝土构件接头灌缝	01050332—01050351
合　计		共 351 个定额项目

8.2 混凝土工程定额内容

8.2.1 混凝土工程定额应用说明

（1）现浇混凝土定额按现场搅拌混凝土浇捣及商品混凝土浇捣两种不同工作内容列项。

（2）混凝土构件未含模板，模板另按措施费用部分相应规定计算。

（3）定额中的毛石混凝土掺量按 20% 计算，如设计要求不同时，可按设计调整、换算。

（4）定额中的混凝土按常用强度等级列入，若设计不同时，可按设计要求换算。

（5）定额中的构造柱适用于先砌墙后浇捣的柱，如构造柱须先浇捣后砌墙者，执行相应的柱定额。空心砌体内的填芯柱执行构造柱定额。

（6）定额中的单梁、连续梁指不与现浇板构成一体的梁。

（7）有梁（不含圈、过梁）式的整体阳台、雨篷，按相应的有梁板定额执行；现浇钢筋混凝土竖向遮阳板按相应墙体定额执行；水平遮阳板、飘窗板执行挑檐天沟定额。如图 8-25、图 8-26 所示。

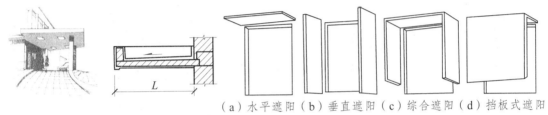

（a）水平遮阳（b）垂直遮阳（c）综合遮阳（d）挡板式遮阳

图 8-25　雨篷示意图　　　　图 8-26　遮阳板示意图

（8）整体楼梯、台阶、雨篷、栏板、栏杆的混凝土设计用量与定额取定的混凝土用量不同时，混凝土每增减 1 m³，按以下规定另行计算：

① 现场搅拌混凝土。人工：2.61 工日；材料：混凝土 1.015 m³；机械：搅拌机 0.10 台班，插入式振捣器 0.20 台班。

② 商品混凝土人工：1.60 工日；材料：混凝土 1.015 m³；机械：插入式振捣器 0.10 台班。

（9）定额中的混凝土线条适用于凸出并依附于柱、墙、梁上的横截面外露展开长度不大于 600 mm 的混凝土或钢筋混凝土条带。

（10）零星构件是指单件体积在 0.05 m³ 以内未列出定额项目的构件。

（11）商品混凝土泵送按建筑物的檐高计算。

（12）定额中综合了普通混凝土养护费用，大体积混凝土及特殊混凝土的养护可根据批准的施工组织设计或施工方案另行计算。

8.2.2 构件运输及安装定额应用说明

（1）定额中未包括预制、预应力钢筋混凝土构件内钢筋的制作废品率、运输堆放损耗及打桩、安装损耗（表 8-2）。构件净用量按施工图计算，工程量按下列公式计算：

$$制作工程量 = 图纸工程量 \times (1 + 总损耗率) \tag{8-1}$$

$$运输工程量 = 图纸工程量 \times (1 + 运输堆放损耗率 + 安装或打桩损耗率) \qquad (8\text{-}2)$$

$$安装或打桩工程量 = 图纸工程量 \qquad\qquad\qquad\qquad\qquad\qquad\qquad (8\text{-}3)$$

表 8-2 各类预制预应力钢筋混凝土构件损耗率

构件名称	制作废品率/%	运输堆放损耗率/%	安装（打桩）损耗率/%	总计/%
预制钢筋混凝土桩	0.10	0.40	1.50	2.00
其他各类预制预应力钢筋混凝土构件	0.20	0.80	0.50	1.50

注：构件内钢筋工程量除按钢筋制安有关规定计算外，应按上表计算预制、预应力构件的钢筋损耗。

【例 8-1】　某民用建筑，楼（屋）面板设计选用 YKB3606—4 预应力钢筋混凝土空心板 200 块，施工现场为卷扬机吊装（不焊接）。

已知：① 空心板混凝土体积 0.151 m³/块，ϕ10 以内钢筋 5.23 kg/块；② 接头灌缝混凝土 C20；③ 多孔板综合运距离 15.2 km。

试计算以下分项工程的工程量：

① 空心板制作、运输、安装工程量。

② 空心板钢筋制安工程量。

③ 空心板接头灌缝工程量。

【解】：

① 计算空心板的制作、运输、安装工程量：

空心板安装工程量 = 图纸工程量 = $0.151 \times 200 = 30.2 \text{ m}^3$

空心板运输工程量 = 图纸工程量 × (1 + 运输损耗率 + 安装损耗率)

$$= 30.2 \times 1.013 = 30.59 \text{ m}^3$$

空心板制作工程量 = 图纸工程量 × (1 + 总损耗率) = $30.2 \times 1.015 = 30.65 \text{ m}^3$

② 计算空心板钢筋制安工程量：

空心板钢筋制安工程量 = $5.23 \times 200 \times 1.015 = 1\,062 \text{ kg} = 1.062 \text{ t}$

③ 计算空心板接头灌缝工程量：

空心板接头灌缝工程量 = 图纸工程量 = 30.2 m^3

（2）构件运输包括预制混凝土构件及半成品钢筋运输，适用于由构件堆放地点或构件加工厂至施工现场的运输。

（3）构件运输过程中遇路桥限载（限高）而发生的加固、拓宽等费用，及公安、交通管理部门的护送费用，另行计算。

（4）构件运输距离的规定：本定额各类构件运输均采用 1 km 以内及 1 km 以外每增加 1 km（直到 50 km 以内）二个子目计算；总运距超过 50 km 者，以施工方案自零千米起按长途运输的有关规定计算。

（5）为便于计算预制混凝土构件运输，将预制混凝土构件划分为四个类别，详见表 8-3。

表 8-3　预制混凝土构件分类

构件分类	构 件 名 称
1 类	6 m 以内的桩、空心板、实心板、基础梁、吊车梁、梁、柱、楼梯休息板、楼梯段、阳台板、门框及单件体积在 0.1 m³ 以内小构件
2 类	6 m 以上的梁、板、柱、桩，各类屋架、桁架、托架
3 类	天窗架、挡风架、侧板、端壁板、天窗上下挡
4 类	装配式内、外墙板、大楼板、隔墙板

（6）预制混凝土构件安装是按机械回转半径 15 m 以内的距离计算的，如超出 15 m 时，应另按构件 1 km 运输定额项目另计运输费用。

（7）本定额的预制混凝土构件吊装部分，根据《全国统一建筑工程基础定额》，按不同吨位的履带式起重机、轮胎式起重机、汽车式起重机进行了综合取定，施工中不论采有何种移动式吊装机械，均不得调整。

（8）本分部定额不包括起重机械、运输机械行驶道路的修整、铺垫工作所需要的人工、材料和机械。

（9）预制混凝土构件的安装，本分部定额不包括为安装工程所搭设的临时脚手架。

（10）预制混凝土构件若采用砖模制作时，其安装定额中的人工、机械定额量乘以系数 1.1。

（11）单层屋盖系统预制混凝土构件必须在跨外安装时，按相应的构件安装定额的人工、机械（用塔式起重机、卷扬机者除外）定额量乘以系数 1.18。

（12）预制混凝土构件，若需跨外安装时，其人工、机械定额量乘以系数 1.18。

（13）构件运输及安装工程的小型构件系指单体体积小于 0.1 m³ 的构件。

（14）定额中的"半成品钢筋运输"子目，仅适用于确因施工场地受限并经批准的施工组织设计确认后钢筋异地加工所发生的运输。

（15）现浇混凝土阶梯形（锯齿形、折线形）楼板踏步宽度大于 300 mm 时，按斜板定额执行，人工乘以系数 1.4。

（16）空心板堵孔的人工、材料已包括在定额内，如不堵孔时每 10 m³ 空心板体积应扣除 0.23 m³ 预制混凝土块和人工 2.2 工日。

8.3　混凝土工程量计算规则与定额应用

8.3.1　混凝土工程量计算规则

现浇、预制混凝土除注明者外，均按设计图示尺寸以立方米计算，不扣除钢筋、铁件、螺栓所占体积，扣除型钢混凝土中型钢所占体积。现浇构件中的墙、板及预制构件中的板类构件，均不扣除面积在 0.3 m² 以内孔洞的混凝土体积，面积超过 0.3 m² 的孔洞，其混凝土体积应扣除。

（1）基础垫层工程量计算：按设计图示尺寸以体积计算。

（2）基础工程量计算规则及定额应用：

① 框架式设备基础、箱形基础、地下室，分别按基础、柱、梁、墙、板列项计算工程量后，执行相应基础、柱、梁、墙、板定额项目。楼层上的设备基础按有梁板定额执行。见图 8-5、图 8-8。

② 带形基础：又分为无梁式（板式基础）和有梁式（有肋条形基础）两种，见图 8-1。

a. 有梁式带形基础梁的高度（指自基础扩大面至梁顶的高度）不大于 1.2 m 时，带形基础底板、梁合并计算执行带形基础定额，即按下面公式计算：

$$V_{基础} = V_{基础底板} + \sum V_{梁} \qquad (8\text{-}4)$$

b. 有梁式带形基础的梁高（指自基础扩大面至梁顶的高度）大于 1.2 m 时，带形基础底板按带形基础定额执行，而基础扩大面以上则按相应的墙体定额执行，即按下面公式计算：

$$V_{基础} = V_{基础底板} \qquad (8\text{-}5)$$

③ 满堂基础又分为无梁式和有梁式两种。

a. 无梁式满堂基础有扩大或角锥形柱墩时，应并入无梁式满堂基础内计算。如图 8-3 所示。其工程量按下面公式计算：

$$V = 底板长 \times 宽 \times 板厚 + \sum 柱墩体积 \qquad (8\text{-}6)$$

b. 有梁式满堂基础梁高（凸出基础底板上或下表面至梁顶面或底面高度）不大于 1.2 m 时，基础底板、梁合并计算执行有梁式满堂基础定额，如图 8-4 所示，即按公式（8-4）计算。

c. 有梁式满堂基础梁高（凸出基础底板上或下表面至梁顶面或底面高度）大于 1.2 m 时，满堂基础底板按无梁式满堂基础定额执行，凸出基础底板梁的体积执行相应的墙体定额项目，即按（8-5）公式计算。

④ 桩承台工程量计算：按桩承台设计图示尺寸以立方米计算，不扣除伸入承台基础的桩头所占体积，如图 8-6 所示。

【例 8-2】 某工程如图 8-27 所示，为预制钢筋混凝土桩和现浇承台基础示意图，试计算预制桩制作、运输、打桩、送桩以及承台的工程量（桩基共 30 个）。

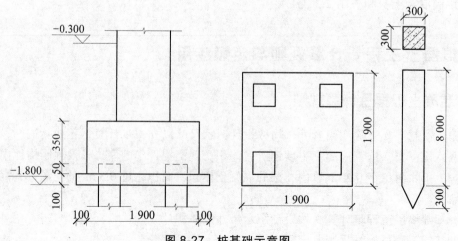

图 8-27　桩基础示意图

【解】　工程量计算方法：见表 8-1 及公式（8-1）~（8-3）

$$V_{图} = (8.0 + 0.3) \times 0.3 \times 0.3 \times 4 \text{ 根} \times 30 \text{ 个} = 89.64 \text{ m}^3$$

制桩：$V_{制} = V_{图} \times 1.02 = 89.64 \times 1.02 = 91.43 \text{ m}^3$

运输：$V_{运} = V_{图} \times 1.019 = 89.64 \times 1.019 = 91.34 \text{ m}^3$

打桩：$V_{打} = V_{图} = 89.64 \text{ m}^3$

送桩：$V_{送} = (1.8 - 0.3 - 0.15 + 0.5)0.3 \times 0.3 \times 4 \times 30 = 19.98 \text{ m}^3$

桩承台：$V_{承台} = 1.9 \times 1.9 \times (0.35 + 0.05) \times 30 = 43.32 \text{ m}^3$

⑤ 独立基础工程量计算：其工程量按图示尺寸以立方米计算。

（3）柱工程量计算：按柱截面面积乘以柱高以体积计算。依附于柱上的牛腿，应并入柱身体积之内计算。其工程量可用下面公式计算：

$$V_{柱} = F \times H + V_{牛腿} \tag{8-7}$$

式中：F——柱截面面积，按图示设计尺寸计算；

　　　H——柱高，按表 8-4 规定确定。

表 8-4　H（柱高）确定规则

序号	名称	柱高计算规定	示图
1	有梁板的柱高	自柱基上表面或楼板上表面至上一层楼板上表面的高度计算（柱连续不断，穿通有梁板）	图 8-28（a）
2	无梁板的柱高	自柱基上表面或楼板上表面至柱帽下表面之间的高度计算（柱被无梁板隔断）	图 8-28（b）
3	框架柱的柱高	有楼隔层者按柱基上表面或楼板上表面至上一层楼板上表面之间的高度计算，无楼隔层者按柱上表面至柱顶面之间的高度计算（柱连续不断，穿通梁和板）	图 8-28（c）
4	构造柱的柱高	按柱基或地、圈梁上表面至柱顶面计算，与砌体嵌接部分的体积并入柱身体积计算。	图 8-29

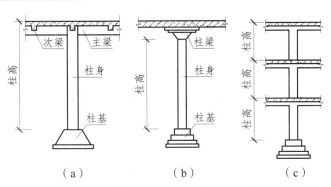

图 8-28　现浇钢筋混凝土柱高计算示意图　　　图 8-29　构造柱柱高计算示意图

（4）梁的工程量计算：按梁截面面积乘以梁长以体积计算。用下式表示：

梁体积 = 梁宽 × 梁高 × 梁长 　　　　　　　　　　　（8-8）

式中：现浇梁的梁宽为图示尺寸；梁高为梁底至梁顶的全高（有梁板的梁高可计算到板下表面）。梁长的计算规定如下：

① 主梁、次梁与钢筋混凝土柱连接时，主梁长算至柱侧面，次梁长度算至柱或主梁侧面，如图 8-30 所示。

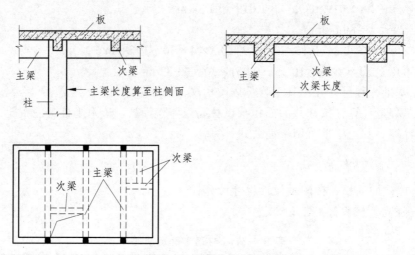

图 8-30　梁长度计算示意图

② 梁与墙交接时，梁长包括伸入砖墙、砖柱内的全长；梁头有捣制垫块时，垫块体积也并入梁内计算。

③ 圈梁与过梁连接时，分别套圈梁、过梁定额，其过梁长度可按门窗洞口宽度每边加 25 cm 计算，如图 8-31 所示。地圈梁套圈梁定额。

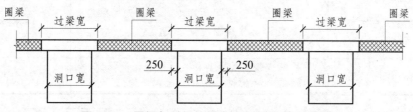

图 8-31　圈梁与过梁连接各自长度计算示意图

（5）板的工程量计算：区别板的不同类型按图示尺寸以立方米计算，不扣除单孔面积小于 0.3 m² 孔洞所占体积，扣除单孔面积大于 0.3 门孔洞所占体积。

① 有梁板，指现浇带梁（含主、次梁但不包括圈梁、过梁）的钢筋混凝土板，如肋形楼盖（图 8-12a、图 8-12b）、井式楼盖（图 8-12 c）、密肋楼盖（图 8-12 d）等。其工程量按梁（包括主、次梁）、板体积合并计算。

② 无梁板，指现浇不带梁，直接由柱和柱帽支撑承重的板，如图 8-13 所示。工程量按板与柱帽体积之和计算。

③ 平板（指不带梁、由墙或预制梁承重的板）。其工程量按图示尺寸以体积计算。

④ 现浇空心板按扣除空心部分所占体积后的混凝土体积计算。

⑤ 现浇空心板中的芯管区别不同直径按图示设计尺寸以延长米计算。

⑥ 压型钢板混凝土组合梁板按梁板合并以体积计算，扣除构件内压型钢板所占体积。

⑦ 预制、预应力多孔板按实体积计算。

⑧ 有多种板连接时，以墙的中心线为界，伸入墙内的板头并入板内计算，如图 8-32 所示。

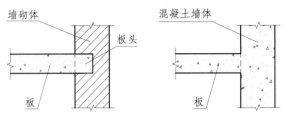

图 8-32 伸入墙内的板头示意图

（6）墙的工程量计算：墙、电梯井壁，按图示尺寸以立方米计算，应扣除门窗洞口及单个面积大于 0.3 m² 孔洞所占体积。

① 混凝土墙中的圈梁、过梁及外墙八字脚处的混凝土并入墙内计算，执行相应的墙体定额。

② 突出墙面的柱按相应柱定额执行。

③ 断面为 T 形、十字形、L 形的短肢剪力墙，当各肢伸出的净长度与墙体厚度之比的最大值不大于 4 时，按异形柱定额执行；反之执行墙体定额。若伸出部分墙体厚度不同时，按与较薄墙体对应的伸出净长与厚度之比划分。

（7）其他混凝土构件工程量计算。

① 整体楼梯：按包括休息平台、平台梁、斜梁、楼层板的连接梁的水平投影面积计算，不扣除宽度不大于 50 mm 的楼梯井，伸入墙内的板头、梁头亦不增加。若整体楼梯与现浇楼板无梯梁连接时，以楼梯的最后一个踏步边缘加 300 mm 计算。整体楼梯不包括基础，楼梯基础另按相应定额计算。

【例 8-3】 如图 8-33 所示为三层现浇楼梯平面图，试计算工程量。

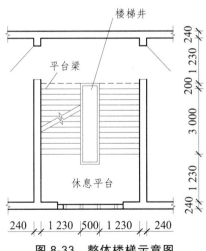

图 8-33 整体楼梯示意图

【解】 $S = [(1.23 + 0.5 + 1.23) \times (1.23 + 3.0 + 0.2) - 3 \times 0.5] \times 3 = 37.84$ m²

② 台阶：混凝土台阶按水平投影面积以平方米计算，若图示不明确时，以台阶的最后一个踏步外缘加 300 mm 计算。架空式混凝土台阶按楼梯计算。

【例 8-4】 如图 8-34 所示，计算现浇混凝土台阶的工程量。

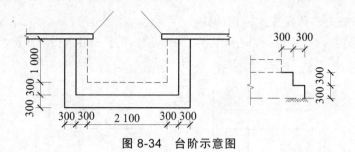

图 8-34 台阶示意图

【**解**】 混凝土台阶（包括踏步及最上一层踏步沿 300 mm）按水平投影面积计算：

$$S_{台阶} = (2.1 + 0.3 \times 2 \times 2) \times 0.3 \times 2 + 1.0 \times 0.3 \times 2 \times 2 = 3.18 \ m^2$$

③ 栏板、栏杆：按包括伸入墙内部分的长度以延长米计算。楼梯的栏板、栏杆的长度，如图纸无规定时，按水平投影长度乘以系数 1.15 计算。

④ 整体屋顶水箱按包括底、壁、盖的混凝土体积以立方米计算。

⑤ 池槽、门窗框、混凝土线条、挑檐天沟、压顶、按体积以立方米计算。

⑥ 板式雨篷按伸出墙外的水平投影面积计算，伸入墙内的梁按相应定额执行。

⑦ 预制钢筋混凝土板补现浇板时，按相应的现浇平板定额执行。

⑧ 预制镂空花格按洞口面积以平方米计算。

⑨ 预制钢筋混凝土框架梁、柱接头按图示尺寸以立方米计算，执行框架梁柱接头定额。

（8）预制桩及预制桩尖的工程量计算：

① 预制桩：按设计桩长（包括桩尖、不扣除桩尖虚体积）乘以桩的截面面积以立方米计算。计算方法示例：如【例 8-1】预制桩的制作工程量计算。

② 预制桩尖：按图示尺寸以立方米计算，如图 8-35 所示。可按公式（8-9）计算。

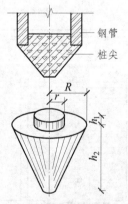

图 8-35 预制桩尖示意图

$$V_{尖} = \pi r^2 h_1 + 1/3 \pi R^2 h_2 \qquad\qquad (8-9)$$

式中 $V_{尖}$——单个桩尖体积（m^3）；

π——圆周率，取 3.1416 计算；

r——圆柱部分半径（m）；

h_1——圆柱部分高度（m）；

R——圆锥部分半径（m）；

h_2——圆锥部分高度（m）。

（9）商品混凝土泵送工程量计算：按设计图示尺寸的混凝土体积以立方米计算。

8.3.2 构件的运输及安装工程量计算

（1）预制混凝土构件运输工程量，按构件图示尺寸，以实体体积以立方米计算。在计算工程量时，按定额规定各类预制构件以及预制桩均应增加运输、堆放、安装损耗率，见表8-2。但预制混凝土屋架、桁架、托架以及长度在9 m以上的梁、板、柱不计算损耗。

（2）预制混凝土构安装工程量，按构件图示尺寸，以实体体积以立方米计算。

（3）加气混凝土板（砌块）运输每立方米折合钢筋混凝土构件体积0.4 m³按一类构件运输计算。

（4）焊接形成的预制钢筋混凝土框架结构，其柱安装按框架柱计算，梁安装按框架梁计算；节点浇注成形的框架按连体框架梁、柱计算。

（5）预制钢筋混凝土工字形柱、矩形柱、空腹柱、双肢柱、空心柱、管道支架等安装，均按柱安装计算。

（6）组合屋架安装，按混凝土部分实体以立方米计算，钢杆件部分不另计算。

（7）预制钢筋混凝土多层柱安装，首层柱按柱安装计算，二层及二层以上按柱接柱计算。

（8）钢筋混凝土构件接头灌缝：包括构件坐浆、灌缝、堵板孔、塞板梁缝等，均按预制钢筋混凝土构件实体体积以立方米计算。螺栓洞及零星灌浆以实灌体积立方米计算。

（9）柱与柱基的灌缝，按首层柱体积以立方米计算；首层以上柱灌缝按各层柱体积计算。

8.4 计算实例

本节主要通过介绍混凝土基础、柱、梁、板等常见的混凝土构件计算实例，帮助同学们掌握工程量计算规则和定额应用。

8.4.1 带形混凝土基础工程量计算

带形基础为长条形，混凝土体积可按断面面积乘以计算长度以立方米计算，其计算公式为：

$$V = L \times F \tag{8-10}$$

其中 V——混凝土带形基础体积（m³）；

L——计算长度（m），外墙基础取外墙基础的中心线长度，内墙基础取内墙基础的净长度；

F——基础断面面积（m²），按图示尺寸计算。

带形基础如图8-36所示，计算时可能有以下三种断面情况：

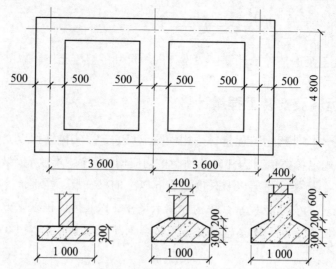

图 8-36 带形基础平面图及 1-1a、1-1b、1-1 c 断面图

（1）断面为矩形时，如图 8-36 中 1-1a 断面图所示。断面积计算式为：

$$F_1 = B \times h$$ （8-11）

式中 B——基础底面宽度；

h——基础高度。

外墙基础的长取外墙中心线长（$L_中$），内墙取基础底面之间净长度（$L_基$）。

（2）断面为梯形时，如图 8-36 中 1-1b 断面图、图 8-37 所示。断面积计算式为：

$$F_2 = (B+b) \times \frac{h_1}{2} + B \times h_2$$ （8-12）

式中 B——基础底面宽度；

h_1——梯形部分高度；

h_2——矩形部分高度；

b——梯形顶宽度。

外墙带形基础长度取外墙中心线长 $L_中$，则外墙带形基础体积计算式为：

$$V_外 = L_中 \times F_2$$ （8-13）

内墙带形基础体积先算基底净长部分体积，再加两端搭头体积：

$$V_内 = L_基 \times F_2 + 2V_搭$$ （8-14）

式中

$$V_搭 = L_d \times \frac{B+2b}{6} \times h_1$$ （8-15）

L_d——在 T 形搭头处斜面的水平投影长，若内外墙基础断面相同时：

$$L_d = \frac{B-b}{2}$$ （8-16）

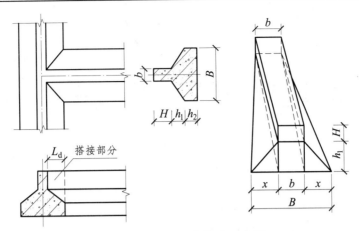

图 8-37 条形基础搭头示意图

（3）带肋梯形时，如图 8-36 中 1-1c 断面图、图 8-37 所示。断面积计算式为：

$$F_3 = b \times H + (B+b) \times \frac{h_1}{2} + B \times h_2 \qquad (8\text{-}17)$$

式中　H——肋梁部分高度；

其余符号意义同前。

外墙长仍取外墙中心线长（$L_中$），则外墙带形基础体积为：

$$V_外 = L_中 \times F_3 \qquad (8\text{-}18)$$

内墙带形基础体积先算净长部分体积，再加两端搭头体积：

$$V_内 = L_基 \times F_3 + 2V_搭 \qquad (8\text{-}19)$$

式中

$$V_搭 = I_d \times \left(\frac{B+2b}{6} \times h_1 + b \times H \right) \qquad (8\text{-}20)$$

【例 8-5】　按图 8-36、图 8-37 所示带形钢筋混凝土基础平面图及断面图，试按断面 1-1 所示三种情况计算工程量并确定定额编号。

【解】　（1）计算三种情况下带形基础的工程量。

① 矩形断面带形混凝土基础工程量：

外墙中心线：$L_中 = (3.6 + 3.6 + 4.8) \times 2 = 24.0$ m

内墙基础之间净长度：$L_基 = 4.8 - 0.5 \times 2 = 3.8$ m

基础断面积：$F_1 = 1.0 \times 0.3 = 0.30$ m²

带形基础工程量：$V_1 = (24 + 3.8) \times 0.3 = 8.34$ m³

② 梯形断面带形混凝土基础工程量：

外墙中心线：$L_中 = 24$ m

内墙基础之间净长度：$L_基 = 3.8$ m

基础断面积：$F_2 = 1.0 \times 0.3 + (1.0 + 0.4) \times 0.2/2 = 0.44$ m²

搭头体积：$V_{搭} = (1.0\text{-}0.4)/2 \times (2 \times 0.4 + 1.0)/6 \times 0.2$

$= 0.3 \times 0.3 \times 0.2$

$= 0.018 \ \text{m}^3$

带形基础工程量：$V_2 = (24 + 3.8) \times 0.44 + 2 \times 0.018 = 12.27 \ \text{m}^3$

③ 带肋梯形带形混凝土基础工程量

外墙中心线：$L_{中} = 24 \ \text{m}$

内墙基础之间净长度：$L_{基} = 3.8 \ \text{m}$

基础断面积：$F_3 = 1.0 \times 0.3 + (1.0 + 0.4) \times 0.2 / 2 + 0.6 \times 0.4 = 0.68 \ \text{m}^2$

搭头体积：$V_{搭} = (0.8\text{-}0.4) / 2 \times [(0.4 \times 2 + 1.0) / 6 \times 0.2 + 0.4 \times 0.6]$

$= 0.3 \times [0.3 \times 0.2 + 0.24] = 0.09 \ \text{m}^3$

带形基础工程量：$V_3 = (24 + 3.8) \times 0.68 + 2 \times 0.09 = 19.08 \ \text{m}^3$

（2）确定三种情况下查套的定额编号。

① 施工采用现场搅拌混凝土时套用定额：01050003。

② 施工采用商品混凝土时套用定额：01050070。

8.4.2 独立基础工程量计算

独立基础的底面一般为方形或矩形，按其外形一般有锥形基础、阶梯形基础和杯形基础，见图 8-38 ~ 图 8-40。

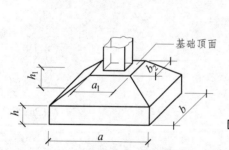

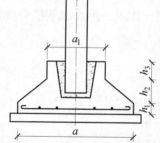

图 8-38 四棱锥台形基础示意图　　　图 8-39 杯形基础示意图　　图 8-40 四棱基础示意图

1. 柱下单独基础

如图 8-38 所示，其形体可分解为一个立方体（底座），加一个四棱台（中台），再加一个立方体（上座）。

其中，四棱台的计算公式为：

$$V = \frac{1}{3} \times (S_{上} + S_{下} + \sqrt{S_{上} + S_{下}}) \times h \qquad （8\text{-}21）$$

式中　V——四棱台体积；

$S_{上}$——四棱台上底面积；

$S_{下}$——四棱台下底面积；

h——四棱台计算高度。

2. 杯形基础

杯形基础如图 8-39 所示，其形体可分解为一个立方体（底座），加一个四棱台（中台），再加一个立方体（上座），扣减一个倒四棱台（杯口）。

【例 8-6】　某工程做杯形基础（图 8-41）10 个，试求其杯形基础工程量及混凝土垫层工程量并确定定额编号（施工方法采用现场搅拌混凝土）。

【提示】　由图给条件知，该杯形基础由下到上可以分解为四个部分计算，其中第二和第四部分按四棱台、第一和第三部分按立方体计算。

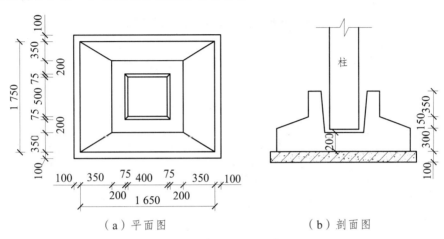

（a）平面图　　　　　　　　　　（b）剖面图

图 8-41　杯形基础示意图

【解】　（1）计算杯形基础、混凝土垫层工程量

① 混凝土杯形基础工程量计算：

各部分尺寸为：

底座：长（A）为 1.75 m；宽（B）为 1.65 m，面积（S_1）为 1.75 m×1.65 m，高（h_1）为 0.3 m；

上台：长（a）为 1.05 m，宽（b）为 0.95 m，面积（S_2）为 1.05 m×0.95 m，高（h_3）为 0.35 m

中台：高（h_2）为 0.15 m；

杯口：上口为 0.65 m×0.55 m，下口为 0.5 m×0.4 m，深（h_4）为 $0.35+0.15+0.3-0.2=0.6$ m。

用公式计算得：

$$V_1 = S_1 \times h_1 = A \times B \times h_1 = 1.75 \times 1.65 \times 0.3 = 0.866 \text{ m}^3$$

$$V_2 = 1/3 \times (S_上 + S_下 + \sqrt{S_上 + S_下}) \times h_2$$

$$= 1/3 \times (1.75 \times 1.65 + 1.05 \times 0.95 + \sqrt{1.75 \times 1.65 + 1.05 \times 0.95}) \times 0.15 = 0.279 \text{ m}^3$$

$$V_3 = S_2 \times h_3 = a \times b \times h_3 = 1.05 \times 0.95 \times 0.35 = 0.349 \text{ m}^3$$

$$V_4 = 1/3 \times (S_上 + S_下 + \sqrt{S_上 + S_下}) \times h_2$$

$$= 1/3 \times (0.65 \times 0.55 + 0.5 \times 0.4 + \sqrt{0.65 \times 0.55 \times 0.5 \times 0.4}) \times 0.6 = 0.165 \text{ m}^3$$

$$V = (V_1 + V_2 + V_3 - V_4) \times n = (0.866 + 0.279 + 0.349 - 0.165) \times 10 = 13.28 \text{ m}^3$$

② 混凝土基础垫层工程量计算：

$$V_{垫} = 1.95 \times 1.85 \times 0.1 \times 10 = 3.61 \ m^3$$

（2）确定混凝土杯形基础和基础垫层定额编号（施工方法采用现场搅拌混凝土）。

① 混凝土杯形基础：01050009。

② 基础垫层：01050001。

8.4.3 现浇混凝土构造柱工程量计算

常用构造柱的断面形式一般有四种，即 L 形拐角、T 形接头、十字形交叉和长墙中的"一字形"，如图 8-42 所示。

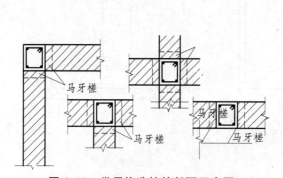

图 8-42 常用构造柱的断面示意图   图 8-43 构造柱立面示意图

构造柱计算的难点在马牙槎计算。一般马牙槎咬接高度为 300 mm，纵向间距 300 mm，马牙宽为 60 mm，如图 8-43 所示。为方便计算，马牙咬接宽按全高的平均宽度 60 mm × 1/2 = 30 mm 计算。若构造柱两个方向的尺寸记为 a 及 b，则构造柱计算断面积可按下式计算：

$$F_g = a \times b + 0.03an_1 + 0.03bn_2 = ab + 0.03(n_1a + n_2b) \tag{8-22}$$

式中 F_g——构造柱计算断面积；

     n_1、n_2——相应于 a、b 方向的咬接边数，其数值为 0、1、2。

按式（8-22）计算后，四种形式的构造柱计算断面面积见表 8-5，供计算时查用。则构造柱工程量为：

$$V = F_g(计算断面积) \times H(柱全高) \tag{8-23}$$

表 8-5 构造柱计算断面面积

构造柱形式	咬接边数		柱断面积/m²	计算断面积/m²
	n_1	n_2		
一字形	0	2		0.072
T 形	1	2		0.0792
L 形	1	1	0.24 × 0.24	0.072
十字形	2	2		0.0864

【例 8-7】 某建筑物共有构造柱 16 根，高度为 3.0 m，断面为 240 mm×240 mm，若考虑马牙槎，则 L 形的有 5 根，T 形有 7 根，十字形的有 2 根，一字形的有 2 根。计算现浇混凝土构造柱的工程量并确定定额编号。

【解】 （1）计算现浇混凝土构造柱的工程量。

查表 8-5 中 F_g 的数据，计算构造柱的体积：

$$V = F_g \times H = (0.0792 \times 7 + 0.072 \times 7 + 0.0864 \times 2) \times 3.0 = 3.69 \text{ m}^3$$

（2）确定定额的编号：01050021 或 01050088。

8.4.4 现浇混凝土有梁板工程量计算

钢筋混凝土有梁板包括：有梁板、无梁板、平板。板的工程量应根据板的不同类型按图示设计尺寸以立方米计算。

有梁板指带有梁（含主、次梁但不包括圈梁、过梁）并与板整浇成一体的梁板结构，如肋形楼盖（如图 8-12a、图 8-12b）、井式楼盖（图 8-12c）、密肋楼盖（图 8-12d）等。其工程量按梁（包括主、次梁）、板体积的总和以 m^3 计算。

【例 8-8】 计算图 8-44 所示某框架结构建筑物①～③轴线的柱及有梁板工程梁工程量并计算分部分项工程费。已知柱的截面尺寸 600 mm×600 mm，梁板柱均采用 C30 商品混凝土施工。C30 商品混凝土市场价 320 元/m^3。

【解】 （1）计算商品混凝土柱、有梁板的工程量：

$$V_{柱} = 0.6 \times 0.6 \times (2.4 + 4.2) \times 6 = 14.26 \text{ m}^3$$

$$\begin{aligned} V_{有梁板} &= [(4.8 \times 2 + 0.4) \times (6.3 \times 2 + 0.4) - 6 \times 0.6^2] \times 0.12 + (6.3 - 0.3 - 0.4) \times \\ &\quad 0.25 \times 0.7 \times 4 + (4.8 \times 2 - 0.4 - 0.4) \times 0.24 \times 0.6 \times 2 + (6.3 \times 2 - 2 \times 0.04) \times \\ &\quad 0.2 \times 0.4 + (4.8 \times 2 - 0.4 \times 2 - 0.2) \times 0.2 \times 0.3 = 23.13 \text{ m}^3 \end{aligned}$$

（2）计算分部分项工程费：

① 商品混凝土柱：套用定额 01050084。

分部分项工程费 = 人工费 + 材料费 + 机械费 + 管理费 + 利润

其中：人工费 = 14.62/10×514.87 = 752.74 元

计价材材料费 = 14.62/10×8.18 = 11.96 元

未计价材材料费 = 14.62/10×10.15×320 = 4 748.58 元

材料费 = 计价材费 + 未计价材费 = 11.96 + 4 748.58 = 4 760.54 元

机械费 = 14.62/10×19.34 = 28.28 元

管理费 = (定额人工费 + 定额机械费×8%)×管理费费率

　　　 = (752.74 + 28.28×8%)×33%

　　　 = 249.15 元

利润 = (定额人工费 + 定额机械费×8%)×利润费率

　　 = (752.74 + 28.28×8%)×20%

　　 = 151.0 元

分部分项工程费 = 人工费 + 材料费 + 机械费 + 管理费 + 利润

= 752.74 + 4760.54 + 28.28 + 249.15 + 151.0

= 5941.71 元

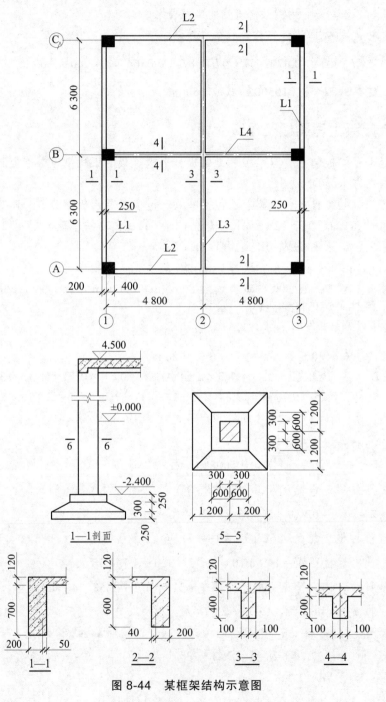

图 8-44 某框架结构示意图

② 商品混凝土有梁板：套用定额 01050109。

分部分项工程费 = 人工费 + 材料费 + 机械费 + 管理费 + 利润

其中：人工费 $= 23.13/10 \times 369.23 = 854.03$ 元

计价材材料费 $= 23.13/10 \times 93.72 = 216.77$ 元

未计价材材料费 $= 23.13/10 \times 10.15 \times 320 = 7512.62$ 元

材料费 = 计价材费 + 未计价材费 $= 216.77 + 7512.62 = 7729.39$ 元

机械费 $= 23.13/10 \times 19.34 = 44.73$ 元

管理费 = (定额人工费 + 定额机械费 $\times 8\%$) × 管理费费率

$= (854.03 + 44.73 \times 8\%) \times 33\%$

$= 283.01$ 元

利润 = (定额人工费 + 定额机械费 $\times 8\%$) × 利润费率

$= (854.03 + 44.73 \times 8\%) \times 20\%$

$= 171.52$ 元

分部分项工程费 = 人工费 + 材料费 + 机械费 + 管理费 + 利润

$= 854.03 + 7\,729.39 + 44.73 + 283.01 + 171.52$

$= 9\,082.68$ 元

8.4.5　预制混凝土柱工程量计算

预制混凝土柱工程量按设计图示尺寸以体积以立方米计算，不扣除构件内钢筋、铁件及小于 $0.3\ \mathrm{m}^2$ 以内的孔洞面积。

【例 8-9】　按图 8-45 所示计算 30 根工字形柱的 C30 预制混凝土柱的安装、运输、制作工程量，并确定定额编号（运距 5 km）。

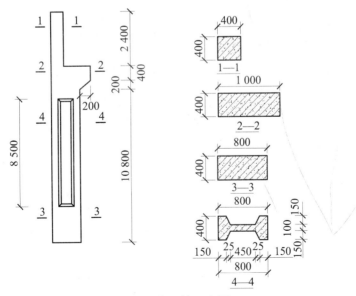

图 8-45　工字形柱示意图

【解】　（1）预制混凝土柱图示工程量：

上柱：$V_1 = 2.4 \times 0.4 \times 0.4 = 0.384\ \mathrm{m}^3$

牛腿部分：$V_2 = 1.0 \times 0.4 \times 0.4 + (1.0 + 0.8) \times 0.2 / 2 \times 0.4 = 0.232 \ \text{m}^3$

下柱外形：$V_3 = 10.8 \times 0.8 \times 0.4 = 3.456 \ \text{m}^3$

扣槽口：$V_4 = 0.15 / 3 \times (8.5 \times 0.5 + 8.45 \times 0.45 + 8.5 \times 0.5 \times 8.45 \times 0.45) \times 2 = 1.2 \ \text{m}^3$

单根柱工程量：$0.384 + 0.232 + 3.456 + 1.2 = 2.87 \ \text{m}^3$

30 根柱工程量图示工程量：$2.87 \times 30 = 86.10 \ \text{m}^3$

（2）安装、运输、制作工程量计算及定额编号见表 8-6。

表 8-6　预制混凝土工字形柱工程量计算表

序号	定额编号	项目名称	计量单位	工程量	工程量计算式
1	01050225	预制混凝土柱安装	10 m³	8.61	预制混凝土柱安装工程量＝图示工程量＝86.10 m³
2	01050126 + 01050217×4	预制混凝土柱运输（运距 5 km）	10 m³	8.61	预制混凝土柱运输工程量＝图纸工程量×（1＋运输堆放损耗率＋安装损耗率）＝86.10 m³
3	01050141	预制混凝土柱制作	10 m³	8.61	预制混凝土柱运输工程量＝图纸工程量×（1＋总损耗率）＝86.10 m³
备注	定额工程量计算规定在计算工程量时，按定额规定，各类预制构件以及预制桩均应增加运输、堆放、安装损耗率，见表 8-2。但预制混凝土屋架、桁架、托架以及长度在 9 m 以上的梁、板、柱不计算损耗。				

8.4.6　预制混凝土板工程量计算

预制混凝土板工程量按设计图示尺寸按体积以立方米计算，不扣除构件内钢筋、铁件及小于 0.3 m² 以内的孔洞面积。

【例 8-10】　某办公楼工程楼面铺 YKB3306-4 板 150 块，铺 YKB3606-4 板 100 块，材料用量见表 8-7。计算 YKB 板 C30（10）混凝土及钢筋的图示工程量。

表 8-7　0.6 m 宽楼面板材料用量表

板的编号	混凝土/（m³/块）	钢筋/（kg/块）	板的编号	混凝土/（m³/块）	钢筋（kg/块）
YKB3306-3		4.81	YKB3606-3		6.65
YKB3306-4		5.49	YKB3606-4		7.77
YKB3306-5	0.142	6.18	YKB3606-5	0.155	8.51
YKB3306-6		6.52	YKB3606-6		8.88
YKB3306-7		6.86	YKB3606-7		9.26
YKD3306-8		7.21	YKB3606-8		9.63

【解】　查用表 8-7 中数据乘以板的块数，得：

YKB3306-4 板的混凝土图示量 ＝ $0.142 \times 150 = 21.3 \ \text{m}^3$

YKB3306-4 板的钢筋图示量 ＝ $5.49 \times 150 = 823.5 \ \text{kg}$

YKB3606-4 板的混凝土图示量 $= 0.155 \times 100 = 15.5 \ \mathrm{m}^3$

YKB3606-4 板的钢筋图示量 $= 7.77 \times 100 = 777 \ \mathrm{kg}$

习题 8

1. 定额中混凝土构件如何分类？混凝土构件工程量计算的基本规则是什么？试分别归纳总结工程量计算规则哪些构件按体积、哪些按面积、哪些按长度计算？

2. 按图 8-46 所示计算以下分项的工程量及分部分项工程费：

（1）C30 商品混凝土杯形基础；（2）C10 现场搅拌混凝土垫层。

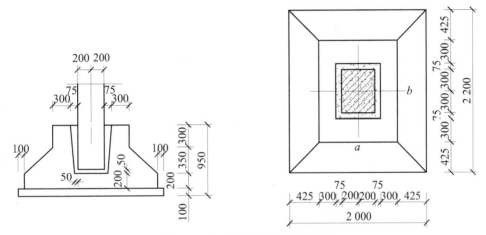

图 8-46 钢筋混凝土杯形基础图

3. 按图 8-47 所示计算以下分项的工程量及分部分项工程费：

（1）C30 商品混凝土带形基础；（2）C10 现场搅拌混凝土垫层。

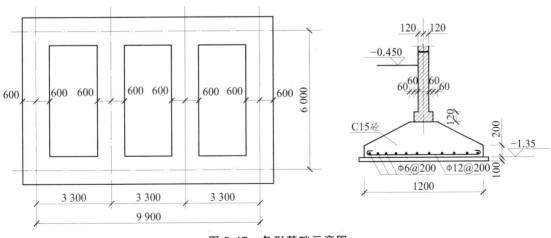

图 8-47 条形基础示意图

4. 按图 8-48 所示计算 C30 商品混凝土有梁板的工程量及分部分项工程费。

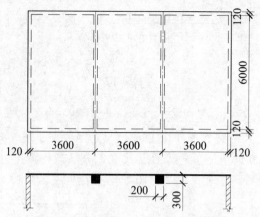

图 8-48　钢筋混凝土有梁板示意图

5. 按图 8-49 所示计算 18 块 C20 预制混凝土天沟板的安装、运输、制作工程量，并确定定额编号（运距 5 km）。

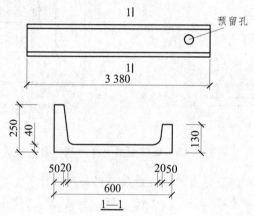

图 8-49　预制混凝土天沟板示意图

6. 常用的混凝土构件如杯型基础、带形基础、有梁板、整体楼梯、过梁、圈梁、构造柱等如何计算?按教材第 20 章中的施工图纸计算出混凝土分部分项工程量及分部分项工程费。

第 9 章 钢筋工程量计算与定额应用

【学习要点】

（1）了解钢筋工程相关基础知识。

（2）熟悉钢筋工程量的计算规则及计算方法。

（3）掌握钢筋工程定额子目的套用。

9.1 基本问题

9.1.1 钢筋工程定额项目内容

根据《云南省房屋建筑与装饰工程消耗量定额》，本章内容包括钢筋制安、橡胶隔震支座、其他共三个定额节，共 46 个子项目。定额项目划分一览表见表 9-1。

表 9-1 钢筋工程定额项目划分一览表

节	分 节	定额项目
八、钢筋制安	1. 现浇、预制构件钢筋	01050352—01050361
	2. 预应力构件钢筋、钢丝束	01050362—01050368
九、橡胶隔震支座		01050369—01050371
十、其他	1. 预埋铁件、钢筋网片	01050372—01050376
	2. 钢筋接头	01050377—01050389
	3. 植筋	01050390—01050397
合计		共 46 个定额项目

9.1.2 钢筋工程计算基本问题

1. 混凝土构件中常用的钢筋品种

钢筋混凝土结构用钢主要品种有热轧钢筋、预应力混凝土用热处理钢筋、预应力混凝土用钢丝和钢绞线。热轧钢筋是建筑工程中用量最大的钢材品种之一，主要用于钢筋混凝土结构和预应力混凝土结构的配筋。目前我国常用的热轧钢筋品种、强度标准值见表 9-2，预应力钢筋见表 9-3。

表 9-2　常用的热轧钢筋品种及强度标准值

表面形状	牌号	常用符号	屈服强度 R_{sl}/MPa	抗拉强度 R/MPa
			不小于	不小于
光圆	HPB235	Φ	215	370
	HPB300	Φ	300	420
带肋	HRB335	Φ	315	455
	HBRF335	—		
	HRB400	Φ	400	540
	HRBF400	Φ		
	HRB500	Φ	500	630
	HRBF500	Φ		

注：热轧带肋钢筋牌号中，HRBF 属于细晶粒热轧带肋钢筋。

表 9-3　预应力钢筋种类及钢绞线

种类		符号	d/mm
钢绞线	1×3	Φ	8.6、10.8
			12.9
	1×7		9.5、11.1、12.7
			15.2
消除应力钢丝	光面螺旋肋	ϕ^P ϕ^H	4、5
			6
			7、8、9
	刻痕	ϕ_i	5、7
热处理钢筋	40Si2Mn	ϕ_{ht}	6
	48Si2Mn		8.2
	45Si2Cr		10

注：1　钢绞线直径 d 系指钢绞线外接圆直径，即现行国家标准《预应力混凝土用钢绞线》GB/T 5224 中的公称直径 D_g，钢丝和热处理钢筋的直径 d 均指公称直径；
　　2. 消除应力光面钢丝直径 d 为 4~9 mm，消除应力螺旋肋钢丝直径 d 为 4~8 mm。

2. 钢筋在常用钢筋混凝土构件中的分类

1）梁内钢筋的类别及作用

梁是建筑物的主要受弯构件。建筑工程中常用的梁有雨篷梁、过梁、圈梁、楼梯梁、基础梁、吊车梁和连系梁等。由于外力作用方式和支撑方式的不同，各种梁的弯曲变形的情况也不同，所以不同类型梁内配置钢筋的种类、形状及数量等也不相同。但是各种梁内配置钢筋的类别及作用却基本相同。梁内钢筋的配置通常有下列几种，见图 9-1。

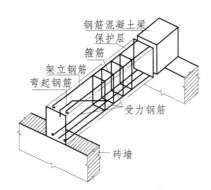

图 9-1 钢筋混凝土梁的配筋示意图

（1）纵向受力钢筋：它的主要作用是承受外力作用下梁内产生的拉力。因此，纵向受力钢筋应配置在梁的受拉区。

（2）弯起钢筋：通常是由纵向钢筋弯起形成的。其主要作用是除在梁跨中承受正弯矩产生的拉力外，在梁靠近支座的弯起段还用来承受弯矩和剪力共同产生的主拉应力。

（3）架立钢筋：它的主要作用是固定箍筋保证其正确位置，并形成一定刚度的钢筋骨架。同时，架立钢筋还能承受因温度变化和混凝土收缩而产生的应力，防止裂缝产生。架立钢筋一般平行纵向受力钢筋，放置在梁的受压区箍筋内的两侧。

（4）箍筋：它的主要作用是承受剪力。此外，箍筋与其他钢筋通过绑扎或焊接形成一个整体性好的空间骨架。箍筋一般垂直于纵向受力钢筋。

（5）附加钢筋。因构件几何形状或受力情况变化而增加的附加筋，如吊筋、鸭筋等，如图 9-2 所示。

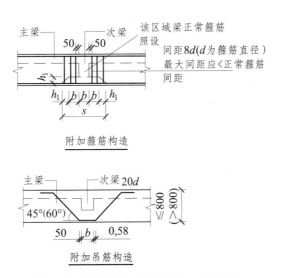

图 9-2 钢筋混凝土梁的附加筋示意图

2）板内钢筋的类别及作用

板也是受弯构件，常见的混凝土板有楼板、屋面板、阳台板、雨篷板、楼梯踏步板、天沟板等。虽然不同类型的板由于受力形式的不同，板内钢筋的种类、形状和数量等也不相同，但钢筋混凝土板内配置的钢筋类别及作用却基本相同。板内钢筋的配置通常有下列几种，见图9-3。

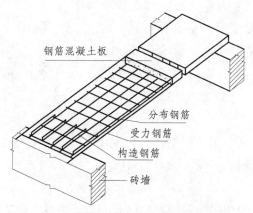

图9-3　钢筋混凝土平板的配筋示意图

（1）受力钢筋：它主要承受弯矩产生的拉力，一般布置在沿板跨度方向的受拉区。

（2）分布钢筋：它的主要作用是将板上的外力更有效地传递到受力钢筋上去，防止由于温度变化和混凝土收缩等原因沿板跨方向产生裂缝，并固定受力钢筋使其位置正确，且垂直于受力钢筋。

（3）构造钢筋：也称分布钢筋，它主要起构造作用，是因施工和安装需要而配置的钢筋。

3）柱内钢筋的类别及作用

钢筋混凝土柱根据所受外力的作用方式不同，可分为轴心受压柱和偏心受压柱。柱内配筋如图9-4所示。

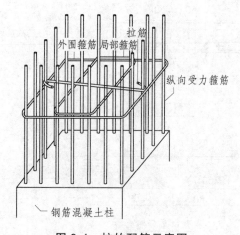

图9-4　柱的配筋示意图

（1）受力钢筋：轴心受压柱内受力钢筋的作用是与混凝土共同承担中心荷载在截面内产生的压应力；而偏心受压柱内的受力钢筋除了承担压应力外，还要承担由偏心荷载引起的拉应力。

（2）箍筋：它的作用是保证柱内受力钢筋的位置正确、间距符合设计要求，防止受力钢筋被压弯曲，从而提高柱子的承载力。

4）墙内的钢筋类别及作用

钢筋混凝土墙是高层建筑内主要的受力构件。钢筋混凝土墙体内，根据计算要求可以配置单层或双层钢筋网片。钢筋网片主要由竖向钢筋和横向钢筋组成。在采用两层钢筋网片时，为了保证钢筋的位置正确、间距固定，在两层钢筋网片之间通常还设置撑筋。墙内配筋如图9-5 所示。

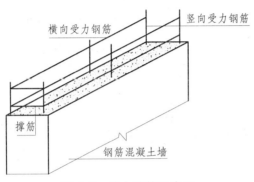

图 9-5　墙内配筋示意图

（1）竖向受力钢筋：其主要作用是承受水平荷载对墙体产生的拉应力。

（2）横向受力钢筋：其主要作用是固定竖向受力钢筋的位置，并可以承担一定的剪力。

3. 钢筋的混凝土保护层

钢筋在混凝土中，应有一定厚度的混凝土将其包住。最外层钢筋外边缘至混凝土表面的距离就叫钢筋的混凝土保护层。一般构件的混凝土保护层厚度见表 9-4。

表 9-4　钢筋的混凝土保护层厚度（ c 值 ）　　　　　　　mm

环境类别		板、墙、壳			梁			柱		
		≤C20	C25～C45	≥C50	≤C20	C25～C45	≥C50	≤C20	C25～C45	≥C50
一		20	15	15	30	25	25	30	30	30
二	a	—	20	20	—	30	—	—	30	30
	b	—	25	20	—	35	—	—	35	30
三		—	—	30	25	—	40	35	—	40	35

注：① 受力钢筋的混凝土保护层除符合上表规定外，还应不小于受力钢筋的直径。
　　② 板、墙、壳中分布筋的保护层厚度不应小于表内数值减 10 mm，且混凝土不应小于 10 mm。
　　③ 梁、柱中箍筋和构造钢筋的保护层厚度不应小于 15 mm。
　　④ 基础中纵向受力钢筋的混凝土保护层厚度不应小于 40 mm；当无垫层时，不应小于 70 mm。
　　⑤ 处于二、三类环境中的悬挑板，其上表面应采取有效的保护措施。环境类别划分见表 9-5。

表 9-5　混凝土结构环境类别划分表

环境类别		条　件
一		室内正常环境
二	a	室内潮湿的环境；非严寒和寒冷地区露天环境、与无侵蚀性的水及土壤直接接触的环境
	b	寒冷和严寒地区的露天环境；与无侵蚀性的水或土壤直接接触的环境
三		使用除冰盐的环境、严寒及寒冷地区冬季的水位变动环境、滨海区室外环境
四		海水环境
五		受人为或自然的化学侵蚀性物质影响的环境

4. 锚固长度确定

现浇构件中伸进构件的锚固钢筋的锚固长度见表 9-6、表 9-7。

表 9-6　受拉钢筋最小锚固长度 l_a　　　　　　mm

钢筋种类		混凝土强度等级									
		C20		C25		C30		C35		≥C40	
HPB235	普通钢筋	$31d$	$31d$	$27d$	$27d$	$24d$	$24d$	$22d$	$22d$	$20d$	$20d$
HRB335	普通钢筋	$39d$	$42d$	$34d$	$37d$	$30d$	$33d$	$27d$	$30d$	$25d$	$27d$
HRB400 RRB400	普通钢筋	$46d$	$51d$	$40d$	$44d$	$36d$	$39d$	$33d$	$36d$	$30d$	$33d$

注：1. 表中 d 指钢筋直径。

2. 当钢筋在混凝土施工中易受扰动（如滑模施工）时，其锚固长度应乘以修正系数 1.1。

3. 在任何情况下，锚固长度不得小于 250 mm。

4. HPB235 钢筋为受拉时，其末端应做成 180°弯钩，弯钩平直段长度不应小于 $3c$；当为受压时，可不做弯钩。

表 9-7　纵向受拉钢筋抗震锚固长度 l_{aE}　　　　　　mm

钢筋种类与直径			混凝土强度等级与抗震等级									
			C20		C25		C30		C35		≥C40	
			一、二级	三级	一、二级	三级	一、二级	三级	一、二级	三级	一、二级	三级
HPB235	普通钢筋		$35d$	$33d$	$31d$	$28d$	$27d$	$25d$	$25d$	$23d$	$23d$	$21d$
HRB335	普通钢筋	$d≤25$ mm	$44d$	$41d$	$38d$	$39d$	$34d$	$31d$	$31d$	$29d$	$29d$	$26d$
		$d≤25$ mm	$49d$	$45d$	$42d$	$42d$	$38d$	$34d$	$34d$	$31d$	$32d$	$29d$
HRB400	普通钢筋	$d≤25$ mm	$53d$	$49d$	$46d$	$42d$	$41d$	$37d$	$37d$	$34d$	$34d$	$31d$
RRB400		$d≤25$ mm	$58d$	$53d$	$51d$	$46d$	$45d$	$41d$	$41d$	$38d$	$38d$	$34d$

注：1. 四级抗震等级，$l_{aE}=l_a$。

2. 当弯锚时，有些部位的锚固长度为 ≥$0.4\,l_{aE}+15d$，见各类构件的标准构造详图。

3. 当 HRB335、HRB400 和 RRB400 级纵向受拉钢筋末端采用机械锚固措施时，包括附加锚固端头在内的锚固长度可取相应表中锚固长度的 0.7 倍。机械锚固的形式及构造要求见有关详图。

4. 当钢筋在混凝土施工中易受扰动（如滑模施工）时，其锚固长度应乘以修正系数 1.1。

5. 在任何情况下，锚固长度不得小于 250 mm。

5. 钢筋的搭接长度确定

现浇构件中钢筋连接时的搭接长度见表 9-8 及表 9-9。

表 9-8　纵向受拉钢筋绑扎搭接长度 l_{LE}、l_L

抗震	非抗震	注：1. 当不同直径的钢筋搭接时，其 l_{LE} 与 l_L 值按较小的直径计算
$l_{LE} = \xi l_{aE}$	$l_L = \xi l_a$	2. 在任何情况下，l_L 不得小于 300 mm 3. 式中 ξ 为搭接长度修正系数

表 9-9　纵向受拉钢筋搭接长度修正系数

纵向受拉钢筋搭接接头 面积百分率	≤25	50	100
ξ	1.2	1.4	1.6

6. 弯起钢筋长度

常用弯起钢筋的弯起角度有 30°、45°、60° 三种，可按弯起角度、弯起钢筋净高 H_0（$H_0 =$ 构件断面高 – 两端保护层厚）计算，其计算方法如表 9-10 所示。

表 9-10　弯起钢筋增加长度计算表

形状				
计算方法	斜边长 S	$2H_0$	$1.414H_0$	$1.155H_0$
	增加长度 $S - L = \Delta L$	$0.268H_0$	$0.414H_0$	$0.577H_0$

注：梁高 $H \geqslant 0.8$ 取 60°，梁高 $H < 0.8$ 取 45°，板取 30°。

7. 钢筋的弯钩

（1）绑扎钢筋骨架的受力钢筋应在末端做弯钩，但是下列钢筋可以不做弯钩：

① 螺纹、人字纹等带肋钢筋；

② 焊接骨架和焊接网中的光圆钢筋；

③ 绑扎骨架中受压的光圆钢筋；

④ 梁、柱中的附加钢筋及梁的架立钢筋；

⑤ 板的分布钢筋。

（2）钢筋弯钩的形式如图 9-6 所示：① 带有平直部分的半圆钩，见图 9-6（a）；② 直弯钩，见图 9-6（b）；③ 斜弯钩，见图 9-3（c）。

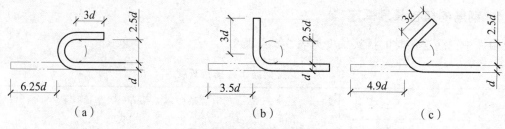

图 9-6　钢筋弯钩示意图

（3）计算钢筋的工程量时，弯钩的长度不考虑加工时钢筋的延伸率。常用的弯钩长度见表 9-11（表中 d 为钢筋直径，单位为 mm）。

表 9-11　常用的弯钩长度计算长度

弯钩长度		180°	90°	135°
增加长度	HPB 光圆钢筋	6.25d	3.5d	4.9d

注：135°的平直部分，一般结构不小于箍筋直径的 5 倍；有抗震要求的结构，不应小于箍筋直径的 10 倍。

8. 钢筋的接头

1）焊接接头

钢筋的接头最好采用焊接，采用焊接接头应受力可靠，便于布置钢筋，并且可以减少钢筋加工工作量和节约钢筋。焊接接头主要有电渣压力焊、闪光对焊和电弧焊等。在现浇混凝土框架柱中，当受力筋大于 22 mm 时，一般采用电渣压力焊，并以个数为单位，费用另计。

2）套筒（或称机械）接头

在现浇框架混凝土柱中，当受力筋中的带肋钢筋直径大于 32 mm 时，一般应采用套筒接头，并以个数为单位另行计费。

3）绑扎接头

它是在钢筋搭接部分的中心和两端共三处用铁丝绑扎而成，绑扎接头操作方便，但不结实，因此接头要长一些，要多消耗钢材。所以除了没有焊接设备或操作条件不许可的情况，一般不采用绑扎接头。绑扎接头使用条件有一定的限制，应符合规范要求，见表 9-8 及表 9-9。

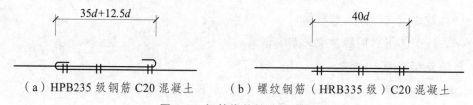

（a）HPB235 级钢筋 C20 混凝土　　（b）螺纹钢筋（HRB335 级）C20 混凝土

图 9-7　钢筋绑扎接头示意图

4）其他规定

设计图纸已注明的钢筋接头，按图纸规定计算。设计图纸未注明的通长钢筋接头，按通长钢筋长度超过 12 m，钢筋直径大于 8 mm 不大于 12 mm 时按每 12 m 长计算一个搭接；如长度超过 9 m，钢筋直径超过 12 mm 每 9 m 长计算一个接头，接头长度按规范计算。

9. 钢筋的线密度

（1）钢筋线密度的简易计算公式：$0.006\ 17d^2$（其中，d 为钢筋直径，取单位为 mm）

【例 9-1】　求 $\phi 12$ 钢筋单位理论质（重）量。

【解】　取 d 值为 12（mm），代入公式得：

$$0.006\ 17 \times 12^2 = 0.888\ （kg/m）$$

（2）钢筋线密度也可直接查表 9-12，表中的数据来源于五金手册钢筋线密度表。

表 9-12　钢筋的线密度

钢筋直径/mm	截面积/mm²	单位理论质量/（kg/m）	钢筋直径/mm	截面面积/mm²	单位理论质量/（kg/m）
4	12.60	0.099	18	254.50	2.000
5	19.63	0.154	19	283.50	2.230
5.5	23.76	0.187	20	314.20	2.470
6	28.27	0.222	21	346.00	2.720
6.5	33.18	0.26.0	22	380.10	2.980
7	38.48	0.302	24	452.40	3.550
8	50.27	0.395	25	490.90	3.850
9	63.62	0.499	26	530.90	4.170
10	78.54	0.617	28	615.80	4.830
11	95.03	0.746	30	706.90	5.550
12	113.10	0.888	32	804.20	6.310
13	132.70	1.040	34	907.90	7.130
14	153.90	1.210	35	962.00	7.550
15	176.70	1.390	36	1018.00	7.990
16	201.10	1.580	38	1134.00	8.900
17	227.00	1.780	40	1257.00	9.870

9.2　钢筋工程工作内容及定额应用说明

9.2.1　钢筋工程工作内容

1. 钢筋制安工作内容

（1）现浇、预制构件钢筋工作内容包括：钢筋制作、绑扎、安装等。

（2）预应力构件钢筋、钢丝束工作内容包括：预应力的钢筋制作、绑扎、张拉、安装等全部操作过程。

2. 橡胶隔震支座工作内容

橡胶隔震支座工作内容包括：下支墩顶面清理、测量、吊装、螺栓连接固定等。

3. 其 他

（1）预埋铁件、钢筋网片工作内容：预埋铁件制作、运输、安装，成品预埋件安装埋设、焊接固定。

（2）钢筋接头工作内容：焊接固定，将已平、断、直后的钢筋运抵套丝机旁，人工抬上操作台套丝加工堆放，在现场安装、校正、检验、刷漆，等。

（3）植筋工作内容：定位、钻孔、清孔、钢筋加工成型、注胶、植入钢筋、养护等全部操作过程。

9.2.2 钢筋工程定额应用说明

（1）定额中的钢筋制安已按常规的对焊、电弧焊、电焊、机制手绑施工方法综合，实际施工与定额不同时，除采用埋弧压力焊外均不作调整。

（2）现浇构件中设计未注明搭接的通长钢筋，按以下规定计算钢筋的搭接数量，搭接长度按设计或规范计算。

① 通长钢筋长度超过 12 m，钢筋直径大于 8 mm 不大于 12 mm 时，按 12 m 长计算一个搭接。

② 通长钢筋长度超过 9 m，钢筋直径大于 12 mm 时，按 9 m 长计算一个搭接。

但设计采用全部焊接、电渣压力焊、机械连接的钢筋以及预制构件（含预应力构件）钢筋、钢丝束、钢绞线、冷拔低碳钢丝，不计算搭接数量。

（3）型钢混凝土中钢筋规格在 $\phi 14$ 以内者，人工乘以系数 1.15，每吨钢筋增加电焊条 4.34 kg。

（4）预应力张拉设备已综合考虑，但预应力钢筋的人工时效未计入定额，如设计要求人工时效处理时，每吨钢筋增加人工 7 工日。

（5）预应力钢筋锚具锥形锚按每吨 19 个计入，墩形锚按每吨 23 个计入，如设计要求不同时，可按设计要求按实调整。

（6）以半成品出现的预埋铁件安装子目执行。

9.3 钢筋工程量计算规则与计算方法

9.3.1 钢筋工程量计算规则

（1）钢筋工程量计算时，应区别现浇、预制构件、预应力、钢种和规格，按图示尺寸（包括图纸有关说明）乘以钢筋的线密度，以吨计算。

（2）先张法预应力钢筋，按构件外形尺寸计算长度；后张法预应力钢筋按设计图规定的预应力钢筋预留孔道长度，区别不同的锚具类型分别按下列规定计算：

① 低合金钢筋两端采用锚杆锚具时，预应力钢筋按预留孔道长度减 0.35 m，螺杆另行计算。

【例 9-2】　如图 9-8 所示为两端采用锚杆锚具的预应力构件示意图，图中 l 为构件预留孔道长度，该装置适用于粗钢筋双端张拉，按规定预应力钢筋的计算长度为（$l - 0.35$ m）。

图 9-8　两端用锚杆锚具的预应力构件示意图

1—螺丝端杆；2—预应力钢筋；3—对焊接头；4—垫板；5—螺母；6—混凝土构件

② 低合金钢筋一端采用墩头插片，另一端采用帮条锚具时，预应力钢筋增加 0.15 m，两端均采用帮条锚具时，预应力钢筋按共增加 0.3 m 计算。

③ 低合金钢筋一端采用墩头插片，另一端采用帮条锚具时，预应力钢筋按预留孔道长度计算，螺杆另行计算。

④ 低合金钢筋采用后张混凝土自锚时，预应力钢筋长度按增加 0.35 m 计算。

⑤ 低合金钢筋或钢绞线采用 JM、XM、QM 型锚具，孔道长度在 20 m 以内时，预应力钢筋长度按增加 1.8 m 计算。

【例 9-3】　如图 9-9 所示为采用 JM、XM、QM 型锚具预应力钢筋的制作简图，图中 l 为构件预留孔道长度，其预应力钢筋的计算长度为：

当 $l \leqslant 20$ m 时，钢筋长度（$l + 1.0$ m）；

当 $l > 20$ m 时，钢筋长度（$l + 1.8$ m）。

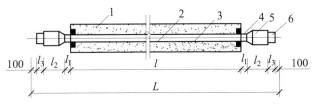

图 9-9　夹片式锚具两端张拉示意图

1—混凝土构件；2—孔道；3—钢绞线；4—夹片式工作锚；
5—穿心式千斤顶；6—夹片式工具锚

⑥ 碳素钢丝采用锥形锚具、孔道长度在 20 m 以内时，预应力钢筋长度按增加 1 m 计算；孔道长度在 20 m 以上时，预应力钢筋长度按增加 1.8 m 计算。

⑦ 碳素钢丝两端采用墩粗头时，预应力钢丝长度按增加 0.35 m 计算。

【例 9-4】　如图 9-10 所示为两端采用墩粗头锚具预应力钢筋的制作简图，图中 L_0 为构件预留孔道长度，其预应力钢筋的计算长度为（$L_0 + 0.35$ m）。

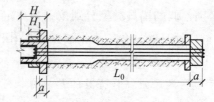

图 9-10　墩粗头锚具预应力钢筋的制作简图

9.3.2　钢筋工程量计算方法及计算步骤

1. 钢筋工程量计算的基本方法

钢筋工程量计算表达式为：

$$钢筋工程量＝钢筋图示计算长度×钢筋的线密度（理论质量）\qquad（9\text{-}1）$$

式中，钢筋的线密度（理论）可按表 9-12 直接查用。在无表可查时，也可以用简便公式计算，其公式为：$0.006\,17d^2$（其中，d 为钢筋直径，取单位为 mm）。

由于钢筋的线密度很容易确定，因而计算钢筋图示长度就成为钢筋工程量计算的主要问题，也是预算中工作量最大的工作。又由于预算的目的仅是确定钢筋的耗用量，而不是用于施工下料，因而计算钢筋可用比较简捷的方法，否则将把简单的问题复杂化，这应是计算钢筋工程量时应把握的基本原则。本节主要是讨论钢筋长度如何计算。工程预算中，算钢筋的根本目的是计算工程造价，而不是计算下料长度，因此应确立钢筋预算的两个基本原则：

① 钢筋长度应按其图示的外包尺寸计算。

② 有多种计算可能的情况下，按最大长度计算。

2. 一般直筋长度计算

一般直筋长度（如图 9-11 中①②号钢筋），计算式可表达为：

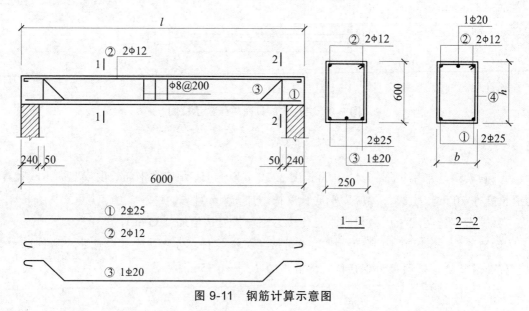

图 9-11　钢筋计算示意图

直筋长度 = 构件长 − 两端保护层厚 + 弯钩 + 其他增加值

或 $$A = L - 2c + 2 \times 6.25d + \Delta L \qquad (9\text{-}2)$$

式中 A——直筋长度；

L——构件长度；

$2c$——两端保护层厚，按表 9-4、表 9-5 取值；

$2 \times 6.25d$——HRB300 级钢筋 180° 弯钩计算长，为计算方便，可直接表达为 12.5d；

ΔL——其他增加长，如搭接长度、锚固长度等。

3. 弯起钢筋长度（如图 9-11 中③号钢筋）计算

弯起钢筋长度是将弯起钢筋投影成为水平直筋，再增加弯起部分斜长与水平长相比的增加值计算而得。其计算式可表达为：

弯起筋长度 = 构件长 − 两端保护层厚 + 弯钩 + 斜长增加值 + 其他增加值

或 $$B = L - 2c + 12.5d + \Delta L + \Delta(S - L) \qquad (9\text{-}3)$$

式中 B——弯起筋长度；

$\Delta(S - L)$——斜长增加值，按表 9-10 取；

其余符号意义同前。

4. 箍筋长度计算

箍筋一般按一定间距设置，箍筋长度计算应先算出单肢箍长度和肢数，最后求得箍筋总长度。其表达式为：

$$箍筋长度 = 单支箍长度 \times 支数 \qquad (9\text{-}4)$$

（1）单肢箍长度根据构件断面及箍筋配置情况的不同可有以下五种计算方法。

① 方形或矩形断面的梁、柱配置的封闭双肢箍长度，如图 9-11 中④号钢筋。

其单肢箍长度计算，不扣保护层，也不增加弯钩，以构件断面周长计算，即

$$L = (b + h) \times 2 - 8c + 2 \times 11.9d \qquad (9\text{-}5)$$

② 拉筋，也称"S 形箍"，如图 9-12 所示。

图 9-12　拉筋示意图

拉筋单肢长度按构件断面宽度扣除两端保护层厚度，加两个 135° 弯钩的长度计算。其计算表达式为：

$$L = b - 2 \times c + 11.9d \times 2 \qquad (9\text{-}6)$$

式中　L——拉筋单支长度；

　　　b——构件断面宽度；

　　　c——箍筋保护层厚度；

　　　d——拉筋直径；

　　　$11.9d×2$——两个 135°弯钩的长度。

③ 矩形断面的梁、柱配置的四肢箍形式，如图 9-13 所示。

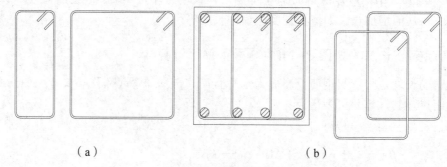

（a）　　　　　　　　　　　　（b）

图 9-13　四支箍示意图

a. 图 9-13（a）中所示的两个相套箍筋，其计算表达式为：

$$L = \frac{1}{3}b×2+(h-2c)×2+11.9d×2 \tag{9-7}$$

b. 如图 9-13（b）中所示的两个相套的箍筋，为横边长度相当于 2/3 的构件断面宽度，竖边长度以构件断面高度扣除两端保护层厚度，最后加两个 135°弯钩的长度计算两个封闭单箍。其计算表达式为：

$$L = \left[\frac{2}{3}b×2+(h-2c)×2+11.9d\right]×2 \tag{9-8}$$

③ 螺旋箍（图 9-14），其长度是连续不断的，可按以下公式一次计算出螺旋箍总长度。

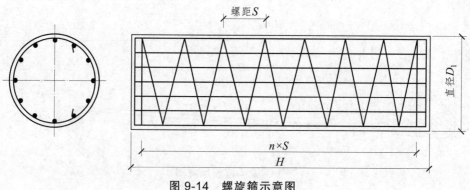

图 9-14　螺旋箍示意图

其长度计算表达式为：

$$L = \frac{H}{S}\sqrt{S^2+(D-2c)^2\pi^2} \tag{9-9}$$

式中　H——需配置螺旋箍的构件长或高（m）；

　　　S——螺旋箍螺距（m）；

　　　D——需配置螺旋箍的构件断面直径（m）；

　　　c——保护层厚度（m）；

　　　π——圆周率，取 3.1416。

⑤ 圆形箍，如图 9-15 所示。

圆形箍长度应按箍筋外皮圆周长，加钢筋搭接长度，再加两个 135° 弯钩的长度计算。其长度计算表达式为：

$$L = (D - 2c) \times \pi + L_d + 11.9d \times 2 \qquad (9\text{-}10)$$

图 9-15　圆形箍示意图

式中　L——圆形箍单支长度；

　　　D——构件断面直径；

　　　c——保护层厚度；

　　　π——圆周率，取 3.1416；

　　　L_d——钢筋搭接长度（表 9-8、表 9-9）。

（2）箍筋肢数，可分为以下两种情况计算：

① 一般的简支梁，箍筋可布至梁端，但应扣减梁端保护层厚，其计算方法为：

$$支数 = (L - 2c)/s + 1 \qquad (9\text{-}11)$$

式中　L——梁的构件长（m）；

　　　c——保护层厚度（m）；

　　　s——箍筋间距（m）；

　　　1——排列的箍筋最后均应加 1 肢。

② 与柱整浇的框架梁，箍筋可布至支座边 50 mm 处，无柱支座中可设一肢箍筋，如图 9-16 所示。

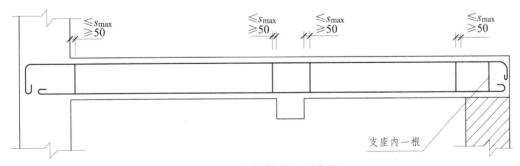

图 9-16　梁箍筋分布示意图

计算公式为：

$$支数 = (L_净 - 2 \times 0.05)/s + 1 \qquad (9\text{-}12)$$

式中　$L_净$——框架梁的净跨长，即支座间净长度；

　　　其余符号意义同前。

5. 单位工程的钢筋工程量计算基本步骤

一个单位工程的钢筋消耗量也称预算用量，包括根据施工图计算的图示用量和规定的损耗量两个部分。图示用量等于各钢筋混凝土构件中的设计图纸用量及其他结构中的加固钢筋、连系钢筋等的用量之和，各种构件和结构用钢筋又是由若干不同品种、不同规格、不同形状的单根钢筋所组成。因此，计算一个单位工程的钢筋总用量时，应首先按不同构件，计算其中不同品种、不同规格的每一根钢筋的用量，然后根据设计规定计算其他构造加筋用量，最后按规格、品种分类汇总求得单位工程钢筋总用量。其基本步骤如下：

（1）计算每一构件的不同品种、规格的图纸钢筋用量：

$$G_g = \sum l_i g_i N_i \tag{9-13}$$

式中　G_g——某种型号钢筋质量（kg）；

　　　l_i——某种型号钢筋计算长度（m）；

　　　g_i——某种规格钢筋线密度（kg/m）；

　　　i——某型号钢筋编号。

（2）计算钢筋混凝土每一分部工程的钢筋图纸用量：

$$G_f = \sum G_g \tag{9-14}$$

式中　G_f——某品种、某规格钢筋的质量（kg）。

（3）计算单位工程的钢筋图纸用量（即钢筋工程量）：

$$G_d = \sum (G_f + G_j) \tag{9-15}$$

式中　G_d——某品种、某规格单位工程钢筋图示总用量（工程量）（kg）；

　　　G_j——钢筋混凝土工程以外的其他结构中的构造用筋量，包括砌体内的加固筋、结构插筋、预制构件间的接缝钢筋等。

9.4　钢筋工程量计算示例

9.4.1　现浇简支梁钢筋工程量计算

【例 9-5】　根据图 9-17 所示，计算现浇 C25 钢筋混凝土简支梁的工程量。

【解】　查表 9-4，c 取 25 mm。

① 号筋（2Φ16，HRB335 级筋）：

$L_1 = (3.9 - 0.025 \times 2 + 0.25 \times 2) \times 2 = 8.70$ m

$G_1 = 8.7 \times 1.58 = 13.75$ kg $= 0.013\,8$ t

② 号筋（2Φ12，HPB235 级筋）：

$L_2 = (3.9 - 0.025 \times 2 + 12.5 \times 0.012) \times 2 = 8.0$ m

$G_2 = 8.0 \times 0.888 = 7.1$ kg $= 0.007$ t

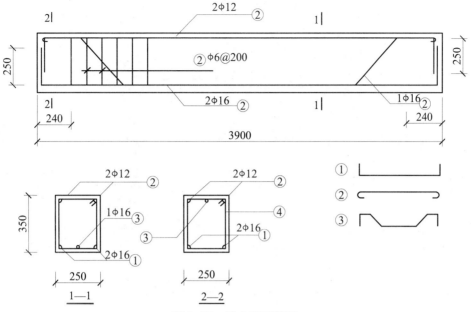

图 9-17　简支梁配筋图

③ 号筋（1φ16，HRB335 级筋）：

$L_3 = 3.9 - 0.025 \times 2 + 0.25 \times 2 + (0.35 - 0.025 \times 2) \times 0.414 \times 2 = 4.60$ m

$G_3 = 4.60 \times 1.58 = 7.27$ kg $= 0.007$ t

④ 号筋（φ6@200，HPB235 级箍筋）

肢数　$(3.9 - 0.025 \times 2)/0.2 + 1 = 20$ 肢

单箍长 = 构件断面周长　$(0.35 + 0.25) \times 2 = 1.2$ m

$L_4 = 1.2 \times 20 = 24$ m

$G_4 = 24 \times 0.222 = 5.32$ kg $= 0.005$ t

钢筋汇总：

φ10 以内光圆钢筋：0.005 t

φ10 以外光圆钢筋：0.013 8 + 0.007 + 0.007 = 0.0278 t

9.4.2　独立基础底板钢筋计算

独立基础底板双向配置的钢筋均为受力直筋，当构件长度大于等于 2.5 m 时，钢筋长度可减为 0.9 倍边长，交叉布置。

【例 9-6】　按图 9-18 所示，计算杯形基础底板配筋工程量（共 24 个）。

【提示】　钢筋计算时最好分钢种、规格，并按编号顺序进行计算。若图上未编号，可自行按受力筋、架立筋并按钢筋大小顺序编号，最后按圆钢 10 以内，圆钢 10 以外分别总后套定额 01050352、01050353。

【解】　查表 9-4，c 取 40 mm。

① 号筋：φ12@150（沿长边方向）。

单支长：$4 \times 0.9 - 0.04 + 12.5 \times 0.012 = 3.71$ m

支数：$(3-2\times0.04)/0.15+1=21$ 支

总长：$3.71\times21=77.91$ m

查表 9-12 知，$\phi12$ 钢筋的线密度为 0.888 kg/m

钢筋质量为：$G_1=77.91\times0.888\times24=1\,660.42$ kg $=1.66$ t

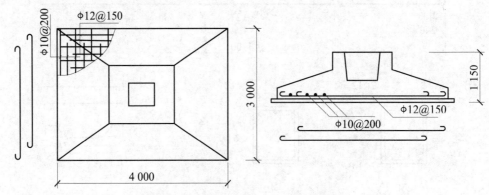

图 9-18　杯形基础底板配筋示意图

② 号筋：$\phi10@200$（沿短边方向）。

单支长　$3\times0.9-0.04+12.5\times0.01=2.79$ m

支数　$(4-2\times0.04)/0.2+1=21$ 支

总长　$2.79\times21=58.59$ m

查表 9-12 知，$\phi10$ 钢筋的线密度为 0.617 kg/m

钢筋质量为：$G_2=58.59\times0.617\times24=867.60$ kg $=0.868$ t

③ 钢筋汇总：

$\phi10$ 以内圆钢：0.868 t；

$\phi10$ 以外圆钢：1.66 t。

9.4.3　条形基础底板钢筋计算

条形基础底板一般在短向配置受力主筋，而在长向配置分布筋。在外墙转角及内外墙交接处，由于受力筋已双向配置，则不再配置分布筋，也就是说，分布筋在布置至外墙转角及内外墙交接处时，只要与受力筋搭接即可，如图 9-19 所示。条形基础底板一般在短向配置受力主筋，而在长向配置分布筋。设计图上另有规定时遵守设计规定。设计无规定时，按如下进行计算：

（1）十字形接头处，主要受力方向的受力筋拉通布置。次要受力方向的受力筋布至 $b/4$，如图 9-19（a）所示。

（2）L 形转角处，如图 9-19（b）所示，两个方向的受力筋均布至端部（扣保护层）。

（3）中间 T 形接头处，受力筋拉通布置；端部 T 形接头处布至 $b/4$ 处。如图 9-19（c）所示。

（4）分布筋按钢筋网（板底受力筋纵横交错形成）间的净距加搭接长度计算。板底分布筋与同向受力筋的构造搭接长度最小为 150 mm。

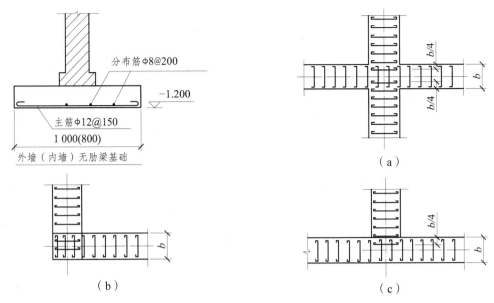

图 9-19 条形基础底板钢筋布置示意图

【例 9-7】 某独立小型住宅，基础平面及剖面配筋如图 9-20 所示。

计算现浇 C15 钢筋混凝土条形基础底板配筋工程量（本例按受力主筋在内外墙交接处均布到边计算）。

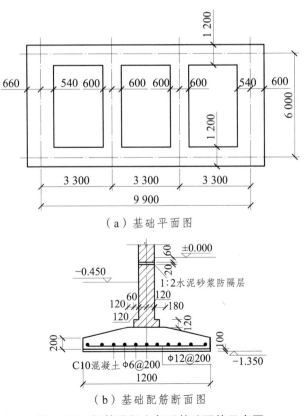

（a）基础平面图

（b）基础配筋断面图

图 9-20 钢筋混凝土条形基础配筋示意图

【解】 混凝土为 C15，L_d 取 $45d$。查表 9-4，保护层厚度取 40 mm。

本题计算过程如下：

① 号筋：受力主筋 Φ12@200。

单支长：$1.2 - 2 \times 0.04$（有垫层）$+ 12.5 \times 0.012 = 1.27$ m

支数：纵向 $= [(9.9 + 0.6 \times 2 - 2 \times 0.04)/0.2 + 1] \times 2 = 114$ 支

横向 $= [(6.0 + 0.6 \times 2 - 2 \times 0.04/0.2 + 1] \times 4 = 148$ 支

总支数 $= 114 + 148 = 262$ 支

钢筋质量：$G_1 = 1.27 \times 262 \times 0.888 = 295.47$ kg $= 0.296$ t

② 号分布筋：Φ6@200 与同向受力钢筋的构造搭接长度为 $45d$。

分段长度：纵向分布筋 $= 3.3 - 1.2 + (0.04 + 45 \times 0.006) \times 2 - 2.72$ m

横向分布筋 $= 6.0 - 1.2 + (0.04 + 45 \times 0.006) \times 2 = 5.42$ m

每段支数：$(1.2 - 2 \times 0.04)/0.2 + 1 = 7$ 支

总长度：$2.72 \times 7 \times 6_{段} + 5.42 \times 7 \times 4_{段} = 266$ m

钢筋质量：$G_2 = 266 \times 0.222 = 59.05$ kg $= 0.059$ t

③ 钢筋汇总：

Φ10 以内 HPB235 级钢：0.059 t；

Φ10 以外 HPB235 级钢：0.296 t。

9.4.4 现浇混凝土板钢筋计算

现浇板内一般在双向配置板底钢筋。若为单向板，短跨方向配受力筋，长跨方向配分布筋；若为双向板，两个方向交叉配置受力筋。同时在板的四周上部，配置构造负弯矩钢筋，分布钢筋靠构造负弯矩钢筋布置帮助固定位置和形成骨架。在施工图上，分布钢筋不一定会画出，但必须计算，如图 9-21 所示。

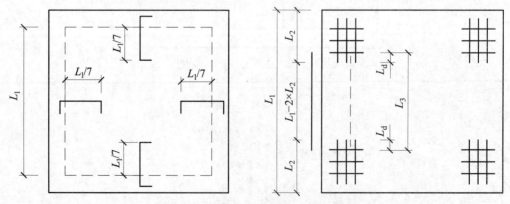

图 9-21　板的负弯矩钢筋分布示意图

分布筋长度计算方法为：板边长减去两端负弯矩负弯矩钢筋长后的净长再加两个搭接长度。

【例 9-8】 按图 9-22 所示，计算现浇 C20 混凝土平板双向板钢筋工程量。

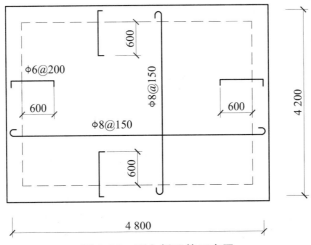

图 9-22　双向板配筋示意图

配筋说明：该板为四周支承在砖墙上的双向平板，轴线为 4.8 m×4.2 m，墙厚为 240 mm，板厚为 120 mm，①②号筋为板底配置的受力筋，Φ8@150，形成双向交叉，故板底不再配置分布筋。②号筋为板四周配置的构造负弯矩筋 Φ6@200，水平段从墙边伸入板内 600 mm（板净跨的 1/7 长）。负弯矩筋应按构造要求配置 Φ6@250 的架力筋，一般不在图上画出。由于是平板，钢筋在板四周都应扣减保护层。

【解】　查表 9-4，保护层厚度取 20 mm；查表 9-8，L_d 应为 35d。钢筋工程量计算如下：

① 号筋：配 Φ8@150

单支长：4.8 + 0.24 − 2×0.02 + 12.5×0.008 = 5.09 m

支数：(4.2 + 0.24 − 2×0.02)/0.15 + 1 = 31 支

总长：5.09×31 = 157.79 m

质量：G_1 = 157.79×0.395 = 62.33 kg = 0.062 t

② 号筋：配 Φ8@150。

单支长：4.2 + 0.24 − 2×0.02 + 12.5×0.008 = 4.5 m

支数：(4.8 + 0.24 − 2×0.02)/0.15 + 1 = 35 支

总长：4.5×35 = 157.5 m

质量：G_2 = 157.5×0.395 = 62.21 kg = 0.062 t

③ 号负弯矩钢筋：配 Φ6@200

单支长：0.24 − 0.02 + 0.6 + 2×(0.12 − 2×0.02) = 0.98 m

支数：[(4.2 − 0.24)/0.2 + 1 + (4.8 − 0.24)/0.2 + 1]×2 = 90 支

总长：0.98×90 = 87.42 m

质量：G_3 = 87.42×0.222 = 19.41 kg = 0.02 t

④ 号筋负弯矩钢筋的分布筋，配 Φ6@250。由于板的四角构造负弯矩钢筋已形成双向交叉，故分布筋只需与之搭接 35d 即可。

单支长：纵向 = 4.2 − 0.24 − 2×0.6 + 2×35×0.006 = 3.18 m

横向：4.8 − 0.24 − 2×0.6 + 2×30×0.006 = 3.78 m

每段支数：0.6 + 0.24 − 0.02/0.25 + 1 = 6 支

总长：$(3.18 + 3.78) \times 6 \times 2 = 83.52$ m

质量：$G_4 = 83.52 \times 0.222\,2 = 18.54$ kg $= 0.019$ t

钢筋工程量汇总：

全部为 Φ10 以内钢筋：$0.062 \times 2 + 0.02 + 0.019 = 0.163$ t

9.4.5　砌体内加固钢筋计算

砌体内加固钢筋根据设计规定，以吨计算，套用混凝土及钢筋混凝土分部相应定额项目。其配置如图 9-23 所示。

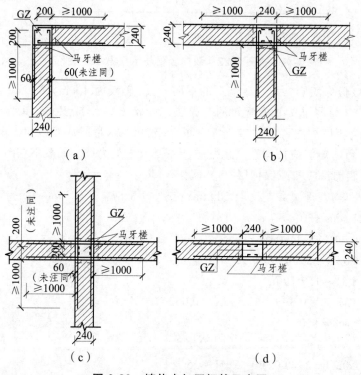

（a）　　　　　　　　　（b）

（c）　　　　　　　　　（d）

图 9-23　墙体内加固钢筋示意图

9.4.6　现浇混凝土柱钢筋计算

现浇混凝土柱中，一般配置纵向受力钢筋（多为 HRB335 级钢筋）和箍筋。对于多层结构的柱子，柱是分层浇筑的，钢筋也是分层安装的，在每层预留施工缝处搭接，如图 9-24 所示。其中，处在最下面的称为"基础插筋"，在基础底做成"八字脚"，计算长度可按规范规定计算考虑，伸出设计室内地面（$\dfrac{\sqrt{b^2 + h^2}}{b}\,0.00$）一个搭接长度（图中为 800 mm）；第一层纵向钢筋从设计室内地面起，伸出设计二层楼面一个搭接长度（图中也为 800 mm）；再上层以此类推；顶层钢筋不再伸出，有时反而弯入梁中，形如"八字头"。箍筋在搭接处间距加密。当柱基础高度大于或等于 1.4 m 时，可仅将四角插筋伸至底板钢筋网上，其余插筋锚固在基础顶面下 L_a 或 L_{aE} 处。

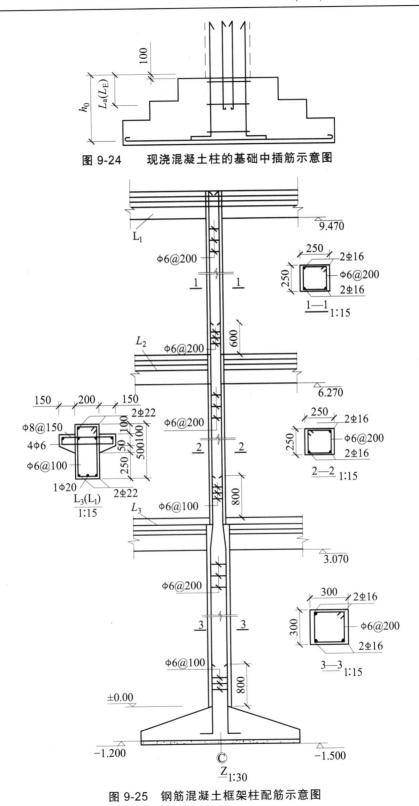

图 9-24 现浇混凝土柱的基础中插筋示意图

图 9-25 钢筋混凝土框架柱配筋示意图

【例 9-9】 如图 9-25 所示为某三层现浇框架柱（混凝土强度等级 C25）立面和断面配筋

图，底层柱断面尺寸 350 mm×350 mm，纵向受力筋 4C22，受力筋下端与柱基插筋搭接，搭接长度 800 mm。与柱正交的是"十"字形整体现浇梁。试计算该框架柱钢筋工程量并写出定额编号。

【解】 （1）计算钢筋长度。查表 9-4，保护层厚取 30 mm。

① 底层纵向受力筋（4⌀22）：

每根长 $l_1 = 3.07 + 0.5 + 0.8 = 4.37$ m

总长 $L_1 = 4.37 \times 4 = 17.48$ m

② 二层纵向受力筋（4⌀22）：

每根长 $l_2 = 3.2 + 0.6 = 3.8$ m

总长 $L_2 = 3.8 \times 4 = 15.2$ m

③ 三层纵向受力筋（4⌀16）：

每根长 $l_3 = 9.47 - 6.27 - 0.5 + 0.5 - 0.03 = 3.17$ m

总长 $L_3 = 3.17 \times 4 = 12.68$ m

④ 柱基插筋（4⌀22）：

每根长 $l_3 = 0.8 + 1.2 + 0.2 - 0.04 = 2.16$ m

总长 $L_3 = 2.16 \times 4 = 8.64$ m

⑤ 箍筋（⌀6），按 11G101，考虑 135°弯钩。

二层楼面以下：

单根箍筋长 $l_{g1} = 0.35 \times 4 - 8 \times 0.03 + 11.9 \times 0.006 \times 2 = 1.302$ m

箍筋根数 $N_{g1} = 0.8/0.1 + 1 + (3.07 - 0.8 + 0.5)/0.2 = 9 + 14 = 23$ 根

总长 $L_{g1} = 1.302 \times 23 = 29.96$ m

二层楼面至三层楼顶面：

单根箍筋长 $l_{g2} = 0.25 \times 4 - 8 \times 0.03 + 11.9 \times 0.006 \times 2 = 0.902$ m

箍筋根数 $N_{g1} = (0.8 + 0.6)/0.1 + 1 + (3.2 \times 2 - 0.8 - 0.6 - 0.03)/0.2 = 40$ 根

总长 $L_{g1} = 0.902 \times 40 = 36.08$ m

（2）钢筋工程量汇总及定额编号。

⌀10 以内圆钢：$(29.96 + 36.08) \times 0.222 = 0.015$ t

套用定额：01050352

⌀10 以外带肋钢筋：$(17.48 + 15.2 + 8.64) \times 2.984 + 12.68 \times 1.578 = 0.143$ t

套用定额：01050355

9.4.7 平法钢筋计算

【例 9-9】 计算如图 9-26 所示为一级抗震要求框架梁 KL1（2）的钢筋工程量，C25 混凝土。

【解】 根据题给条件查表 9-7，L_{aE} 取 38d（纵向钢筋为 Ⅱ 级钢）。

查表 9-4，c 取 25 mm。

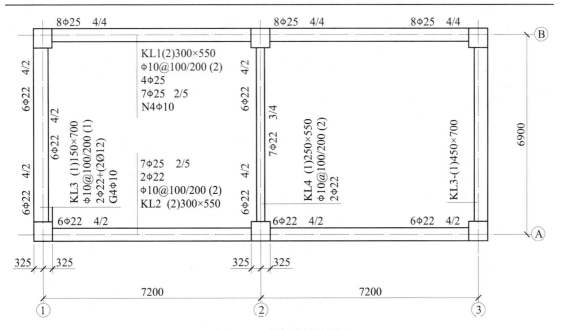

图 9-26　框架梁平法图

① 上部贯通钢筋：4φ25（Ⅱ级钢）。

单支长 $= 7.2 \times 2 + 0.325 \times 2 - 2 \times 0.025 + 2 \times 15 \times 0.025 = 15.75$ m

质量　 $= 15.75 \times 4 \times 3.85 = 242.56$ kg

② 边跨下纵筋　7φ25（Ⅱ级钢）2/5，两跨对称共 14φ25。

单支长 $= 7.2 - 0.325 \times 2 + (0.325 \times 2 - 0.025) + 15 \times 0.025 + 38 \times 0.025 = 8.5$ m

质量 $= 8.5 \times 14 \times 3.85 = 458.15$ kg

③ 梁中构造筋 N 4φ10（Ⅰ级钢）两跨对称共 8φ10。

单支长 $= 7.2 - 0.325 \times 2 + 2 \times 15 \times 0.01 + 12.5 \times 0.01 = 6.975$ m

质量 $= 6.975 \times 8 \times 0.617 = 34.429$ kg

④ 端支座角筋　8φ25（Ⅱ级钢）4/4，扣贯通筋后为 0/4，对称加倍。

第二排长 $= (7.2 - 0.325 \times 2)/4 + (0.325 \times 2 - 0.025 + 15 \times 0.025) = 2.65$ m

质量 $= 2.65 \times 8 \times 3.85 = 81.62$ kg

⑤ 中间支座直筋：8φ25（Ⅱ级钢）4/4，扣贯通筋后为 0/4。

第二排长 $= [(7.2 - 0.325 \times 2)/4] + 0.325 \times 2 = 3.93$ m

质量 $= 3.93 \times 4 \times 3.85 = 60.522$ kg

⑥ 箍筋 φ10@100/200（2）（Ⅰ级钢）两跨对称加倍。

单支长 $= (0.3 + 0.55) \times 2 - 8 \times 0.025 + 2 \times 11.9 \times 0.01 = 1.738$ m

支数 $= (7.2 - 0.325 \times 2 - 2 \times 1.1)/0.2 + (1.1 - 0.05)/0.1 \times 2 + 1 = 44$ 支

质量 $= 1.738 \times 44 \times 2 \times 0.617 = 94.366$ kg

汇总质量：Ⅰ级钢 φ10 内：$94.366 + 34.429 = 128.795$ kg $= 0.129$ t

Ⅱ级带肋钢 φ10 外：$242.56 + 458.15 + 81.62 + 60.522 = 842.852$ kg $= 0.843$ t

9.4.8　预埋铁件计算

【例 9-10】　试根据图 9-27 所示，计算预制工字形柱 20 根的预埋铁件制安工程量并写出定额编号。

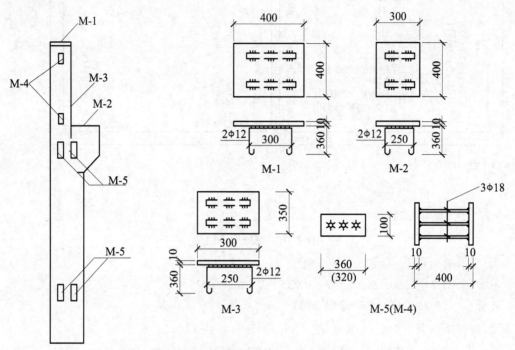

图 9-27　工字形柱预埋铁件示意图

【解】　（1）每根柱预埋铁件制安工程量：

M-1：钢板：$0.4 \times 0.4 \times 0.01 \times 7850 = 12.56 \text{g}$

Φ12 钢筋：$(0.3 + 0.36 \times 2 + 12.5 \times 0.012) \times 2 \times 0.888 \text{ kg/m} = 2.08 \text{ kg}$

M-2：钢板：$0.4 \times 0.3 \times 0.01 \times 7850 = 9.42 \text{ kg}$

Φ12 钢筋：$(0.25 + 0.36 \times 2 + 12.5 \times 0.012) \times 2 \times 0.888 \text{ kg/m} = 1.99 \text{ kg}$

M-3：钢板：$0.35 \times 0.3 \times 0.01 \times 7850 = 8.24 \text{ kg}$

Φ12 钢筋：$(0.25 + 0.36 \times 2 + 12.5 \times 0.012) \times 2 \times 0.888 \text{ kg/m} = 1.99 \text{ kg}$

M-4：钢板：$0.32 \times 0.1 \times 0.01 \times 7850 \times 2 \times 2 = 10.05 \text{ kg}$

Φ12 钢筋：$0.38 \times 3 \times 2 \times 2.00 \text{ kg/m} = 4.56 \text{ kg}$

M-5：钢板：$0.36 \times 0.1 \times 0.01 \times 7850 \times 2 \times 4 = 22.61 \text{ kg}$

Φ12 钢筋：$0.38 \times 3 \times 4 \times 2.00 \text{ kg/m} = 9.12 \text{ kg}$

以上合计：82.62 kg

（2）30 根柱预埋铁件制安工程量

$82.62 \times 20 = 1652.4 \text{ kg} = 1.652 \text{ t}$

（3）套用定额：01050372。

习题 9

1. 按图 9-28 所示计算某办公楼两根框架梁 KL1 的钢筋工程量。建筑按二级抗震设计，混凝土强度等级为 C30。柱截面尺寸：KZ1，450 mm×450 mm；KZ2，400 mm×400 mm。

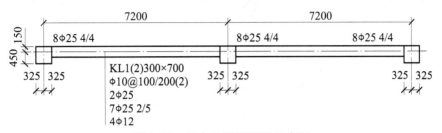

图 9-28 某办公楼框架梁示意图

2. 按图 9-29 所示计算现浇 C20 钢筋混凝土板的图示钢筋工程量。

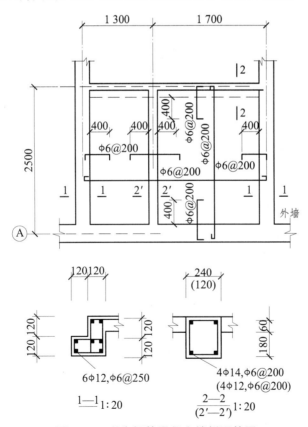

图 9-29 现浇钢筋混凝土楼板配筋图

3. 某三级抗震建筑，按图 9-30 所示计算 C25 现浇钢筋混凝土框架中柱的钢筋工程量。

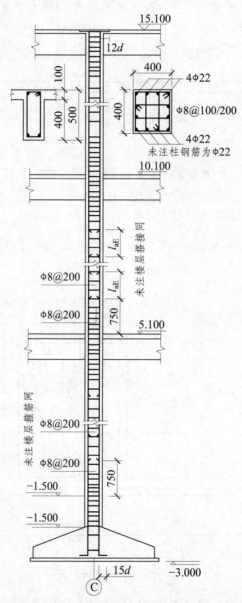

图 9-30　现浇钢筋混凝土框架柱配筋示意图

4. 某工程的 C25 现浇钢筋混凝土板式楼梯配筋如图 9-31 所示。计算其楼梯钢筋工程量（已知 TL 断面 250×400，梁宽 $b=250$，板厚 100）。

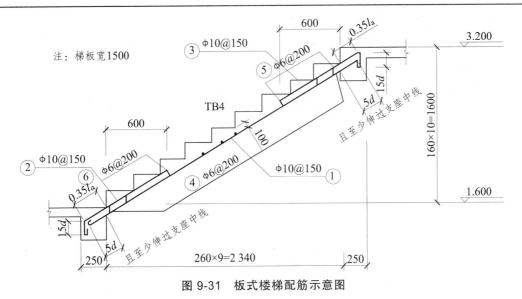

图 9-31　板式楼梯配筋示意图

5. 按图 9-32 所示，计算 C30 现浇混凝土灌注桩钢筋工程量。

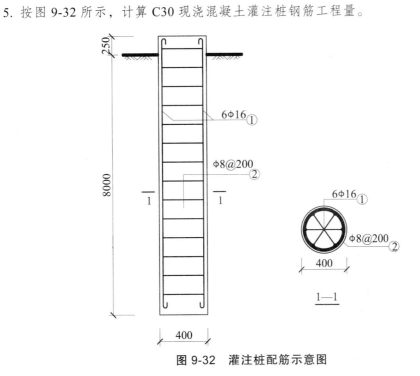

图 9-32　灌注桩配筋示意图

6. 按图 9-33 所示，计算现浇 C25 混凝土杯形基础底板配筋工程量（共 30 个）。

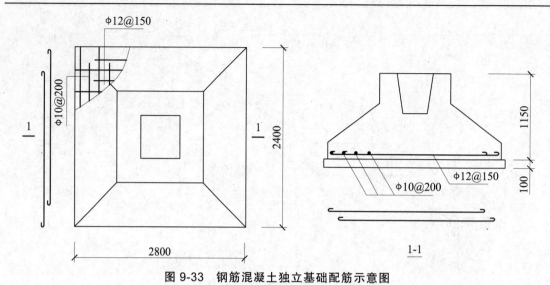

图 9-33　钢筋混凝土独立基础配筋示意图

第 10 章　木结构工程量计算

【学习要点】

（1）熟悉常用木结构定额子目的套用。

（2）掌握木结构的工程量计算规则及计算方法。

10.1　基本问题

10.1.1　木结构的基本概念

1. 木结构概述

木结构具有工期短、节能、环保、舒适、稳定性高等优点，但由于国家考虑生态等因素严格控制天然林砍伐，木结构在建筑工程市场的运用相对偏少。

2. 木结构的分类

木结构按建筑部位分为木屋架，木柱木梁，檩木、椽子、屋面木基层，木楼梯。

10.1.2　木结构工程定额项目划分

《云南省房屋建筑与装饰装修工程消耗量定额》中木结构工程定额项目的划分如表 10-2 所示。

表 10-1　木结构工程定额项目划分一览表

分节名称		小节名称	子目数
一、木屋架			01060001—01060010
二、木柱、木梁			01060011—01060018
三、檩木、椽子、屋面木基层			01060019—01060026
四、木楼梯			01060027
合　计	4	4	27

10.2 木结构工程工作内容及定额应用说明

10.2.1 木结构工程工作内容

（1）木屋架工作内容：包括制作、拼装、安装、装配钢铁件、锚定、梁端刷防腐油等。

（2）木柱、木梁工作内容：制作包括放样、选料、运料、錾剥、刨光、画线、起线、凿眼、挖底拨灰、锯榫；安装包括安装、吊线、校正等。

（3）檩木、椽子、屋面木基层工作内容：

① 檩木、椽子包括制作安装檩木、檩托木（或垫木）。伸入墙内部分及垫木刷防腐油，檩木上分线钉椽子等。

② 屋面木基层包括制作屋面板、缝口刨平、做错口缝、平面刨光，在檩木上安装屋面板等。

（4）木楼梯工作内容：制作安装楼梯踏步、楼梯平台楞木及楼板，伸入墙内部分刷防腐油等。

10.2.2 木结构工程定额应用说明

（1）木结构工程按机械和手工操作综合编制，不论实际采取何种操作方法，均不得调整。

（2）木材木种分类如表10-2。

表 10-2　木材木种分类

类别	木　种
一类	红松、水桐木、樟子松
二类	白松（方杉、冷杉）、杉木、杨木、柳木、椴木
三类	青松、黄花松、秋子木、马尾松、东北榆木、柏木、苦楝木、梓木、黄菠萝、椿木、楠木、柚木、樟木
四类	栎木（柞木）、檀木、色木、槐木、荔木、麻栗木（麻栎、青冈）、桦木、荷木、水曲柳、华北榆木

（3）木材木种均以三类为准，如采用一、二类木种时人工、机械定额量乘以系数0.83，采用四类木种时人工、机械定额量乘以系数1.25。

（4）木材定额是以自然干燥条件下含水率为准编制的，需人工干燥时，其费用计入木材材料价格内。

（5）定额板、枋材规格分类如表10-3。

表 10-3　板、枋材规格分类

项目	按宽厚尺寸比例分类	按板材厚度，枋材宽、厚乘积				
板材	宽≥3×厚	名称	薄板	中板	厚板	特厚板
		厚度/mm	≤18	19～35	36～65	≥66
枋材	宽<3×厚	名称	小枋	中枋	大枋	特大枋
		/cm²	≤54	55～100	101～225	≥226

（6）定额中所注明的木材断面或厚度均以毛料为准。如设计图注明的断面或厚度为净料时，应增加刨光损耗；板、枋材一面刨光增加 3 mm；两面刨光增加 5 mm；圆木每立方米材积增加 0.05 m^3。

10.3　木结构工程量计算规则

（1）木屋架按竣工材积以立方米计算。附属于屋架的木夹板、接件板、垫木、与屋架连接的挑檐木和支撑均并入相应的屋架体积内计算。

（2）木柱、木梁工程量，按设计图示尺寸以立方米计算。

（3）单独的挑檐木和木过梁按方檩木定额执行。

（4）檩木按竣工材积以立方米计算。檩垫、檩托木已包括在定额内，不另计算。简支檩长度按设计规定计算，如设计未规定，按搁置檩木的屋架或墙的中心线长增加 20 cm 接头计算，两端出山檩木算至搏风板。连续檩的檩头长度按设计规定计算，如设计未规定，按全部连续檩的总长度的 5% 计算。

（5）钉椽子、挂瓦条、屋面板，按屋面的斜面积以平方米计算。天窗挑檐重叠部分按设计增加。

（6）封檐板按檐口外围长度以延长米计算；搏风板按斜长以延长米计算，每个大刀头增加 500 mm。

（7）木楼梯（包括休息平台）按水平投影面积计算，楼梯井小于 300 mm 时不扣除。定额内已包括踢脚板、平台和伸入墙内部分的工料；但不包括楼梯及平台底面的天棚，其工程量以楼梯的水平投影面积乘以系数 1.15 计算，按相应的天棚面层执行。

10.4　计算实例

【例 10-1】　某工程采用杨木制作安装 50 根，直径 200 mm、6 m 长的圆柱，试计算相应的人机费和杨木消耗量。

【解】　（1）查用相应定额并换算如表 10-2 所示（杨木为二类木种）。

（2）根据工程量和调整后的定额消耗量计算实际耗用量。

该木柱制安工程量按体积积计算得：

$$V = 3.14 \times 0.10^2 \times 6 \times 50 = 9.42 \ m^3$$

查定额：01060011$_{换}$

人机费调整为：9.42 ×（1 552.28 + 39.01）× 0.83 = 9.42 × 1320.77 = 12 441.66 元

定额材料消耗量未变，则杨木用量为：9.42 × 1.155 = 10.880 m^3

习题 10

1. 某工程采用水曲柳木制作安装 36 根檩木，截面尺寸 100 mm × 220 mm，长 5.5 m，试计算相应的人机费和水曲柳木消耗量。

2. 木结构应列哪些定额项？

第 11 章 门窗工程量计算与定额应用

【学习要点】

（1）了解门窗及相关知识的基本要点。

（2）熟悉门窗工程定额项目内容。

（3）掌握门窗的工程量计算规则。

11.1 基本问题

（1）本章包括：木门窗、钢门窗，铝合金、全玻璃门窗，厂库门、特种门、其他成品门窗安装，门窗装饰及五金安装。

（2）铝合金门窗子目均不含纱窗，纱扇另执行相应定额子目。

（3）上亮与侧亮[铝合金地弹门有侧亮带上亮，侧亮的意思是地弹门旁边带的固定（不可以活动开启）部分，上亮是指门的上面带的固定部分]面积之和不超过地弹门、平开门、推拉门的，并入门内面积计算；超过时，分别套用相应子目。

（4）一樘窗子（同一洞口）中由百叶窗和其他窗型组合而成时，百叶窗算至其窗框外边线。

（5）定额中平开窗、推拉窗子目分别适用于一樘窗子（同一洞口）中有平开窗、推拉窗、开启扇的情况。

（6）门连窗，门和窗分别计算，门算至其立梃（指门框、窗框或门扇、窗扇两侧直立的边框）外边线。

（7）门窗制作安装子目中不包括特殊五金，设计要求时按特殊五金相应定额子目计算。

（8）窗台、窗台板：窗台是指砖墙窗洞下底边的平台面。窗框以外露出的洞口平台面叫外窗台，窗框以内的洞口平台面叫内窗台。在窗台部分用砖平砌，并凸出墙面，或用预制钢筋混凝土板平放在窗台面上，或用木板平放在窗台面上等都叫窗台板，即窗台面上凸出墙面的平板，如图 11-1 所示。它的作用是引导窗台面上的雨水流向墙外，并保护台面整洁，所以外窗台板一般都略向外倾斜。

（9）小批量的木门制安，相应子目的人工乘以系数 1.33（小批量是指同一现场同一规格的工程量在 10 樘以内者，但厂库大门、钢大门除外）。

（10）若成品门窗采购价格中已含有膨胀螺栓、聚氨酯泡沫填缝剂、密封胶，则在成品安装定额子目中删除相应材料，其他不变。

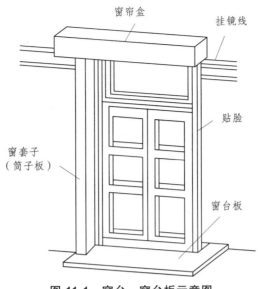

图 11-1　窗台、窗台板示意图

11.2　门窗工程定额内容

11.2.1　木门窗

（1）木门窗按现场制作安装和成品安装编制，使用时根据实际情况套用相应定额。木门制作安装子目不含现场油漆，发生时另执行相应定额。

（2）木门的材积、木种设计与定额综合不同时，可按设计换算。如设计图注明的断面或厚度为净料时，木材双面刨光（木材刨光通常是先用平刨刨切一个面作为基准面，然后用压刨刨切另一个面，所以叫双面刨光）增加 5 mm，单面刨光增加 3 mm；圆木每立方米材积增加 0.05 m³。

（3）装饰板门扇制作安装收口线（通常用于不同材质的交接处如卧室为木地板，过道为瓷砖，在两种材质交接处，就要用收口线条收口的数量与定额用量不同时，可调整数量，其他不变。

11.2.2　钢门窗

（1）钢门窗按成品安装编制，钢窗不含玻璃安装内容，玻璃安装另套用玻璃安装子目。

（2）钢门、钢窗安装按成品件考虑（包括五金配件和铁件在内）。

（3）实腹式或空腹式钢门窗安装均执行此定额。

（4）钢天窗安装角铁横挡及连接件，设计与定额用量不同时，可以调整，损耗为 6%。

（5）钢百叶窗安装含防鼠网安装费，防鼠网价格包含在钢百叶的价格中；不含防鼠网的钢百叶窗安装套用普通钢窗安装子目。

（6）组合钢窗、钢天窗为拼装缝，需刮油灰时，每 100 m² 洞口面积增加油灰 58.5 kg，组合钢窗人工乘以系数 1.087，钢天窗人工乘以系数 1.239。

（7）钢门窗安装玻璃，如采用油灰，扣出胶条后按门窗安装工程量每 100 m² 计算油灰 220 kg；玻璃厚度设计与定额不同时可以调整，其他不变。

11.2.3　厂库门

（1）钢木大门不含混凝土及预埋铁件。

（2）钢木大门钢骨架用量如与设计不符，可按施工图调整损耗率 6%。

11.2.4　铝合金门窗

（1）铝合金门制作安装子目中的玻璃按钢化玻璃计算消耗量，厚度按 5 mm 取定，实际厚度及玻璃品种与定额不符的，可进行换算。

（2）铝合金窗制作安装子目中的玻璃按普通白玻计算消耗量，厚度按 5 mm 取定，实际厚度及玻璃品种与定额不符的，可进行换算。窗如使用钢化、中空、夹胶等玻璃，相应子目的玻璃消耗量乘以系数 0.87。

（3）断桥隔热铝合金（隔热断桥铝合金窗是在老铝合金窗基础上为了提高门窗保温性能而推出的改进型，通过增强尼龙隔条将铝合金型材分为内外两部分，阻隔了铝的热传导。增强尼龙隔条的材质和质量直接影响到隔热断桥铝合金窗的耐久性。）按 5 + 9A + 5 中空玻璃计算消耗量，实际厚度及玻璃品种与定额不符的，可进行换算。

（4）铝合金、断桥铝合金门窗制作安装子目中型材消耗量按《铝合金门窗工程技术规范》（JGJ 214—2010）计算，设计与定额综合不同时，型材品种、规格及消耗量可以换算，其他不变。

（5）铝合金、断桥铝合金门窗制作安装项目中已包含五金，如设计规格、消耗量不同时可按本章节五金表进行换算，其他不变。

11.2.5　其他定额内容

（1）卷帘门、电动伸缩门定额子目中不包括电子感应装置、电动装置，发生时按本章相应定额另行计算。

（2）防火门成品价格已包括门锁、门闭器、合页、顺序器、暗插销等五金，五金安装不得另行计算。

（3）铝合金门窗、塑钢门窗、特种门等成品安装的配套五金应包含在门窗成品预算价格中计算。

（4）塑钢门窗均按成品安装考虑，不再区分推拉、平开、固定等形式。

（5）厂库房大门、围墙大门上的五金铁件、滑轮、轴承的价格均包括在门的价格中，厂库房大门的轨道制作及安装另行计算。厂库房大门及特种门的钢材用量可以换算。

（6）保温门的填充料与定额不同时，可以换算，其他工料不变。

（7）各类门中的电动装置、电磁感应装置定额中已包括了安装、调试等全部操作过程，属于装置以外的项目按相关定额另计。

（8）门窗套制作安装子目已包含龙骨、基层板、面板及线条，设计不同时，材料品种及消耗量均可换算，其他不变。

（9）大理石窗台板不包括磨边的费用，如需现场磨边，另行计算。

（10）防盗门、钢质防火门灌浆已含在门子目中。

（11）装饰门框、门扇、门套制作安装中的木压条规格及消耗量如与定额子目不同时，允许换算，其他不变。

（12）窗帘盒展开宽度为430 mm，宽度不同时，材料用量允许调整，其他不变。

（13）卷闸门带卷筒的增加卷筒面积计入卷闸门成品价。

（14）无框全玻门门夹、地弹簧、门拉手设计用量与该定额不同时，可以调整，其他不变。

11.3 门窗工程量计算规则与定额应用

（1）门窗按设计图示洞口尺寸以平方米计算，凸（飘）窗、弧形、异形窗按设计窗框中心线展开面积以平方米计算。纱窗制安按扇外围面积平方米计算。

（2）钢门窗安装玻璃，全玻门窗按洞口面积计算，半玻门窗按洞口宽乘以玻璃分格设计高度以平方米计算，设计高从洞口顶端至玻璃横梃下边线。

（3）卷闸门安装按其安装高度乘以门的实际宽度以平方米计算。安装高度算至滚筒顶点为准。电动装置安装以套计算，小门安装以个计算。若卷闸门带小门的，小门面积不扣除。

（4）木门框制作安装按设计外边线长度以延长米计算。门扇制作安装按扇外围面积以平方米计算。

（5）包门框、门框套均按设计展开面积以平方米计算。门框贴脸、窗帘盒、窗帘轨按设计长度以延长米计算。

（6）电子感应门及转门按樘计算。

（7）其他门中的旋转门按设计图示数量以樘计算；伸缩门按设计展开长度以延长米计算。

（8）窗台板按设计尺寸以平方米计算。

（9）门扇饰面按门扇单面面积计算，门框饰面按门框展开面积以平方米计算。

（10）门窗贴脸按设计尺寸以延长米计算。

（11）窗帘盒、窗帘轨（杆），按设计图示尺寸以延长米计算。

（12）成品窗帘安装，按窗帘轨长乘以设计高度以平方米计算。

（13）窗通风器按设计尺寸以延长米计算。

11.4 计算实例

11.4.1 门窗工程量计算方法

（1）可按门窗统计表计算。

（2）可按建筑平面图、剖面图所给尺寸计算。

（3）可按门窗代号计算。在有些施工图中，习惯于用代号表示门窗洞口尺寸，如 M0921 表示门宽 900 mm、门高 2 100 mm、C1818 表示窗宽 1 800 mm、窗高 1 800 mm。樘数可在图上数出。

11.4.2　计算实例

【例 11-1】　某工程有腰单扇满蒙胶合板门 36 樘，门洞尺寸为 1.0 m×2.4 m。计算其门窗工程量。

【解】　该木门制安工程量按洞口面积计算得：

$$S = 1.0(宽) \times 2.4(高) \times 36(樘) = 86.4 \ m^2$$

【例 11-2】　某工程给出门窗统计表如表 11-1 所示，求其门窗工程量。

表 11-1　门窗统计表

名称	编号	洞口尺寸/mm		数量	备注
		宽	高		
门	M-1	1 000	2 400	11	单扇带亮镶板门
	M-2	1 200	2 400	1	双扇带亮镶板门
	M-3	1 800	2 700	1	铝合金带上亮双开地弹门
窗	C-1	1 800	1 800	38	双扇铝推拉窗
	C-2	1 800	600	6	双扇铝推拉窗

【解】　因门种类、规格不同，工程量应分别计算：

M-1：$1.0 \times 2.4 \times 11 = 26.4 \ m^2$

M-2：$1.2 \times 2.4 \times 1 = 2.88 \ m^2$

M-3：$1.8 \times 2.7 \times 1 = 4.86 \ m^2$

C-1：$1.8 \times 1.8 \times 38 = 123.12 \ m^2$

C-2：$1.8 \times 0.6 \times 6 = 6.48 \ m^2$

【例 11-3】　某工程有 98 樘铝合金地弹门，门洞尺寸为 1.8 m×2.4 m。求其分部分项工程费。

【解】　由题意可知，工程量 $= 1.8 \times 2.4 \times 98 = 423.36 \ m^2$

查定额 01070054 知：

人工费 $= 423.36 \times 6045.60/100 = 25\ 594.652$（元）

材料费 $= 423.36 \times (3145.60/100 + 712.500/100) = 16\ 333.652$（元）

机械费 $= 423.36 \times 506.55/100 = 2144.530$（元）

管理费 $= (25\ 594.652 + 2144.530 \times 8\%) \times 33\% = 8\ 502.851$（元）

利润 $= (25\ 594.652 + 2144.530 \times 8\%) \times 20\% = 5\ 153.243$（元）

分部分项工程费 $= 25\ 594.652 + 16\ 333.652 + 2\ 144.530 + 8\ 502.851 + 5\ 153.243$

$\qquad\qquad\qquad = 57\ 728.928$（元）

习题 11

1. 门窗工程定额项目包括的内容有哪些?

2. 简述门窗工程量的计算规则;计算方法。

3. 某工程设计有铝合金单扇地弹门(带上亮),共 10 樘,洞口尺寸 1 000 mm×2 700 mm;设计有铝合金三扇推拉窗(带亮,无纱扇),共 10 樘,洞口尺寸为 2 400 mm×1 800 mm。求其工程量。

4. 某工程有成品双扇铝推拉窗 16 樘,洞口尺寸为 1 800 mm×2 700 mm,求其分部分项工程费。

第 12 章　屋面及防水工程量计算与定额应用

【学习要点】

（1）了解屋面分类。

（2）熟悉坡屋面工程量计算规则及计算方法、防水及防潮定额子目的套用。

（3）掌握平屋顶防水工程量计算规则及计算方法，墙基及楼地面防水、防潮层工程量计算。

12.1　基本问题

12.1.1　本章定额项目内容

本章包括屋面工程（瓦屋面、形材屋面、采光屋面及膜结构屋面、屋面防水、屋面排水），墙面、楼地面及地下室工程（防水砂浆、桩顶防水、卷材防水、涂抹防水、夹层塑料板、膨润土防水板及防水、抗裂保护层），变形缝及其他工程（填缝、盖缝、止水带、后浇带及通风算子）三节，共 254 个子目。

12.1.2　本章定额说明应用

（1）本章定额中结构做法，依据《西南地区建筑标准设计通用图》西南 11J 图集做法编制，如设计不同时，按设计规定换算。

（2）屋面工程定额子目是按普通屋面形式（如矩形、梯形、三角形）编制。如设计为锯齿、圆弧、穹窿等异形时，相应定额人工乘以系数 1.15，材料下料损耗另行计算。

（3）本章定额中均不含找平层，找平层应另行计算。屋面砂浆找平层、屋面按楼地面相应定额计算。

（4）SBS、APP 改性沥青防水卷材按高聚物改性沥青防水卷材定额执行。

（5）本定额中沥青、玛琋脂均指石油沥青、石油沥青玛琋脂。

（6）本定额中卷材防水的接缝、收头、找平层的嵌缝、冷底子油已计入定额内，不另计算。

（7）高聚物改性沥青防水卷材（满铺、空铺、点铺、条铺），定额取定卷材厚度为 3 mm；自黏型改性沥青防水卷材，定额取定卷材厚度为 1.5 mm，卷材层数为一层，设计卷材厚度不同时，调整材料价格，其他不变。

（8）屋面分格缝工作内容已综合在屋面防水子目中。屋面分格缝子目只适用于刚性屋面分格缝及单独分格缝施工时计价。

（9）本章涂膜防水定额采用手工涂刷工艺，操作方法不同时，不作调整。

12.2　屋面及防水工程定额内容

12.2.1　屋面工程

1. 瓦屋面

（1）本章节瓦屋面子目不适用于固件修缮项目。

（2）有关混凝土瓦（即水泥瓦）构件、小青瓦、琉璃瓦构件、沥青瓦构件简图、构件尺寸详见西南 11J202P87-90。

（3）定额中瓦屋面坡度按≤50%编制，若设计坡度大于50%时，需增加费用的另行计算。

（4）彩色水泥瓦、小青瓦（筒板瓦、琉璃瓦）规格与定额不同时，瓦材数量可以换算，其他不变，按下式计算（或换算）：

瓦材每 100 m² 耗用量＝100÷（瓦有效长度×瓦有效宽度）×（1＋损耗率）　　（12-1）

有效长度（宽度）：扣除瓦相互搭接部分长度（宽度）。

屋面瓦损耗率见表 12-1。

表 12-1　屋面瓦损耗率

瓦的名称	损耗率/%
黏土瓦 0.387×0.218	3.5
水泥瓦 0.387×0.218	3.5
小波水泥石棉瓦 1.872×0.72	4
大波石棉瓦 2.8×0.994	4
西班牙瓦 0.31×0.31	5
英红瓦 0.42×0.332	5
玻璃钢瓦 1.80×0.74	4

（5）彩色水泥瓦屋面定额子目按西南 11J202 图集编制，若设计不同，材料允许换算。

（6）彩色水泥瓦屋面设有收口线时，每 100 延长米收口，另计收口瓦 32.4 万块，扣除水泥瓦 32.4 万块；如屋面坡度大于50°，镀锌铁丝应换算成铜丝。

（7）琉璃 S 瓦、平板瓦、波形瓦等平瓦执行水泥彩瓦定额子目。

（8）屋脊：彩色水泥瓦、小青瓦（筒板瓦、琉璃瓦）屋面定额中不含屋脊，屋脊应另行计算，执行屋脊定额子目。其中：

小青瓦屋脊按西南 11J202-1 大样编制，作法不同时可以进行换算。

琉璃瓦屋面如使用琉璃盾瓦者，每 10 m 长的脊瓦长度，每一面增计盾瓦 50 块，其他不变。

瓦屋面垂脊、戗脊、斜脊执行屋脊定额子目，人工乘以系数 1.15。

（9）筒板瓦、琉璃铜瓦执行小青瓦定额子目，材料规格、用量不同时可进行换算，人工乘以系数 1.1。若设计要求卧瓦层内配钢筋网，另行计算钢筋网用量，按钢筋混凝土章节钢筋子目执行。挂瓦若用铜丝，可按设计进行调整。

（10）小青瓦屋面如设计规定挂檐瓦需要穿铁丝、钉钉子加固时，每 100 m 檐瓦增加 18 # 镀锌铁丝 0.68 kg、铁钉 0.48 kg，人工费增加 67 元。

（11）小青瓦屋面搭七露三相关子目仅适用于西南 11J202-P15 图集做法。板瓦按搭接 70%、外露 30% 铺设考虑，如设计不同，材料用量应按设计进行调整，其他不变。

（12）小青瓦屋面二筒三板工艺中，冷摊瓦按二块筒瓦配三块板瓦考虑；砂浆卧瓦工艺中板瓦按搭接 5 cm 考虑，如设计不同，材料用量应按设计进行调整，其他不变。

（13）小青瓦勾头、滴水定额子目是按小青瓦二筒三板工艺编制，若为搭七露三工艺，其勾、滴水参照本节子目执行，其中，大号板瓦定额用量统一调整为 82.8 万块/100 m，中号板瓦定额用量统一调整为 765 块/100 m，其他不变。

（14）小青瓦勾头、滴水设计与定额子目中综合的板瓦数量不同时，材料用量应按设计进行调整，其他不变。

（15）小青瓦定额子目中均不包含正吻、翘角、包头脊、正脊、戗脊、宝顶等成品构件，发生时应另行计算。

（16）砂浆卧瓦层内钢筋网设计与定额综合不同时，按钢筋混凝土分部钢筋子目调整；型钢挂瓦条、顺水条设计与定额综合不同时，应按钢结构章节子目调整。

（17）瓦屋面定额中不含木质基层、顺水条、挂瓦条的防腐、防蛀、防火处理，不含金属顺水条、挂瓦的防锈处理，另行计算。

（18）屋面铺塑料波纹瓦按屋面铺玻璃钢波纹瓦子目换算主材。

2. 膜结构屋面

膜结构屋面（图 12-1）仅指膜布热压胶结及安装，设计膜片材料与定额不同时可进行换算。膜结构骨架及膜片与骨架、索体之间的刚连接件应另行计算，执行金属结构工程中相应定额子目。不锈钢绳设计规格、用量与定额综合不同时，可以换算。

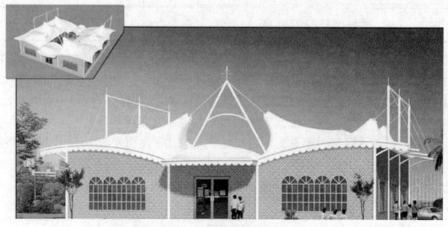

图 12-1 膜结构屋面

12.2.2　屋面防水

（1）屋面卷材消耗量已综合卷材搭接、女儿墙泛水搭接、附加层级损耗。若设计附加层用量与定额不同时，可以调整。

（2）细石混凝土屋面中的钢筋另行计算，执行钢筋混凝土章节钢筋子目。

（3）屋面石油沥青玛琋脂隔汽层按"墙面、楼地面及地下室防水、防潮"小节相关定额子目执行。

（4）屋面改性沥青防水卷材隔汽层按"屋面防水"小节相关定额子目执行。

（5）挑檐、雨篷防水执行屋面防水相关定额子目。

（6）1.5 mm 厚 TPZ"红芯"分子黏卷材、1.5 mmCPS-CL 反应黏卷材均按 SBC120 复合卷材定额子目计价，换算主材，人工乘以系数 1.3，其他不变。

12.2.3　屋面排水

（1）屋面排水管若使用 UPVC、PVC、玻璃钢等材质时，按塑料排水管定额子目计价，主材品种可换算，其他不变。

（2）虹吸排水管使用材质与定额取定不同时，可换算主材，其他不变。

（3）虹吸排水口、雨水斗按成套产品编制，包括导流罩、整流器、防水压板、雨水斗法兰、斗体等所有配件。

（4）屋面排气管若设计主材用量与定额用量不同时，可以进行换算其他不变。

12.2.4　墙面、楼地面及地下室工程

（1）墙面、楼地面及地下室卷材消耗量已综合卷材搭接及损耗，不含附加层。卷材附加层用量根据设计或规范计算后，只计取附加层材料费，其他不得计取。

（2）墙面、楼地面及地下室防水、防潮定额子目适用于楼地面、墙基、墙身、构筑物、水池、水塔、浴厕等防水及建筑物 ± 0.00 以下的防水、防潮工程。

（3）满堂基础、阳台防水执行"墙面、楼地面及地下室防水、防潮"相应定额子目。

（4）桩顶防水不包括遇水膨胀止水条，设计采用时，应另行套用变形缝相关子目。

12.2.5　变形缝及其他工程

（1）变形缝填缝：建筑油膏、聚氯乙烯胶泥断面取定 3 cm × 2 cm；油浸木丝板取定为 15 cm × 2.5 cm。

（2）紫铜板止水带取定为 2 cm 厚，展开宽 45 cm；氯丁橡胶片止水带宽 30 cm；钢板止水带取定为 1.5 mm 厚，宽 40 cm。

（3）变形缝盖缝、止水带如设计与定额综合材料品种、断面不同时，材料可以换算，人工不变。

（4）可卸式止水带定额子目按西南 11J112-P35③—⑥图集编制，不含变形缝钢筋混凝土盖板、钢盖板，发生时可另行计算。

（5）后浇带防水定额子目按西南 11J112-P53①—⑤图集编制，混凝土底板厚按 60 cm 考虑，板厚不同时，可调整钢丝网耗量，其他不变。

（6）屋面出人孔盖板仅适用于西南11J201图集做法,做法 1 参 P56 页"屋面检修孔(一)"编制, 作法 2 参 "屋面检修孔（ 二 ）"编制。

12.3　屋面及防水工程量计算规则与定额应用

12.3.1　瓦屋面

（1）瓦屋面、型材屋面按设计图示尺寸按斜面积以平方米计算，亦可按屋面水平投影面积以屋面延尺系数，以平方米计算。不扣除房上烟囱、风帽底座、风道、屋面小气窗、斜沟等所占面积，屋面小气窗的出檐部分亦不增加。屋面挑出墙外的尺寸，按计算规定计算，如设计无规定时，彩色水泥瓦、小青瓦（筒板瓦、琉璃瓦）按水平尺寸加 70 mm 计算。

彩钢夹芯板屋面按实铺面积以平方米计算，支架、铝槽、角铝等均已包含在定额内。

（2）坡屋面几何计算基础。

① 坡度及坡度系数。

坡度是指坡面在垂直方向的投影长度与它在水平方向投影长度的比值，其值用坡度系数表示，即 $i = H/L$，见图 12-2。

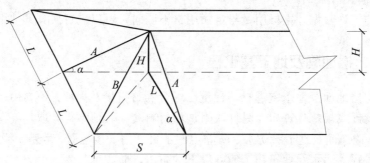

图 12-2　坡屋面示意图

② 延尺系数（C）。

延尺系统指两坡屋面的坡度系数，是坡面长度（即坡面斜长 A）与其水平投影长度（L）的比值，其值大于 1。如图 12-3，延尺系数 $C = A/L$。

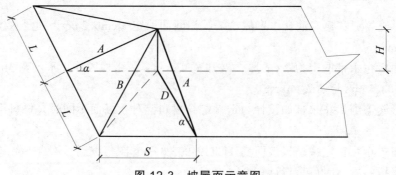

图 12-3　坡屋面示意图

$$C = \frac{A}{L} = \frac{\sqrt{L^2 + H^2}}{\sqrt{L^2}} = \sqrt{1 + \left(\frac{H^2}{L^2}\right)} = \sqrt{1 + i^2} \qquad (12\text{-}2)$$

③ 坡屋面斜脊长度（B），见图 12-4。

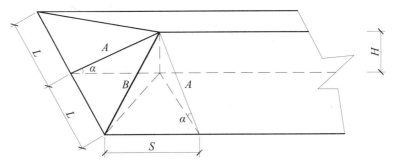

图 12-4 坡屋面示意图

$$B = \sqrt{L^2 + (L^2 + H^2)} = \sqrt{2L^2 + H^2} \qquad (12\text{-}3)$$

④ 隅延尺系数（D）。

隅延尺系数指四坡排水屋面中斜脊长度与坡面水平投影长度的比值。

隅延尺系数（D）= 四坡屋面斜脊长度（B）/坡面长度水平投影（L）

$$D = \frac{\sqrt{2L^2 + H^2}}{L} = \sqrt{2 + \left(\frac{H}{L}\right)^2} = \sqrt{2 + i^2} \qquad (12\text{-}4)$$

⑤ 坡水屋面斜脊长度 = $L \times D$（当 $S = L$ 时）。 $\qquad (12\text{-}5)$

屋面坡度系数见表 12-2。

表 12-2 屋面坡度系数表

坡 度			延尺系数 C	隅延尺系数 D
B/A（$A = 1$）	$B/2A$	角度 α		
1	1/2	45°	1.4142	1.7321
0.75		36°52′	1.2500	1.6008
0.70		35°	1.2207	1.5779
0.666	1/3	33°40′	1.2015	1.5620
0.65		33°01′	1.1926	1.5564
0.60		30°58′	1.1662	1.5362
0.577		30°	1.1547	1.5270

续表 12-2

坡 度			延尺系数 C	隔延尺系数 D
B/A（A=1）	B/2A	角度 α		
0.55		28°49′	1.1413	1.5170
0.50	1/4	26°34′	1.1180	1.5000
0.45		24°14′	1.0966	1.4839
0.40	1/5	21°48′	1.0770	1.4697
0.35		19°17′	1.0594	1.4569
0.30		16°42′	1.0440	1.4457
0.25		14°02′	1.0308	1.4362
0.20	1/10	11°19′	1.0198	1.4283
0.15		8°32′	1.0112	1.4221
0.125		7°8′	1.0078	1.4191
0.100	1/20	5°42′	1.0050	1.4177
0.083		4°45′	1.0035	1.4166
0.066	1/30	3°49′	1.0022	1.4157

【例 12-1】 某四坡水屋面平面如图 12-5 所示，设计屋面坡度 0.5，试计算斜面积、斜脊长。

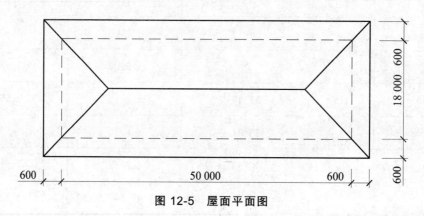

图 12-5 屋面平面图

【解】 屋面坡度 $= B/A = 0.5$，查屋面坡度系数表 12-2 可知 $C = 1.118$

屋面斜面积 $S = (50 + 0.6 \times 2) \times (18 + 0.6 \times 2) \times 1.118 = 1\,099.04\ \text{m}^2$

查屋面坡度系数表 12-2，可知 $D = 1.5$，依据公式（12-5）

则单个斜脊长 $L = A \times D = 9.6 \times 1.5 = 14.4\ \text{m}$

斜脊总长 $L = 14.4 \times 4 = 57.6\ \text{m}$

（3）计算瓦屋面时应扣除勾头、滴水所占面积(8 寸瓦扣除 0.23 m 宽,6 寸瓦扣除 0.175 m 宽，长度按勾头滴水设计长度计）勾头、滴水另行计算。

（4）勾头、滴水按设计图示尺寸以延长米计算。

（5）采光屋面按斜面设计图示尺寸以平方米计算，亦可按屋面水平投影面积乘以屋面延尺系数以平方米计算。不扣除屋面面积小于等于 0.3 m² 孔洞所占面积。

（6）膜结构屋面按设计图示尺寸覆盖的水平投影面积以平方米计算。

12.3.2 屋面防水

（1）卷材斜屋面按其设计图示尺寸以平方米计算，亦可按图示尺寸的水平投影面积乘以延尺系数以平方米计算;卷材平屋面按水平投影面积以平方米计算。不扣除房上烟囱、风帽底座、风道、屋面小气窗和斜沟所占的面积，屋面的女儿墙、伸缩缝和天窗等处的弯起部分，按图示尺寸并入屋面工程量计算。如图纸无规定时，伸缩缝、女儿墙的弯起部分可按 25 cm 计算，天窗弯起部分可按 50 cm 计算，如图 12-6 所示。

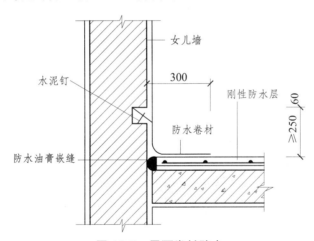

图 12-6 屋面卷材防水

（2）屋面卷材防水定额是按铺贴一层编制的，每增一层按照"墙面、楼地面及地下室工程"中平面每增一次定额相应子目执行。

（3）涂膜屋面的工程量计算同卷材屋面。

（4）屋面刚性防水按设计图示尺寸以平方米计算，不扣除房上烟囱、风帽底座及单孔小于 0.3 m² 以内的孔洞等所占面积。

（5）屋面隔气层、隔离层的工程量计算方法同卷材屋面，以平方米计算。

【例12-2】 某建筑物如图12-7所示中心线尺寸60 m×40 m，墙厚240 mm，四周女儿墙，无挑檐。屋面做法：水泥珍珠岩保温层，最薄处60 mm，屋面坡度 $i=1.5\%$，1∶3水泥砂浆找平层15厚，二毡三油一砂防水层，弯起250 mm，试计算防水层工程量并套定额计算分部分项工程费。(石油沥青玛琋脂15元/m^3，Ⅰ级钢筋HPB300直径10 mm以内3 000元/t)

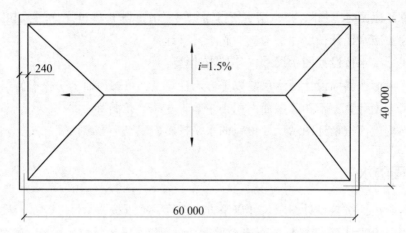

图12-7 屋面平面图

【解】 由于屋面坡度小于1/20，因此按平屋面防水计算。

平面防水面积：$S_1 = (60 - 0.24) \times (40 - 0.24) = 2376.06 \ m^2$

上卷面积：$S_2 = [(60 - 0.24) + (40 - 0.24)] \times 2 \times 0.25 = 49.76 \ m^2$

因此防水工程量 $S = S_1 + S_2 = 2376.06 + 49.76 = 2\ 425.82 \ m^2$

套用定额：01080043

人工费 $= 550.65$ 元/100 m^2

材料费 $= 2\ 011.89 + 15 \times 0.69 + 3\ 000 \times 0.005 = 2\ 037.24$ 元/100 m^2

管理费 $=$(定额人工费 + 定额机械费 × 8%)× 管理费费率

$\qquad = 550.65 \times 33\% = 181.71$ 元/100 m^2

利润 $=$(定额人工费 + 定额机械费 × 8%)× 利润费率

$\qquad = 550.65 \times 20\% = 110.13$ 元/100 m^2

分部分项工程费 = 人工费 + 材料费 + 机械费 + 管理费 + 利润

$\qquad = (550.65 + 2\ 037.24 + 181.71 + 110.13) \times 2\ 425.82/100$

$\qquad = 2\ 879.73 \times 2\ 425.82/100$

$\qquad = 69\ 857.07$

12.3.3 屋面排水

（1）铸铁、塑料、不锈钢、虹吸排水管区别不同直径按图示尺寸以延长米计算，雨水口、水斗、弯头以个计算，如图12-8所示。

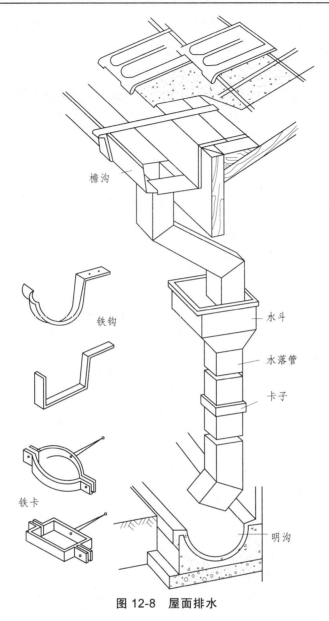

图 12-8 屋面排水

（2）屋面排（透）气管及屋面出人孔盖板按设计图示数量以套计算。

（3）屋面泛水、天沟按设计图示尺寸展开面积以平方米计算。

12.3.4 墙面、楼地面及地下室工程

（1）建筑物地面防水、防潮层，按主墙间净空面积以平方米计算，扣除大于 0.3 m² 的凸出地面的构筑物、设备基础等所占面积，不扣除柱、垛、间壁墙、烟囱及 0.3 m² 以内孔洞所占面积。与墙面连接处高度在 50 cm 以内者按展开面积计算，并入平面工程量内；超过 50 cm 时，均按立面防水层计算。

（2）建筑物墙基、墙体防水、防潮层，外墙按中心线长度、内墙按净长线长度乘以宽度以平方米计算。墙与墙交接处、墙与构件交接处面积不扣除，应扣除 0.3 m² 以上孔洞所占面积。

（3）地下室满堂基础的防水、防潮层，按设计图示尺寸以平方米计算，即按梁、板、坑（沟）、槽等的展开面积计算，不扣除 0.3 m² 以内的孔洞面积。平面与立面交接处的防水层，高度在 50 cm 以内者按展开面积计算，并入平面工程量内；其上卷高度超过 50 cm 时，均按立面防水层计算。

（4）膨润土防水毯按设计图示尺寸以平方米计算。

（5）地下室夹层塑料板按设计图示尺寸以平方米计算。

（6）防水、抗裂保护层按设计图示尺寸以平方米计算。

【例 12-3】 试计算图 12-9 所示地面防潮层的工程量。防潮层做法为玛𝑐脂卷材二毡三油。（石油沥青玛𝑐脂 15 元/m³，石油沥青油毡 350g 10 元/ m²）

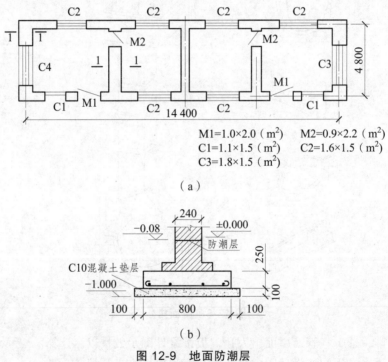

$M1=1.0×2.0（m²）$ $M2=0.9×2.2（m²）$
$C1=1.1×1.5（m²）$ $C2=1.6×1.5（m²）$
$C3=1.8×1.5（m²）$

（a）

（b）

图 12-9 地面防潮层

【解】 地面防潮层工程量，按主墙间净空面积计算，即

防潮层 $S = (14.4 - 0.24 × 4) × (4.8 - 0.24) = 61.29$ m²

套用定额：01080125

人工费 $= 515.51$ 元/100 m²

材料费 $= 1\ 885.84 + 15 × 0.51 = 1\ 893.49$ 元/100 m²

管理费 $=$ (定额人工费 + 定额机械费 × 8%) × 管理费费率

$≐ 515.51 × 33\% = 170.12$ 元/100 m²

$$利润 = (定额人工费 + 定额机械费 \times 8\%) \times 利润费率$$
$$= 515.51 \times 20\% = 103.1 \ 元/100 \ m^2$$

$$分部分项工程费 = 人工费 + 材料费 + 机械费 + 管理费 + 利润$$
$$= (515.51 + 1\ 893.49 + 170.12 + 103.1) \times 61.29/100$$
$$= 1\ 643.99 \ 元$$

12.3.5　变形缝及其他工程

（1）变形缝按设计图示尺寸以延长米计算。

（2）后浇带防水按设计图示尺寸以平方米计算。

（3）通风算子按设计图示尺寸以平方米计算。

12.4　计算实例

【例 12-4】　有一带屋面小气窗的四坡水平瓦屋面如图 12-10 所示,试计算屋面工程量。

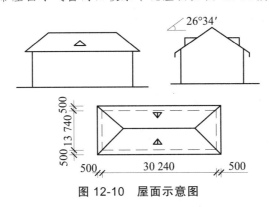

图 12-10　屋面示意图

【解】　屋面工程量按图示尺寸乘以屋面坡度延尺系数,屋面小气窗不扣除,与屋面重叠部分不增加。

由表 12-2 可知,$C = 1.1180$。

$$屋面工程量 = 图示水平投影面积 \times 屋面坡度系数$$

$$S = (30.24 + 0.5 \times 2) \times (13.74 + 0.5 \times 2) \times 1.1180 = 514.81 \ m^2$$

【例 12-5】　有一两坡水二毡三油卷材屋面,尺寸如图 12-11 所示。屋面防水层构造层次为:预制钢筋混凝土空心板;1:2 水泥砂浆找平层;冷底子油一道、二毡三油一砂防水层。试计算:（1）当有女儿墙,屋面坡度为 1:4 时;（2）当有女儿墙,屋面坡度为 3%时;（3）当无女儿墙,有挑檐屋面坡度为 3%时的工程量。

【解】　（1）当有女儿墙,屋面坡度为 1:4 时,相应的角度为 $14°2'$,延尺系数 $C = 1.030\ 8$,按照公式:

$$卷材屋面工程量 = 图示水平投影面积 \times 屋面坡度系数 + 增加面积$$

则 $S = (72.75 - 0.24) \times (12 - 0.24) \times 1.030\,8 + 0.25 \times (72.75 - 0.24 + 12.0 - 0.24) \times 2$

　　　$= 921.12 \text{ m}^2$

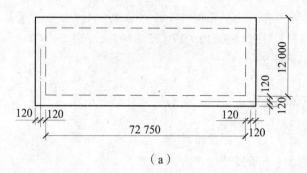

（a）

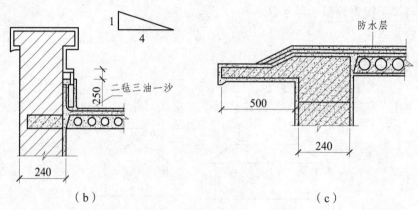

（b）　　　　　　　　　　　　　　　　　（c）

图 12-11　屋面示意图

（2）当有女儿墙，屋面坡度为3%时，因为坡度很小，按平屋面计算，由公式：

　　　卷材屋面工程量 = 图示水平投影面积 + 增加面积

则：$S = (72.75 - 0.24) \times (12 - 0.24) + 0.25 \times (72.75 - 0.24 + 12.0 - 0.24) \times 2$

　　　$= 852.72 + 42.14 = 894.86 \text{ m}^2$

（3）当无女儿墙，有挑檐，屋面坡度为3%时，按图（a）及（c），公式可变为：

　　　$S = $ 外墙外围水平投影面积 $ + (L_{外} + 4 \times 檐宽) \times 檐宽$

可得：$S = (72.75 + 0.24) \times (12 + 0.24 + [(72.75 + 12 + 0.48) \times 2 + 4 \times 0.5] \times 0.25$

　　　$= 979.63 \text{ m}^2$

习题 12

1. 卷材防水屋面除计算水平面积外，还应计算在女儿墙等垂直面上的面积，若设计无规定时，其上弯高度取值是（　　）mm。

A. 150　　　　　　　B. 200　　　　　　　C. 250　　　　　　　D. 300

2. 简述建筑物墙基防水、防潮层工程量计算规则。

3. 某办公楼屋面如图 12-12 所示，女儿墙轴线尺寸 12 m×50 m，墙厚 240 mm，试计算屋面工程量。

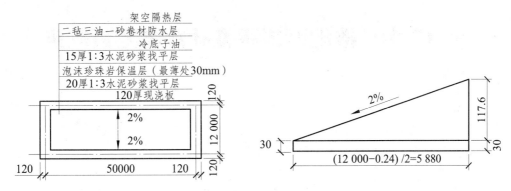

图 12-12 屋面示意图

第 13 章　楼地面工程量计算与定额应用

【学习要点】

（1）了解楼地面的构造及组成。

（2）熟悉踢脚线的工程量计算规则及计算方法，不同条件下的系数调整方法，楼地面工程定额子目的套用。

（3）掌握地面垫层、找平层、面层计算规则及计算方法，踢脚线高度换算的方法。

13.1　基本问题

13.1.1　楼地面的组成

地层（或称地坪）的基本构造层次为面层、找平层、垫层和地基；楼层（楼面）的基本构造层次为面层、找平层和基层。

13.1.2　定额项目划分

《云南省房屋建筑与装饰装修工程消耗量定额》中楼地面工程定额项目的划分如表 13-1 所示。

表 13-1　楼地面工程定额项目划分一览表

分节名称	小节名称	子目数
一、地面垫层		01090001—01090017
二、找平层		01090018—01090024
三、整体面层	1. 砂浆、混凝土整体面层	01090025—01090043
	2. 水磨石	01090044—01090053
	3. 涂层面层	01090044—01090061
四、块料面层	1. 石材	01090062—01090103
	2. 陶瓷地砖	01090104—01090114
	3. 玻璃地砖	01090115—01090120
	4. 缸砖	01090121—01090126
	5. 陶瓷锦砖	01090127—01090129
	6. 水泥花砖	01090130—01090133
	7. 钛金不锈钢复合地砖	01090134

续表 13-1

分节名称	小节名称	子目数
五、塑料橡胶面层		01090135—01090140
六、其他材料面层	1. 地毯及附件	01090141—01090149
	2. 聚氨酯弹性安全地砖、运动场地面层	01090150—01090156
	3. 竹木地板	01090157—01090168
	4. 防静电地板	01090169—01090171
七、楼梯及其他装饰	1. 分隔嵌条、防滑条	01090172—01090186
	2. 栏杆、栏板、扶手	01090187—01090255
合　计	7　　　　　　　　19	255

13.2 楼地面工程工作内容及定额应用说明

13.2.1 楼地面工程工作内容

（1）地面垫层工作内容：整理基层、垫层铺筑、夯实、捣固、整平、拌和养护等。

（2）找平层工作内容：清理基层、调运砂浆、铺设找平、压实、拌和、刷水泥浆等。

（3）整体面层工作内容：

① 砂浆、混凝土整体面层工作内容：清理基层、调运砂浆、刷素水泥浆、抹面、压光、养护等。

② 水磨石工作内容：清理基层、刷素水泥浆结合层、调制石子浆、嵌玻璃条、磨石抛光等。

③ 涂层面层工作内容：场内清理、场地封闭、刷底涂、刮胶泥、砂浆、刷面层或自流平层、磨面等。

（4）块料面层工作内容：

① 石材工作内容：清理基层、试排弹线、锯板修边、铺贴饰面、清理净面等。

② 陶瓷地砖工作内容：清理基层、试排弹线、锯板修边、铺贴饰面、清理净面等。

③ 玻璃地砖工作内容：清理基层、试排弹线、铺贴饰面、清理净面等。

④ 缸砖工作内容：清理基层、试排弹线、铺贴饰面、清理净面等。

⑤ 陶瓷锦砖工作内容：清理基层、试排弹线、铺贴饰面、擦缝、清理净面等。

⑥ 水泥花砖、广场砖工作内容：清理基层、试排弹线、铺贴饰面、清理净面等。

⑦ 钛金不锈钢复合地砖工作内容：成品安装。

（5）塑料橡胶面层工作内容：清理基层、刮腻子、涂刷黏结剂、贴面厚、净面、制作及预埋木砖、安装踢脚板等。

（6）其他材料面层工作内容：

① 地毯及附件工作内容：清扫基层、拼接、铺设、修边、净面、刷胶、钉压条等。

② 聚氨酯弹性安全地砖、运动场地面层工作内容：

a. 聚氨酯弹性安全地砖工作内容：清理基层、刷胶、铺贴面层等。

b. 运动场地面层工作内容：清理基层、铺底层、铺面层材料、喷面漆、画线等。

c. 竹木地板工作内容：清理基层、铺垫层、安装地板、清扫现场等全部操作过程等。

d. 防静电地板工作内容：清理基层、安装支架横梁、铺设面板、清扫净面等。

（7）楼梯及其他装饰工作内容：

① 分隔嵌条、防滑条工作内容：清理、切割、镶嵌、固定等。

② 栏杆、栏板、扶手工作内容：

a. 栏杆、栏板工作内容：制作、放样、下料、焊接、安装、清理等。

b. 扶手、弯头工作内容：制作、安装、打磨、抛光等。

c. 靠墙扶手工作内容：制作、安装、支托煨弯、打洞堵混凝土等。

13.2.2　楼地面工程定额应用说明

（1）本章定额中块料、地毯的品种、规格，水泥砂浆、水泥石子浆的品种、配合比，扶手、栏杆、栏板材料规格、用量若设计规定与定额不同时，可以换算。

（2）水泥豆石面层楼梯可参照水泥石屑砂浆楼梯子目执行。

（3）石屑砂浆面层、水泥豆石面层每增减厚度 5 mm 可参照水泥砂浆找平层每增减 5 mm子目执行，相应定额材料品种可换算，其他不变。

（4）防静电活动地板子目适用于全钢、铝合金、复合板防静电活动地板等。

（5）找平水泥基自流平子目执行找平类子目，面层水泥基自流平子目执行涂料面层类子目。

（6）面层喷涂颗粒型跑道厚度 13 mm，每增减 1 mm 厚参照 PU 球场面层每增减 1 mm 子目执行，相应定额材料品种可换算，其他不变。

（7）单块面积小于 0.015 m² 的石材镶拼执行点缀定额。

（8）现浇水磨石定额包括酸洗打蜡，块料面层不包括酸洗打蜡、磨边及开防滑线，如设计要求时，按相应定额计算。如现浇水磨石采用铜条拼花造型时，人工增加 0.5 个工日，扣减玻璃条，增加铜条用量。

（9）块料面层的"零星项目"适用于楼梯侧面、台阶牵边、分色线条、池槽、蹲台、小便池以及面积在 1 m² 以内且定额未列的项目。

（10）楼地面项目中的整体面层、块料面层，均不包括踢脚线。

（11）楼梯踢脚线按相应定额乘以系数 1.15。

（12）定额中踢脚线（板）高度以 300 mm 为界，超过 300 mm 时，按墙裙相应定额计算。定额踢脚线（板）取定高度为 150 mm，如设计不同可以按比例调整。

【例 13-1】　1:2 水泥砂浆贴成品大理石踢脚线，设计要求高度为 160 mm，试换算其定额材料用量。

【解】　本例进行踢脚板材料的换算，换算公式为：

$$换算材料用量 = \frac{踢脚板设计高度}{150} \times 定额材料量 \qquad (13\text{-}1)$$

套用定额：01090077换

其中：

大理石换算用量 = (160 ÷ 150) × 15.3 = 16.32 m²/100 m

1：2 水泥砂浆换算用量：(160 ÷ 150) × 0.25 = 0.267 m³/100 m

白水泥换算用量：(160 ÷ 150) × 1.24 = 1.32 kg/100 m

（13）螺旋形楼梯的装饰，按相应弧形楼梯项目计算，其中人工、机械定额量常用系数 1.20；块料材料定额量乘以系数 1.10；整体面层、栏杆、扶手材料定额量乘以系数 1.05。

（14）楼梯、台阶面层不包括防滑条，设计需做防滑条时，按相应定额计算。

（15）扶手、栏杆、栏板适用范围包括楼梯、走廊、回廊及其他装饰性栏杆、栏板。

13.3 楼地面工程量计算规则

13.3.1 地面垫层工程量计算

（1）工程量计算规则：按室内主墙间的净面积乘以设计厚度以立方米计算，应扣除凸出地面构筑物、设备基础、室内管道、地沟等所占体积，不扣除柱、垛、间壁墙、附墙烟囱及面积在 0.3 m² 以内孔洞所占体积。

（2）工程量计算方法。

垫层工程量可用计算式表达如下：

$$V_{垫层工程量} = S_{室内主墙间净面积} × h_{垫层厚度} - V_{应扣除体积} \qquad （13-2）$$

公式（13-1）中：

应扣除体积：凸出地面的构筑物、设备基础、室内管道、地沟、大于 0.3 m² 孔洞所占体积。

不扣除体积：柱、垛、间壁墙、附墙烟囱及小于 0.3 m² 孔洞所占体积。

注意：砂石垫层应区别人工级配或天然级配分别计算；碎砖垫层、砾（碎石）垫层应区别于铺或灌浆分别计算；炉（矿）渣垫层应区分干铺或浆拼分别计算。

13.3.2 找平层工程量计算

找平层工程量按相应面层的工程量计算规则计算。

13.3.3 整体面层工程量计算

（1）工程量计算规则：整体面层、找平层按设计图示尺寸面积以平方米计算。扣除凸出地面的构筑物、设备基础、室内管道、地沟等所占面积，不扣除间壁墙及面积在 0.3 m² 以内柱、垛、附墙烟囱及孔洞所占面积。门洞、空圈、暖气包槽和壁龛的开口部分亦不增加。

（2）工程量计算方法

整体面层工程量可用计算式表达如下：

$$S_{找平层工程量} = S_{室内主墙间净面积} - S_{应扣除面积} \qquad （13-3）$$

公式（13-2）中：

应扣除面积：凸出地面的构筑物、设备基础、室内管道、地沟、大于 $0.3\ m^2$ 孔洞所占面积。

不扣除面积：间壁墙及面积在 $0.3\ m^2$ 以内柱、垛、附墙烟囱及孔洞所占面积。

不增加面积：门洞、空圈、暖气包槽、壁龛的开口部分面积。

注意：不同找平层材料、不同找平层厚度、找平层铺设在何种基层上应分别计算工程量。

13.3.4 块料面层工程量计算

（1）石材、块料面层按设计图示面积以平方米计算。

（2）拼花块料面层按设计图示面积以平方米计算。

（3）点缀按个计算。计算主体铺贴地面面积时，不扣除点缀所占面积。圆形点缀镶贴、块料定额量乘以系数 1.15，人工定额量乘以系数 1.2。

（4）石材地面刷养护液按底面面积加四个侧面面积以平方米计算。

（5）玻璃地砖若用水泥砂浆结合层，扣除玻璃胶用量，每 $100\ m^2$ 增加 1∶2 水泥砂浆 $2.02\ m^3$、灰浆搅拌机（200L）0.34 台班、人工 0.75 工日。

13.3.5 橡胶面层工程量计算

（1）橡胶板、橡胶板卷材、塑料板、塑料卷材按设计图示面积以平方米计算。

（2）塑料卷材、橡胶板楼梯面层按展开面积以平方米计算，执行楼地面塑料卷材、橡胶板面层子目。

13.3.6 其他材料面层工程量计算

（1）地毯楼地面，按设计图示尺寸以平方米计算。

（2）竹木（复合）地板，按设计图示面积以平方米计算。方木楞抛光者，每立方米增加人工 0.8 工日。板厚按 25 mm 计算，厚度不同可换算。

（3）防静电活动地板，按设计图示面积以平方米计算。

（4）运动场地面层，按设计图示面积以平方米计算。

13.3.7 踢脚线工程量计算

（1）整体面层踢脚线按设计图示尺寸以延长米计算，不扣除洞口、空圈的长度，洞口、空圈、墙垛、附墙烟囱等侧壁长度也不增加。

（2）块料踢脚线按设计图示长度乘以高度以平方米计算。

（3）成品踢脚线按延长米计算。

13.3.8 楼梯、台阶面层及其他工程量计算

（1）楼梯面层工程量计算：

楼梯面层按设计图示尺寸以楼梯（包括踏步、休息平台以及≤500 mm 宽的楼梯井）水平投影面积以平方米计算。楼梯与楼地面相连时，算至梯口梁内侧边沿；无梯口梁者，算至最上一层踏步边沿加 300 mm。楼梯牵边、踢脚线和侧面镶贴块料面层按其展开面积套用零星装饰项目另行计算。

（2）台阶面层工程量计算：

台阶面层按设计图示尺寸以台阶（包括最上一层踏步边沿加 300 mm）水平投影面积以平方米计算。台阶牵边、踢脚线和侧面镶贴块料面层按其展开面积套用零星装饰项目另行计算，如图 13-1 所示。

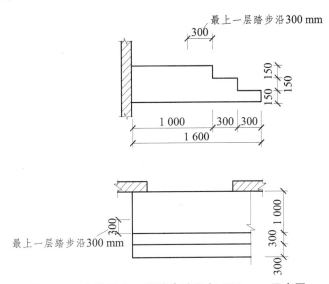

图 13-1 台阶最上一层踏步边沿加 300 mm 示意图

（3）栏杆、栏板、扶手均按其中心线长度以延长米计算，计算扶手时不扣除弯头所占的长度，弯头另套相应子目。

（4）防滑条工程量按实际长度以延长米计算。

13.4 计算实例

【例 13-2】 按图 13-2 计算以下分项工程的工程量，并套用其定额编号。（1）素土夯实。（2）地面现浇 C10 混凝土垫层。（3）地面 1:3 水泥砂浆找平层。（4）地面 1:2 水泥砂浆面层。

【解】 （1）计算基数。

建筑面积：$S_建 = 18.24 \times 9.24 = 168.54 \ \text{m}^2$

外墙中心线长：$L_中 = (18 + 9) \times 2 = 54 \ \text{m}$

内墙净长线：$L_内 = (9 - 0.24) \times 2 = 17.52 \ \text{m}$

主墙间净面积：$S_{净} = 168.54 - (54 + 17.52) \times 0.24 = 151.38 \text{ m}^2$

（2）计算工程量。

① 素土夯实：151.38 m²；套用定额：01010122。

② 现浇 C10 混凝土地面垫层：$151.38 \times 0.06 = 9.08 \text{ m}^3$

套用定额：01090018。

③ 30 厚 1:3 水泥砂浆找平层：151.38 m²

套用定额：(01090019) + (01090020) × 2

④ 25 厚 1:2 水泥砂浆面层：151.38 m²

套用定额：(01090025) + (01090020)

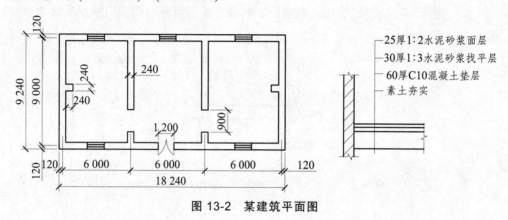

图 13-2　某建筑平面图

【例 13-3】　按图 13-2 计算 1:2.5 水泥砂浆拼花陶瓷锦砖（马赛克）地面工程量，并写出其定额编号。

【解】　陶瓷锦砖地面工程量：

$$S_{陶瓷锦砖} = 151.38 - 0.24 \times 0.24 \times 2 + 0.9 \times 0.24 \times 2 + 1.2 \times 0.24$$

$$= 151.98 \text{ m}^2$$

套用定额：01090128。

【例 13-4】　如图 13-3 所示，设计要求室内地面铺实木地板和成品木踢脚线，试计算工程量，并写出定额编号。

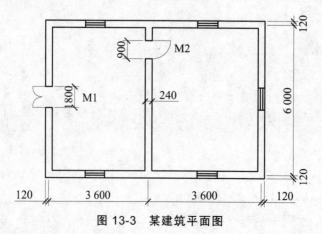

图 13-3　某建筑平面图

【解】　（1）实木地板：

$$S = (3.6 - 0.24) \times 2 \times (6 - 0.24) + 0.9 \times 0.24 + 1.8 \times 0.24 = 39.36 \text{ m}^2$$

套用定额：01090159

（2）成品木踢脚线：

$$S = (3.6 - 0.24 + 6 - 0.24) \times 2 \times 2 - 1.8 - 0.9 \times 2 = 32.88 \text{ m}^2$$

套用定额：01090165。

【例13-5】　某6层楼房，楼梯每层水平投影面积6.87 m²，设计要求该楼梯满铺带垫地毯，试计算地毯工程量，并写出定额编号。

【解】　地毯工程量：$S = 6.87 \times (6 - 1) = 34.35 \text{ m}^2$

套用定额：01090147。

【例13-6】　如图13-4、图13-5所示，该6层楼梯每层均设踏步16级，设计要求楼梯踏步铺地毯、安装不锈钢压辊，求该楼梯铺地毯、安装不锈钢压辊工程量，并写出定额编号。

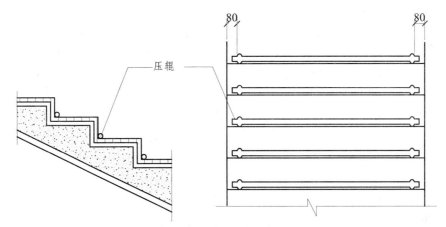

图13-4　楼梯踏步剖面及立面示意图

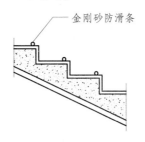

图13-5　楼梯防滑条示意图

【提示】　铺地毯配件（附件）安装压辊工程量以套计算。

【解】　计算不锈钢压辊安装工程量：

$16 \times (6 - 1) = 80$ 套

套用定额：01090148。

【例13-7】　计算图13-6所示水磨石台阶面层的工程量。

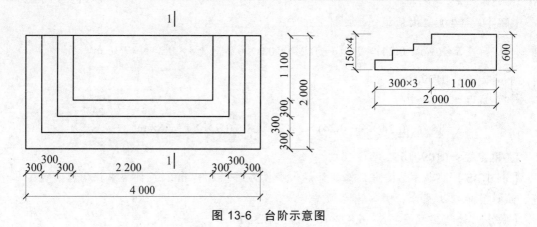

图 13-6 台阶示意图

【解】 台阶水磨石面层工程量：

$$S = [(2.2 + 0.3 \times 2) + (1.1 + 0.3) \times 2](台阶中心线长度) \times (0.3 \times 3 + 0.3)$$

$$= 6.72 \ \text{m}^2$$

【例 13-8】 已知某建筑平面如图 13-7 所示，墙体厚度均为 240 mm，室内地面和室外台阶均采用 15 mm 厚 1 : 3 水泥砂浆找平，陶瓷地砖面层，室外 60 厚现浇 C15 混凝土散水宽 800 mm。试列项计算楼地面的定额工程量。

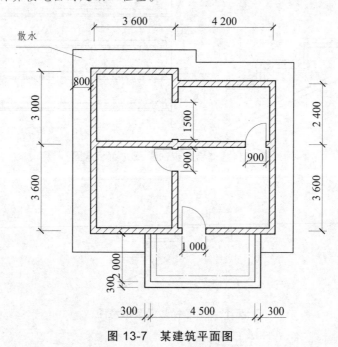

图 13-7 某建筑平面图

【解】 （1）陶瓷地砖地面面层工程量：

$$(3.6 - 0.24) \times (3 - 0.24 + 3.6 - 0.24) + (4.2 - 0.24) \times (2.4 - 0.24 + 3.6 - 0.24) +$$

$$(4.5 - 0.3 \times 2) \times (2 - 0.3)(室外台阶平台部分) + (1.5 + 0.9 \times 2 + 1) \times 0.24$$

$$= 50.08 \ \text{m}^2$$

（2）15 mm 厚 1：3 水泥砂浆地面找平层工程量：

$$S_{\text{地面找平层}} = 50.08 \text{ m}^2$$

（3）陶瓷地砖台阶面层工程量（可按中心线长乘以台阶宽度计算）：

$$S_{\text{台阶面层}} = (4.5 + 0.6) \times (0.3 + 0.3) + (2 - 0.3) \times (0.3 + 0.3) \times 2 = 5.1 \text{ m}^2$$

或　　　　$$S_{\text{台阶面层}} = (4.5 + 2 \times 2) \times (0.3 + 0.3) = 5.1 \text{ m}^2$$

（4）15 mm 厚 1：3 水泥砂浆台阶找平层工程量：

$$S_{\text{台阶找平层}} = 5.1 \times 1.48 = 7.55 \text{ m}^2$$

（5）现浇 C15 混凝土散水工程量（可按中心线长×散水宽度计算）：

散水中心线长：

$$\begin{aligned} L_{\text{散水中}} &= (3.6 + 4.2 + 0.24 + 0.4 \times 2) \times 2 + (3.6 + 3 + 0.24 + 0.4 \times 2) + \\ &\quad (3 - 2.4) + (3.6 + 2.4 + 0.24 + 0.4 \times 2) - (4.5 + 0.3 \times 2) \\ &= 27.86 \text{ m} \end{aligned}$$

散水工程量：$S_{\text{散水}} = 27.86 \times 0.8 = 22.29 \text{ m}^2$

习题 13

1. 计算图 13-8 所示花岗岩台阶面层的工程量。

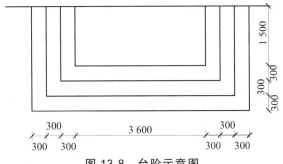

图 13-8　台阶示意图

2. 某楼梯间平面图如图 13-9 所示，试计算水泥砂浆面层工程量。

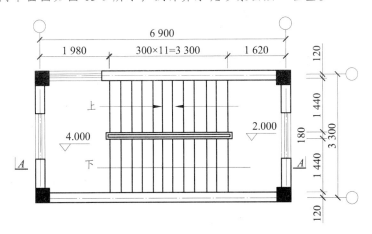

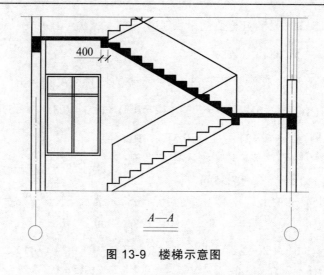

图 13-9　楼梯示意图

3. 某5层建筑的楼梯如图13-10所示,试计算花岗岩铺楼梯面层工程量并分析花岗岩用量。

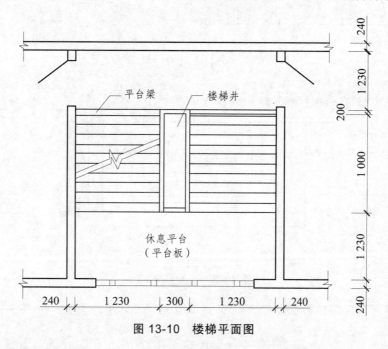

图 13-10　楼梯平面图

4. 某建筑平面如图 13-11 所示，若地面踢脚线分别水泥砂浆踢脚线、成品花岗岩踢脚线和陶瓷地砖踢脚线时，试求其各种材料情况下踢脚线的定额工程量。（已知踢脚线高度均为150 mm;门型材框宽均为40 mm，居中立樘）

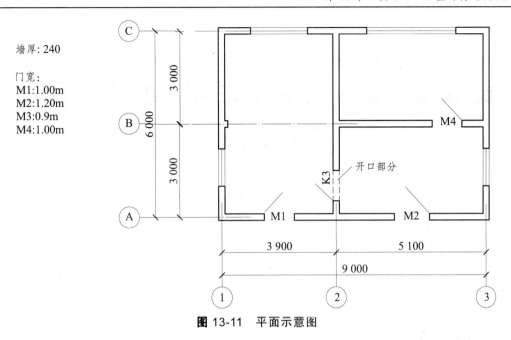

墙厚: 240

门宽:
M1:1.00m
M2:1.20m
M3:0.9m
M4:1.00m

图 13-11 平面示意图

5. 某建筑平面如图 13-12 所示, 若室外围绕外墙有一道宽 800 mm 的散水, 试求其工程量。

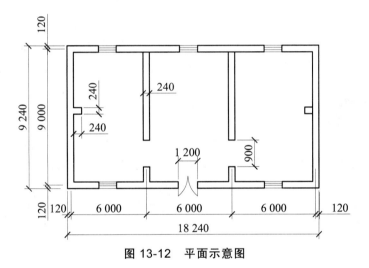

图 13-12 平面示意图

第 14 章　墙、柱面及隔断、幕墙工程量计算与定额应用

【学习要点】

（1）了解墙、柱面与隔断、幕墙工程的基本知识。

（2）熟悉不同条件下的系数调整方法、墙柱面定额子目的套用。

（3）掌握块料消耗量的计算方法、一般抹灰及装饰抹灰、块料面层的工程量计算规则及计算方法。

14.1　基本问题

14.1.1　定额子目

本章包括：一般抹灰、装饰抹灰、镶贴块料面层、墙柱面装饰、幕墙 5 节 294 个子目。

14.1.2　名词解释

（1）幕墙：建筑物的外墙围护，不承重，像幕布一样挂上去，故又称为悬挂墙，是现代大型和高层建筑常用的带有装饰效果的轻质墙体，由结构框架与镶嵌板材组成，不承担主体结构载荷与作用，如玻璃幕墙、铝板幕墙全玻幕墙等。

（2）一般抹灰：墙面、柱面抹石灰砂浆、水泥砂浆、混合砂浆、其他砂浆等工程项目。

（3）装饰抹灰：水刷石、干粘石、斩假石、拉条灰、甩毛灰、装饰抹灰分格嵌缝等工程项目。

（4）镶贴块料面层：大理石、花岗岩、干挂大理石、干挂花岗岩、陶瓷锦砖、文化石、面砖方块凸包石、凹凸假麻面等工程项目。

（5）装饰抹灰、镶贴块料面层底层抹灰：砖墙、毛石墙、混凝土墙、柱面及其他零星项目的装饰抹灰和镶贴块料面层的打底抹灰。

（6）斩假石面：又称剁斧石，一种人造石料，是将掺入石屑及石粉的水泥砂浆，涂抹在建筑物表面，在硬化后，用斩凿方法使成为有纹路的石面样式。

（7）墙面拉毛：抹灰面层有竖向凹凸的条纹。条纹的粗细由设计而定，根据条纹形式制作相应拉灰模具；在墙面先抹水泥砂浆，然后通过拉毛滚筒或者笤帚，抹到墙面上，形成刺状突起，干燥后即成拉毛。

14.2　墙、柱面及隔断、幕墙工程定额内容

（1）本章定额凡注明砂浆种类、配合比、饰面材料及型材的型号规格与设计不同时，可按设计换算，但人工、机械不变。

（2）本章定额中水泥砂浆抹灰部分按外墙面抹灰和内墙面抹灰分别编制。

（3）本章定额中水泥砂浆墙面零星项目、装饰线条、假面砖（3 mm + 3 mm + 14 mm）子目适用于内、外水泥砂浆墙面。

（4）本章定额中面砖膨胀螺栓干挂、钢丝网挂贴、型钢龙骨干挂相应子目适用于内、外墙面。

（5）抹灰层每增加 1 mm 水泥砂浆子目适用于内、外墙面水泥砂浆抹灰层每增加 1 mm 调整。

（6）本章定额中的装饰抹灰，镶贴块料面层均未包括打底抹灰，打底抹灰应按相应子目执行。

（7）圆弧形、锯齿形等不规则墙面装饰抹灰、镶贴块料按相应项目人工乘以系数 1.15，材料乘以系数 1.05。

（8）本章定额中面砖按外墙面和内墙面镶贴面砖分别编制。

（9）面砖灰缝宽分 5 mm 以内、10 mm 以内和 20 mm 以内列项，如灰缝宽度大于 20 mm、表面转规格与定额取定不同，其块料及灰缝材料（水泥砂浆 1∶1）用量允许调整，其他不变。

（10）镶贴块料和装饰抹灰的"零星项目"适用于挑檐、天沟、腰线、窗台线、压顶、扶手、雨篷、周边、门窗套、墙面点缀等。

（11）瓷砖面砖镶贴子目用于镶贴柱时，人工乘以系数 1.1，其他不变。

（12）木龙骨基层是按双向计算的，如设计为单向时，人工乘以系数 0.55、材料乘以系数 0.55、弧形木龙骨基层按相应子目定额乘以系数 1.10。

（13）面层、隔墙（间壁）、隔断（护壁）定额内除注明者外均未包括压条、收边、装饰线（板），如设计要求时，应按相应定额子目另行计算。

（14）面层、木基层均未包括刷防火涂料，如设计要求时，应按《云南省房屋建筑与装饰工程消耗量定额》第十二章（油漆、涂料、裱糊工程）相应定额子目另行计算。

（15）隔墙（间壁）、隔断（护壁）、幕墙设计与定额综合内容不同时，定额材料消耗量允许调整，其他不变。

（16）半玻隔断是指上半部为玻璃隔断，下部为砖墙或其他墙体，应分别计算工程量套用相应定额。

（17）干挂石材、隔断、幕墙中的型钢骨架不包括油漆，油漆另按《云南省安装工程消耗量定额》第十三册 1 通用册中相关规定执行。

（18）铝塑板、铝单板幕墙子目中铝塑板、铝单板的消耗量已包含折边用量，不得另行计算。

（19）玻璃幕墙如设计有平开、推拉窗者，按幕墙定额子目执行，窗型材，窗五金材料消耗量按设计相应调整，其他不变。

（20）玻璃幕墙中的安全玻璃按半成品玻璃计算消耗量，幕墙定额中已综合避雷连接、防火隔离层，但幕墙的封边、封顶的费用为包括在定额中，另行计算。

（21）钢骨架上干挂石板钢骨架、不锈钢骨架子目适用于釉面砖干挂骨架。

14.3 墙、柱面与隔断、幕墙工程量计算规则与定额应用

14.3.1 墙面抹灰计算规则

（1）抹灰长度：外墙内壁抹灰按主墙间图示净长计算，内墙面抹灰按内墙净长线计算。

（2）抹灰高度：按室内地坪面或楼面至楼屋面板底面。

① 无墙裙的，高度按室内楼地面至天棚底面计算，如图 14-1（a）所示。

② 有墙裙的，高度按墙裙顶至天棚底面计算，如图 14-1（b）所示。

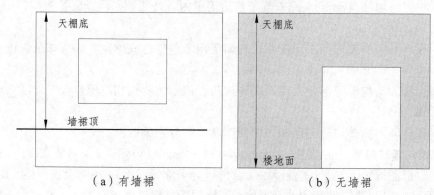

（a）有墙裙   （b）无墙裙

图 14-1　抹灰高度示意图

③ 有吊顶天棚时，高度算至天棚底加 100 mm。

（3）外墙面抹灰面积，按其垂直投影面积以平方米计算，应扣除门、窗洞口、外墙裙和 0.3 m² 以上的孔洞所占的面积，洞口侧壁面积不另行增加。附墙柱侧面抹灰面积并入外墙面抹灰工程量内计算，如图 14-2 所示。

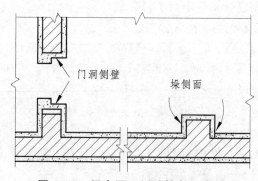

图 14-2　门窗洞口侧壁抹灰示意图

（4）内墙面抹灰面积，按抹灰长度乘以高度以平方米计算，附墙柱侧面抹灰并入墙面工程量计算。

（5）墙裙：长度同墙面计算规则，高度按图示尺寸以平方米计算。

（6）女儿墙内墙面抹灰，按展开面积计算，执行外墙面抹灰定额。

【例 14-1】　如图 14-3 所示，内墙面为 1:2 水泥砂浆，外墙面为普通水泥白石子水刷石。

门窗尺寸分别为：M-1：900 mm×2 000 mm；M-2：1 200 mm×2 000 mm；M-3：1 000 mm×2 000 mm；

C-1：1 500 mm×1 500 mm；C-2：1 800 mm×1 500 mm；C-3：3 000 mm×1 500 mm。
试计算外墙面抹灰工程量。

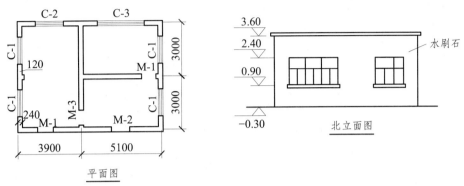

图 14-3 内墙抹灰示意图

【解】 外墙面抹灰工程量：
$(3.9 + 5.1 + 0.24 + 3 \times 2 + 0.24) \times 2 \times (3.6 + 0.3) -$
$(1.5 \times 1.5 \times 4 + 1.8 \times 1.5 + 3 \times 1.5 + 0.9 \times 2 + 1.2 \times 2)$
$= 100.34$ m²

【例 14-2】 某工程如图 14-4 所示，砖墙，墙厚为 240 mm，内墙面底层为 5 mm 厚 1：2.5 水泥砂浆；面层为 13 厚 1：3 水泥砂浆，内墙裙采用 23 厚的 1：8 水泥珍珠岩砂浆抹灰，M：1 000 mm×2 700 mm 共 3 个，C：1 500 mm×1 800 mm 共 4 个窗台高 900 mm，计算内墙面抹灰及内墙裙工程量，并确定定额项目。

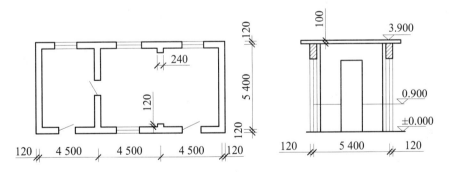

图 14-4 内墙裙抹灰示意图

【解】 （1）内墙面抹灰工程量 = [(4.50×3 − 0.24×2 + 0.12×2)×2 + (5.40 − 0.24)×4]×(3.90 − 0.10 − 0.90) − 1.00×(2.70 − 0.90)×4 − 1.50×1.80×4 = 118.76 m²

水泥砂浆砖墙面抹灰三遍（7+6+5 厚），套 01100008：

定额人工费 = 1088.52 元/100 m²

1：2.5 水泥砂浆【280】基价：309.24 元/m；1：3 水泥砂浆【281】基价：292.14 元/m³

定额材料费 = 3.95 + 309.24×0.57 + 292.14×1.5 = 618.43 元/100 m²

定额机械费 = 26.59 元/100 m²

管理费 = (定额人工 + 定额机械×8%) × 管理费费率

= (1088.52 + 26.59×8%) × 33% = 359.91 元/100 m²

利润 = （定额人工 + 定额机械×8%） × 利润费费率

= (1088.52 + 26.59×8%) × 20% = 218.13 元/100 m²

分部分项工程 = (118.76÷100)×(1088.52 + 618.43 + 26.59 + 359.91 + 218.13)

= 2 745.23 元/100 m²

（2）内墙裙工程量 = [(4.50×3 − 0.24×2 + 0.12×2)×2 +

(5.40 − 0.24)×4 − 1.00×4]×0.90

= 38.84 m²

砖墙裙抹 23 厚的 1∶8 水泥珍珠岩砂浆，套 01100029：

定额人工费 = 1 160.70 元/100 m²

1∶8 水泥珍珠岩【303】基价：406.21 元/m³；麻刀石灰砂浆【296】基价：226.86 元/m³

定额材料费 = 5.56 + 406.21×2.66 + 226.86×0.22 = 1 135.99 元/100 m²

定额机械费 = 41.71 元/100 m²

管理费 = (1 160.70 + 41.71×8%)×33% = 384.132 元/100 m²

利润 = (1 160.70 + 41.71×8%)×20% = 232.81 元/100 m²

分部分项工程费 = (38.84÷100)×(1 160.70 + 1 135.99 + 41.71 + 384.132 + 232.81)

= 0.388 4×2 955.342 = 1 147.85 元/100 m²

（7）"零星项目"抹灰按设计图示尺寸以平方米计算。阳台、雨篷抹灰套用零星抹灰项目。

（8）梁、柱、其他和零星构件项目：均以设计图示尺寸的展开面积以平方米计算。

（9）装饰抹灰分格、嵌缝按装饰抹灰面积以平方米计算。

（10）钉钢丝网，按设计图示尺寸以平方米计算。

14.3.2　柱（梁）面抹灰计算规则

（1）柱面抹灰：按设计图示柱断面周长乘高度以平方米计算。

（2）单梁抹灰参照独立柱面相应定额子目计算。

14.3.3　镶贴块料面层计算规则

（1）墙面块料面层，按实贴面积以平方米计算。

（2）柱（梁）面贴块料面层，按实贴面积以平方米计算。

（3）干挂石材钢骨架，按设计图示以吨计算。

14.3.4　墙、柱面装饰计算规则

（1）墙饰面工程量，按设计图示饰面外围尺寸展开面积以平方米计算，扣除门窗洞口及单个 0.3 m³ 以上的孔洞所占面积。

（2）龙骨、基层工程量，按设计图示尺寸以平方米计算，扣除门窗洞口及 0.3 m² 以上的孔洞所占面积。

（3）柱饰面面积按外围饰面周长乘以装饰高度以平方米计算。

（4）花岗岩、大理石柱墩、柱帽按最大外围周长乘以高度以平方米计算。

14.3.5 幕墙工程计算规则

（1）带骨架幕墙按设计图示框外围尺寸以平方米计算。

（2）全玻隔断按设计图示尺寸面积以平方米计算，如有加强肋者，按平面展开单面面积并入计算。

（3）全玻幕墙按设计图示尺寸面积以平方米计算。

（4）玻璃幕墙悬窗按设计图示窗扇面积以平方米计算。

14.3.6 隔断计算规则

（1）隔断按墙的净长乘以净高以平方米计算，扣除门窗洞口及 0.3 m² 以上的孔洞所占面积。

（2）浴厕门的材质与隔断相同时，门的面积并入隔断面积内。

【例 14-3】 某厕所平面、立面图如图 14-5 所示，隔断及门采用某品牌 80 系列塑钢门窗材料制作。试计算厕所塑钢隔断工程量。

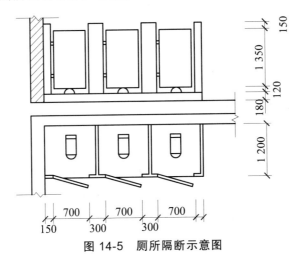

图 14-5 厕所隔断示意图

【解】 厕所隔间隔断工程量 $= (1.35 + 0.15 + 0.12) \times (0.3 \times 2 + 0.15 \times 2 + 1.2 \times 3)$
$$= 1.62 \times 4.5 = 7.29 \text{ m}^2$$

厕所隔间门的工程量 $= 1.35 \times 0.7 \times 3 = 2.835 \text{ m}^2$

厕所隔断工程量 = 隔间隔断工程量 + 隔间门的工程量 $= 7.29 + 2.835 = 10.13 \text{ m}^2$

（3）成品浴厕隔断按设计图示隔断高度（不包括支脚高度）乘以隔断长度（包括浴厕门部分）以平方米计算。

（4）全玻隔断的不锈钢边框工程量按边框展开面积以平方米计算。

14.4　计算实例

【例 14-4】　某工程如图 14-6 所示，砖墙，墙厚为 240 mm，内墙面底层为 5 mm 厚 1：2 水泥砂浆；面层为 13 厚 1：3 水泥砂浆，内墙裙采用 20 厚的 1：8 水泥珍珠岩砂浆抹灰，M：1 000 mm×2 700 mm 共 3 个，C：1 500 mm×1 800 mm 共 4 个窗台高 900 mm，计算内墙面抹灰及内墙裙工程量，并确定定额项目。

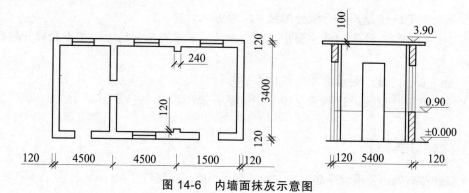

图 14-6　内墙面抹灰示意图

【解】　（1）内墙面抹灰工程量 = [(4.50×3 − 0.24×2 + 0.12×2)×2 + (5.40 − 0.24)×4]
×(3.90 − 0.10 − 0.90) − 1.00×(2.70 − 0.90)×4 − 1.50×1.80×4 = 118.76 m²

水泥砂浆砖墙面抹灰三遍（7＋6＋5 厚），套 01100008：

定额人工费 = 1 088.52 元/100 m²

定额机械费 = 26.59 元/100 m²

13 厚 1：3 水泥砂浆【281】基价：292.14 元/m³

因为：题目中砂浆配合比是 1：2，而定额 01100008 中水泥砂浆是 1：2.5

所以，要换算砂浆配合比，【279】基价 = 344.96 元/m³

定额材料费 = 3.95 + 292.14×1.5 + 0.57×344.96 = 638.79 元/100 m²

管理费 = (1 088.52 + 26.59×8%)×33% = 359.91 元/100 m²

利润 = (1 088.52 + 26.59×8%)×20% = 218.13 元/100 m²

分部分项工程 = (118.76 ÷ 100)×(1 088.52 + 638.79 + 26.59 + 359.91 + 218.13)
　　　　　　 = 2 769.411 元/100 m²

（2）内墙裙工程量 = [(4.50×3 − 0.24×2 + 0.12×2)×2 +
　　　　　　　　　(5.40 − 0.24)×4 − 1.00×4]×0.90
　　　　　　　　 = 38.84 m²

砖墙裙抹 20 厚的 1：8 水泥珍珠岩砂浆，套 01100029 及每增减 1 mm(01100033)。

即：01100029 − 01100033×3

定额人工费 = 1160.70 − 30.66×3 = 1 068.72 元/100 m²

1：1.8 水泥珍珠岩【303】基价：406.21 元/m³；麻刀石灰砂浆【296】基价：226.86 元/m³。

01100029 定额材料费 = 5.56 + 406.21×2.66 + 226.86×0.22 = 1 135.99 元/100 m²

01100033 定额材料费 $= 0.01 + 406.21 \times 0.12 = 48.76$ 元/100 m²

所以，定额材料费 $= 1\,135.99 - 48.76 \times 3 = 989.71$ 元/100 m²

定额机械费 $= 41.71 - 1.74 \times 3 = 36.49$ 元/100 m²

管理费 $= (1\,068.72 + 36.49 \times 8\%) \times 33\% = 353.64$ 元/100 m²

利润 $= (1\,068.72 + 36.49 \times 8\%) \times 20\% = 214.33$ 元/100 m²

分部分项工程费 $= (38.84 \div 100) \times (1\,068.72 + 989.71 + 36.49 + 353.64 + 214.33)$
$$= 0.388\,4 \times 2\,662.89 = 1\,034.27 \text{ 元/100 m}^2$$

习题 14

1. 某变电室，外墙面尺寸如图 14-7 所示，M：1 500 mm×2 000 mm；C1：1 500 mm× 1 500 mm；C2：1 200 mm×800 mm；门窗侧面宽度 100 mm，外墙水泥砂浆粘贴规格 194 mm ×94 mm 瓷质外墙砖，灰缝 5 mm，计算外墙面砖工程量，并套定额。

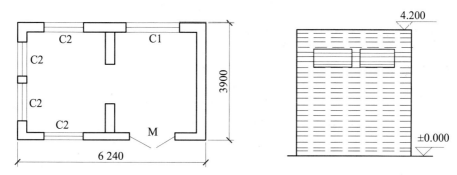

图 14-7 变电室外墙面装饰示意图

2. 某建筑平面如图 14-8 所示，墙厚 240 mm，室内净高 3.9 m，门：1 500 mm×2 700 mm，附墙柱：400 mm×160 mm，试计算南立面墙内侧抹灰工程量。

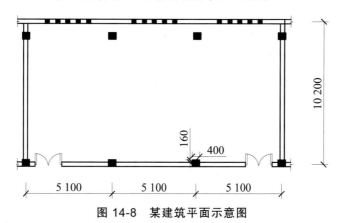

图 14-8 某建筑平面示意图

3. 试简述抹灰长度和抹灰高度的计算？

4. 木龙骨基层如何计算？

第 15 章　天棚工程量计算与定额应用

【学习要点】

（1）了解天棚的概念及分类。

（2）熟悉装饰天棚的工程量计算规则及计算方法、天棚定额子目的套用。

（3）掌握天棚抹灰工程量的计算规则及计算方法。

15.1　基本问题

15.1.1　天棚的概念及分类

1. 天棚的概念

天棚又称顶棚、吊顶、天花板、平顶，是室内空间的顶界面。选用不同的天棚处理方法，可以取得不同的空间感觉，还可以延伸和扩大空间感，给人的视觉起导向作用，此外，天棚还具有保温、隔热、隔音和吸音的作用。

2. 天棚的分类

天棚按设置分为屋架下天棚和混凝土板下天棚，按结构形式分为整体式天棚、活动式装配天棚、隐蔽式装配天棚和开敞式天棚，按主要材料可分为板材天棚、轻钢龙骨天棚、铝合金天棚、玻璃天棚。

15.1.2　天棚工程定额项目划分

《云南省房屋建筑与装饰装修工程消耗量定额》中天棚装饰工程定额项目的划分如表 15-1 所示。

表 15-1　天棚工程定额项目划分一览表

分节名称	小节名称	子目数
一、天棚抹灰		01110001—01110012
二、平面、跌级天棚	1. 天棚龙骨	01110013—01110089
	2. 天棚基层	01110090—01110104
	3. 天棚面层	01110105—01110177
	4. 天棚灯槽	01110178—01110181

续表 15-1

分节名称		小节名称	子目数
三、其他天棚（龙骨和面层）		1. 烤漆龙骨天棚	01110182
		2. 铝合金格栅天棚	01110183—01110187
		3. 玻璃采光天棚	01110188—01110192
		4. 耐力板拱廊式采光天棚	01110193—01110194
		5. 木格栅天棚	01110195—01110202
		6. 其他天棚	01110203—01110210
四、其 他		1. 天棚设置保温吸音层	01110211—01110213
		2. 天棚设置防潮层	01110214—01110216
		3. 嵌缝	01110217
合 计	4	14	217

15.2 天棚工程工作内容及定额应用说明

15.2.1 天棚工程工作内容

1. 天棚抹灰工作内容

天棚抹灰工作内容包括清理修补基层表面、堵墙眼、调运砂浆、清扫落地灰、抹灰、找平、罩面及压光，包括天棚、墙角抹光、混凝土。

2. 平面、跌级天棚工作内容

（1）天棚龙骨工作内容：

① 对剖圆木楞工作内容：定位、选料、下料、制安、刷防腐油等。

② 方木楞工作内容：制安木楞、搁在砖墙的楞头、木砖刷防腐油等。

③ 轻钢龙骨工作内容：吊件加工、安装、弹线、射钉；选料、下料、定位杆控制高度、平整、安装龙骨及吊配附件、孔洞预留等；临时加固、调整、校正；灯箱风口封边龙骨设置；预留位置、整体调整等。

④ 铝合金龙骨工作内容：定位、弹线、射钉、膨胀螺栓及吊筋安装；选料、下料组装；安装龙骨及吊配附件、临时加固支撑、孔洞预留、安封边龙骨、调整、校正等。

⑤ 型钢龙骨工作内容：清理基层、定位、弹线、射钉、打眼、安膨胀螺栓及吊杆；切割下料、焊接组装、刷防锈漆，吊挂安装、临时加固支撑、孔洞预留、调整、校正等。

（2）天棚基层工作内容：下料裁板、安装天棚基层等。

（3）天棚面层工作内容：安装天棚面层等全套工序。

（4）天棚灯槽工作内容：定位、弹线、下料、钻孔埋木楔、灯槽制安等全套工序。

3. 其他天棚工作内容

（1）烤漆龙骨天棚工作内容：吊件加工、安装、定位、弹线、安装螺栓；选料、下料、定位杆控制高度、平整、安装龙骨及吊配附件、孔洞预留等；临时加固、调整、校正；灯箱风口封边龙骨设置；预留位置、整体调整等。

（2）铝合金格栅天棚工作内容：定位、弹线、安装螺栓及吊筋安装；选料、下料、组装；安装龙骨及吊配附件、临时加固支撑、预留孔洞、安封边龙骨；调整、校正；吊、安天棚面层等。

（3）玻璃采光天棚工作内容：制安骨架、安装天棚面层、玻璃磨砂打边等。

（4）耐力板拱廊式采光天棚工作内容：定位、弹线、安装螺栓及预埋件、选配料；简支梁制作安装；临时固定校正；安装连接件，安面板、打胶、净面等。

（5）木格栅天棚工作内容：定位、弹线、下料、制作、安装等。

（6）其他天棚工作内容：安装网架、安装天棚面层等。

4. 其他

（1）天棚设置保温吸音层工作内容：玻璃棉装袋，铺设保温吸音材料、固定等。

（2）天棚设置防潮层工作内容：清理龙骨架、铺设防潮层等。

（3）嵌缝工作内容：贴绷带、刮嵌缝膏等。

15.2.2 天棚工程定额应用说明

（1）天棚抹灰定额应用说明。

① 砂浆配合比与设计不同时，可以换算；抹灰厚度不得调整。

② 天棚抹灰考虑了抹小圆角的人工、材料，不得另计。

③ 装饰线的道数以一个突出的棱角为一道线，如图 15-1 所示。

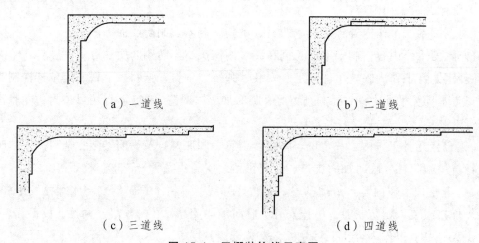

（a）一道线　　　　　　　　　　　（b）二道线

（c）三道线　　　　　　　　　　　（d）四道线

图 15-1　天棚装饰线示意图

④ 带密肋小梁及井字梁混凝土天棚抹灰，按混凝土天棚抹灰子目执行，人工增加 5.11 工日/100 m^2，如图 15-2、15-3 所示。

图 15-2　井字梁混凝土天棚抹灰　　　　15-3　密肋小梁混凝土天棚抹灰

　　⑤ 混凝土顶面腻子定额子目仅适用于混凝土平整度质量达到抹灰验收规范的标准，需补刮腻子不抹灰的情况。

　　⑥ 天棚抹灰中聚合物母料的添加料按每 1 000 kg 水泥添加 9 kg 聚合物母料，配装损耗按 2%。

　　（2）除本章定额龙骨、基层、面层合并列项的子目外，其余子目均按天棚龙骨、基层、面层分别列项编制。

　　（3）本章龙骨基层的消耗量，材质及面层的材质与设计要求不同时，材料可以调整，但人工、机械不变。

　　（4）天棚面层划分：在同一房间内，在同一平面的为平面天棚，不在同一平面的为跌级天棚，跌级天棚其面层人工乘以系数 1.1。

　　（5）轻钢龙骨、铝合金龙骨分为单层和双层结构，本分部定额是按双层结构（即中、小龙骨等贴大龙骨底面吊顶）编制的。如为单层结构（大、中龙骨底面在同一水平上）时，人工定额量乘以系数 0.85。

　　（6）本章定额中的平面天棚和跌级天棚指直线型天棚，不包括灯光槽的制安，灯光槽的制安应按本章定额相应子目执行。

　　（7）天棚龙骨、基层、面层的防火处理，应按《云南省房屋建筑与装饰工程消耗量定额》第十二章（油漆、涂料、裱糊工程）相应子目执行。

　　（8）天棚龙骨材料栏内凡以平方米为计量单位的龙骨均含配件。

　　（9）铝塑板饰面天棚中铝塑板折边消耗量已含在定额消耗量中。

　　（10）龙骨基层的吊筋安装工艺与定额取定不同时，当在混凝土板上安装膨胀螺栓吊筋时，按相应项目每平方米增加人工 0.034 工日，在砖墙打洞搁放骨架时，按相应天棚项目每平方米增加人工 0.014 工日。

　　（11）天棚面层铝塑板饰面铆固在铝方管上定额子目已包含龙骨制作。

　　（12）不上人型天棚骨架改全预埋时，人工增加 0.97 工日/100 m²，减去定额中的射钉（膨胀螺栓、合金钻头）用量，增加吊筋用量 30 kg/100 m²。

　　（13）型钢天棚龙骨按热镀锌型钢考虑，如使用其他型钢可以换算；焊点补刷油漆按防锈漆考虑，如为其他油漆，可替换油漆品种。

（14）复合式烤漆 T 型龙骨矿棉吸音板吊顶按 T 型铝合金龙骨、矿棉板面层分别套用相应定额子目。

（15）假梁、软膜吊顶可根据设计要求对龙骨、面层分别套用相应的定额子目。

15.3 天棚工程量计算规则

15.3.1 天棚抹灰工程量

（1）天棚抹灰按设计图示尺寸的水平投影面积以平方米计算，如图 15-4 所示，不扣除间壁墙、垛、柱、附墙烟囱、检查口和管道所占面积。带梁天棚，梁两侧抹灰面积，并入天棚抹灰面积内。板式楼梯底面抹灰按斜面积以平方米计算，如图 15-5 所示。锯齿形楼梯底板抹灰按展开面积以平方米计算。

图 15-4　天棚抹灰示意图

图 15-5　板式楼梯底面抹灰示意图

（2）井字梁和密肋梁天棚抹灰面积，按展开面积计算，如图 15-2、15-3 所示。

（3）天棚抹灰如带有装饰线时，区别三道线以内或五道线以内按延长米计算。线角以一个突出的棱角为一道线，如图 15-1 所示。

（4）檐口天棚的抹灰面积，并入相应的天棚抹灰工程量计算，如图 15-6 所示。

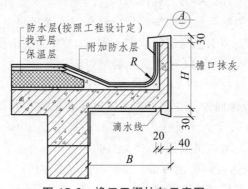

图 15-6　檐口天棚抹灰示意图

15.3.2 吊顶天棚工程量

（1）吊顶天棚龙骨按设计图示尺寸的水平投影面积以平方米计算，如图15-7所示，不扣除间壁墙、垛、柱、附墙烟囱、检查口和管道所占面积。

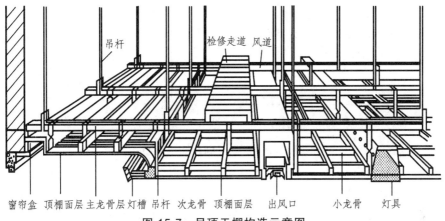

图15-7 吊顶天棚构造示意图

（2）吊顶天棚龙骨基层及装饰面层，按墙间实钉（胶）面积以平方米计算，不扣除检查口、附墙烟囱、风道和管道所占面积，但应扣除0.3 m²以上的孔洞、独立柱及与天棚相连的窗帘盒所占的面积。跌级天棚立口部分按图示尺寸计算并入天棚基层及面层。

（3）本章定额中，龙骨、基层、面层合并列项的子目，工程量计算规则同第2条。

（4）楼梯底面的装饰工程量：

① 板式楼梯按水平投影面积乘以系数1.15计算。

② 梁式及螺旋楼梯按展开面积以平方米计算。

（5）镶贴镜面按实贴面积以平方米计算。

（6）灯光槽、铝扣板收边线按延长米计算，石膏板嵌缝按石膏板面积计算。

（7）天棚内保温层、防潮层按实铺面积以平方米计算。

（8）格栅吊顶、藤条悬挂吊顶、吊筒式吊顶按设计图示尺寸的水平投影面积以平方米计算。

（9）拱廊式采光天棚按设计图示尺寸展开面积以平方米计算。其余采光天棚、雨篷按设计图示尺寸的水平投影以平方米计算。

15.4 计算实例

【例15-1】 试计算如图15-8所示天棚工程量并列出定额编号。已知：房1天棚为300×300石膏板配以不上人型装配式T型铝合金龙骨一级天棚，窗帘盒面积0.4 m²。房2、房3为预制混凝土板底抹混合砂浆天棚，刮双飞粉两遍，刷乳胶漆两遍。

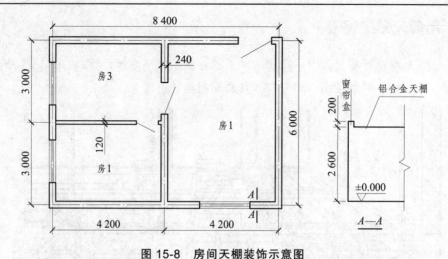

图 15-8　房间天棚装饰示意图

【解】　（1）房 1 不上人型装配式 T 型铝合金天棚龙骨，定额编号：01110051。

$(6.0 - 0.24) \times (4.2 - 0.24) = 22.81 \ \text{m}^2$

（2）房 1 天棚用 300×300 石膏板，定额编号：01110121。

$(6.0 - 0.24) \times (4.2 - 0.24) - 0.4 = 22.41 \ \text{m}^2$

（3）房 2、3 预制混凝土底抹混合砂浆天棚，定额编号：01110006。

$(6.0 - 0.24) \times (4.2 - 0.24) = 22.81 \ \text{m}^2$

（4）房 2、3 天棚刮双飞粉两遍，定额编号：01120267。

$(6.0 - 0.24) \times (4.2 - 0.24) = 22.81 \ \text{m}^2$

（5）房 2、3 刷乳胶漆两遍，定额编号：01120271。

$(6.0 - 0.24) \times (4.2 - 0.24) = 22.81 \ \text{m}^2$

【例 15-2】　会议室天棚平面尺寸如图 15-9 所示，该天棚材料为不上人型轻钢龙骨，2440×1220×10 石膏板面层，跌级吊顶，高差为 300 mm。试计算上述两项工程量并确定定额编号。

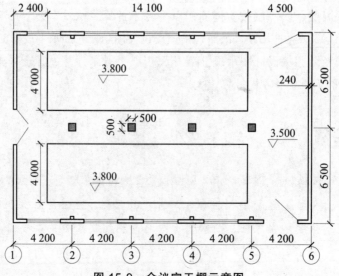

图 15-9　会议室天棚示意图

【**解**】　（1）龙骨工程量，定额编号：01110034。

$(4.2 \times 5 - 0.24) \times (6.5 \times 2 - 0.24) = 264.90 \text{ m}^2$

（2）面层工程量，定额编号：01110120。

$264.90 + (14.1 + 4) \times 2 \times 2 \times 0.3 - 0.5 \times 0.5 \times 4 = 285.62 \text{ m}^2$

【**例 15-3**】　计算图 15-10 所示现浇雨篷装饰工程量。

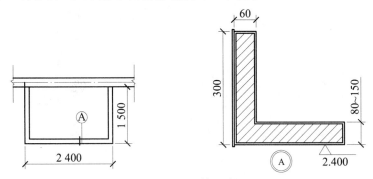

图 15-10　雨篷示意图

已知：雨篷顶面、底面均为 1:3 水泥砂浆抹灰，底面刷 106 涂料三遍，反沿外立面镶贴釉面砖，灰缝 8 mm。

【**解**】　工程量计算：

（1）顶面抹灰：$2.4 \times 1.5 \times 1.2 = 4.32 \text{ m}^2$

（2）底面抹灰：$2.4 \times 1.5 = 3.6 \text{ m}^2$

（3）反沿外立面贴面砖：$(2.4 + 1.5 \times 2) \times 0.3 = 1.62 \text{ m}^2$

（4）雨篷底面刷 106 涂料：$2.4 \times 1.5 = 3.6 \text{ m}^2$

习题 15

1. 试计算如图 15-10 所示会议室天棚装饰工程量，并写出定额编号。

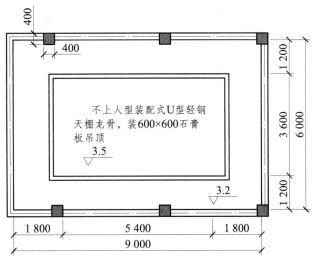

图 15-11　会议室天棚示意图

2. 如图 15-12、图 15-13 所示某单层建筑物安装吊顶，采用不上人 U 型轻钢龙骨及 600×600 的石膏板面层。其中小房间为一级吊顶，大房间为二级吊顶，大房间剖面如图 15-12 所示。试列项计算天棚工程的工程量并写出定额编号。

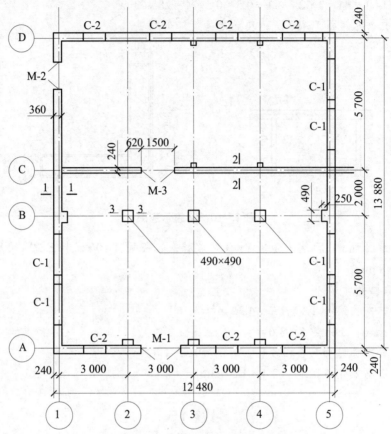

图 15-12　单层建筑物平面图

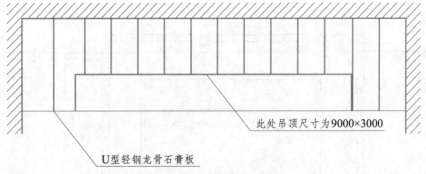

图 15-13　吊顶剖面图

第16章 油漆、涂料、裱糊工程量计算与定额应用

【学习要点】

（1）了解油漆，涂料、裱糊工程的施工工艺。

（2）熟悉油漆、喷涂、裱糊工程量计算规则、计算方法及定额子目套用。

16.1 基础知识

（1）建筑工程常用油漆种类有：调和漆，大量应用于室内外装饰；清漆，多用于室内装饰；厚漆（铅油），常用作底油；清油，常用作木门窗、木装饰的面漆或底漆；磁漆，多用于室内木制品、金属物件上；防锈漆，主要用于钢结构表面防锈打底。

（2）涂料主要由主要成膜物质、次要成膜物质及辅助成膜物质组成。根据建筑物涂刷部位的不同，建筑涂料可划分为外墙涂料、内墙涂料、地面涂料、天棚涂料和屋面涂料等。根据状态的不同，建筑涂料可分为溶剂型涂料、水溶性涂料、乳液型涂料和粉末涂料等。

（3）裱糊类饰面是指用墙纸墙布、丝绒锦缎、微薄木等材料，通过裱糊方式覆盖在外表面作为饰面层的墙面，裱糊类装饰一般只用于室内，可以是室内墙面、天棚或其他构配件表面。

（4）油漆项目按基层不同分为木材面油漆、金属面油漆和抹灰面油漆，在此基础上，按油漆品种、刷漆部位分项。涂料、裱糊按涂刷、裱糊和装饰部位分项。项目划分如表16-1。

表 16-1 油漆、喷涂、裱糊工程项目划分表

按基层分	按漆种分	按油刷部位分
木材面油漆	调和漆、磁漆、清漆、醇酸磁漆、硝基清漆、丙烯酸清漆、过氯乙烯清漆、防火漆熟铜油、广（生）漆、地板漆	单层木门、单层木窗、木扶手、其他木材面、木地板
金属面油漆	调和漆、醇酸清漆、过氯乙烯清漆、沥青漆、红丹防锈漆、银粉漆、防火漆、臭油水	单层钢门窗、其他金属面
抹灰面油漆	调和漆、乳胶漆、水性水泥漆、画石纹、做假木纹	墙柱天棚抹灰面、拉毛面
喷塑	一塑三油	墙柱面、天棚面
喷（刷）涂料	JH801涂料、仿瓷涂料（双飞粉）、多彩涂料、采砂喷涂、砂胶涂料、106涂料、803涂料、107胶水泥彩色地面、777涂料席纹地面、177涂料乳液罩面、刷白水泥浆、刷石灰油浆、刷石灰浆、刷石灰大白浆、刷大白浆	抹灰墙柱面、装饰线条
裱糊	墙纸、金属墙纸、织锦缎	墙面、梁柱面、天棚面

16.2　油漆、喷涂、裱糊工程定额内容

《云南省房屋建筑与装饰工程消耗量定额》（DBJ53/T-61—2013）第十二章油漆、涂料、裱糊工程定额规定：

（1）本章含有木材面油漆、钢门窗厂库门油漆、抹灰面油漆、涂料裱糊、零星共五个部分，294 条定额子目。

（2）本章定额刷涂、刷油采用手工操作，喷塑、喷涂采用机械操作。操作方法不同时，不予调整。

（3）油漆浅、中、深各种颜色，已综合在定额内，颜色不同，不另调整。

（4）本章定额在同一平面上的分色及门窗内外分色已综合考虑。如需做美术图案时，另行计算。

（5）钢门窗、厂库门等油漆执行本章单层门窗定额。钢结构金属面油漆的说明与计算规则按《云南省安装工程消耗量定额第十三册-通用册》（DBJ53/T-61—2013）中的相关规定执行。

（6）隔墙、护壁、柱、天棚面层及木地板刷防火涂料，执行其他木材面刷防火涂料相应子目。

（7）本章定额中的单层木门刷油是按双面刷油考虑的，如采用单面刷油，其定额量乘以系数 0.49。

（8）抹灰面油漆中的乳胶漆二遍、喷（刷）刮涂料中的刷白水泥浆二遍、刷石灰油浆二遍的其他小面积构件是指阳台、雨篷、窗间墙、隔板、清水墙腰线、檐口线、门窗套、窗台板等。

（9）木楼梯油漆，按水平投影面积乘以系数 2.3，执行木地板相应子目。

（10）墙面贴装饰纸若在双飞粉面及腻子基层面上裱糊时人工扣减 4 工日/100 m^2，同时扣减相应子目中的大白粉、酚醛清漆、油漆溶剂油、羧甲基纤维素。（柱面、天棚均执行本条规定）

16.3　油漆、喷涂、裱糊工程量计算规则与定额应用

16.3.1　油漆、喷涂、裱糊工程量计算规则

（1）楼地面、天棚面、墙、柱、梁面的喷（刷）涂料、室内抹灰面油漆及裱糊工程，均按楼面、天棚面、墙、柱、梁面装饰工程相应的工程量计算规则计算。

（2）木材面的工程量按相应的计算规则分别计算。

（3）定额中的隔墙、护壁、柱、天棚木龙骨及木地板中木龙骨带毛地板，刷防火涂料工程量计算规则如下：

① 隔墙、护壁木龙骨按其面层正立面一个投影面积以平方米计算。

② 柱木龙骨按其面层外围面积以平方米计算。

③ 天棚木龙骨按其水平投影面积以平方米计算。

④ 木地板中木龙骨带毛地板按地板面积以平方米计算。

（4）抹灰面油漆、喷（刷）涂料，按相应抹灰工程量计算规则计算。

（5）楼梯地面按展开面积以平方米计算。

（6）裱糊工程按实贴面积以平方米计算。

（7）外墙油漆、涂料按实刷面积以平方米计算。

16.3.2　油漆、喷涂、裱糊工程定额应用

木材面油漆、抹灰面油漆涂料双飞粉、钢门窗厂库门面等要求的工程量分别按表16-2、表16-3、表16-4所示规定计算后乘以表列系数，即：油漆涂料工程量＝被油刷对象的工程量×表中相应系数。工程量计算后执行相应的定额子目。

表 16-2　木材面油漆

项目名称	系数	工程量计算方法及执行定额
单层木门	1.00	按单面洞口面积计算 执行木门定额
双层（一玻一纱）	1.36	
双层（单裁口）木门	2.00	
单层全玻门	0.76	
木百叶门	1.25	
半玻门	0.88	
单层玻璃窗	1.00	按单面洞口面积计算 执行木窗定额
双层（一玻一纱）木窗	1.36	
双层框扇（单裁口）木窗	2.00	
双层框三层（二玻一纱）木窗	2.60	
单层组合窗	0.83	
双层组合窗	1.13	
木百叶窗	1.50	
木扶手（不带托板）	1.00	按延长米计算 执行木扶手定额
木扶手（带托板）	2.60	
窗帘盒	2.04	
封檐板、顺水板	1.74	
挂衣板、黑板框、单独木线条100 mm以外	0.52	
挂镜线、窗帘棍、单独木线条100 mm以内	0.35	
木板、纤维板、胶合板天棚	1.00	长×宽 执行其他木材面定额
木护墙、木墙裙	1.00	
窗台板、筒子板、盖板、门窗套、踢脚线	1.00	
清水板条天棚、檐口	1.07	

续表 16-2

项目名称	系数	工程量计算方法及执行定额
木方格吊顶天棚	1.20	长×宽 执行其他木材面定额
吸音板墙面、天棚面	0.87	
暖气罩	1.28	
木间壁、木隔断	1.90	单面外围面积 执行其他木材面定额
玻璃间壁露明墙筋	1.65	
木栅栏、木栏杆（带扶手）	1.82	
衣柜、壁柜	1.00	按实刷展开面积，执行其他木材面定额
零星木装修	1.10	展开面积，执行其他木材面定额
梁柱饰面	1.00	展开面积，执行其他木材面定额

表 16-3　抹灰面油漆、涂料、双飞粉

项目名称	系数	工程量计算方法
混凝土楼梯底（板式）	1.15	水平投影面积
混凝土楼梯底（梁式）	1.00	展开面积
混凝土花格窗、栏杆花饰	1.82	单面外围面积
楼地面、天棚、墙、柱、梁面	1.00	按相应抹灰工程量计算规则

表 16-4　钢门窗、厂库门面等油漆

项目名称	系数	工程量计算方法及执行定额
单层钢门窗	1.00	按洞口面积计算 执行单层门窗定额
双层（一玻一纱）钢门窗	1.48	
钢百叶钢门	2.74	
半截百叶钢门	2.22	
满钢门或包铁皮门	1.63	
钢折叠门	2.30	
射线防护门	2.96	框（扇）外围面积计算 执行单层门窗定额
厂库房平开、推拉门	1.70	
铁丝钢大门	0.81	
间壁	1.85	长×宽，执行单层门窗定额
平板屋面	0.74	斜长×宽，执行单层门窗定额
瓦笼板屋面	0.89	
排水、伸缩缝盖板	0.78	展开面积，执行单层门窗定额
吸气罩	1.63	水平投影面积，执行单层门窗定额

16.4　计算实例

【**例16-1**】　某工程室内装修，刷油漆的项目有：单层钢门（1.5 m×2 m）2 樘，单层木门（0.9 m×2 m）8 樘，半玻木门（0.7 m×2 m）4 樘，单层钢窗（1.5 m×1.5 m）6 樘，木百叶窗（0.6 m×0.6 m）2 樘，木窗帘盒（窗洞每边增加 100 mm）。以上项目木门窗刷底油、调和漆二遍，磁漆一遍；钢门窗刷红丹防锈漆一遍、调和漆二遍。求油漆工程量，并套用定额。

【**解**】

（1）各项目的工程量：

单层钢门工程量：$1.5 \times 2 \times 2 = 6 \ m^2$

单层木门工程量：$0.9 \times 2 \times 8 = 14.4 \ m^2$

单层半玻木门工程量：$0.7 \times 2 \times 4 = 5.6 \ m^2$

单层钢窗工程量：$1.5 \times 1.5 \times 6 = 13.5 \ m^2$

木百叶窗工程量：$0.6 \times 0.6 \times 2 = 0.72 \ m^2$

木窗帘盒工程量：$(1.5 + 2 \times 0.1) \times 6 + (0.6 + 2 \times 0.1) \times 2 = 10.2 + 1.6 = 11.8 \ m$

（2）油漆工程量，见表 16-5。

表 16-5　油漆工程量计算表

油漆项目	计量单位	工程量	油漆计算系数	油漆工程量	定额子目
单层钢门	m^2	6	1.00	6	01120173 + 01120174
单层木门	m^2	14.4	1.00	14.4	01120001
半玻木门	m^2	5.6	0.88	4.928	01120001
单层钢窗	m^2	13.5	1.00	13.5	01120173 + 01120174
木百叶窗	m^2	0.72	1.5	1.08	01120002
木窗帘盒	m	11.8	2.04	24.072	01120004

【**例16-2**】　某工程如图 16-1、图 16-2 所示，内墙抹灰面满刮腻子两遍，贴对花墙纸，挂镜线刷底油一遍，调和漆两遍；挂镜线以上及天棚刷仿瓷涂料两遍，挂镜线设在墙高 3.00 m 处，踢脚线高 150 mm。试计算墙纸裱糊、挂镜线油漆、内墙刷涂料、顶棚刷涂料工程量并套定额。

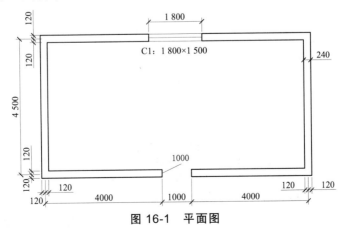

图 16-1　平面图

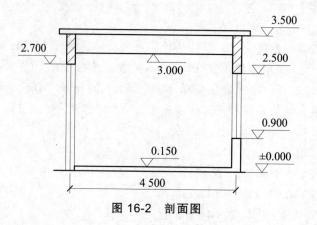

图 16-2　剖面图

【解】

（1）墙纸裱糊工程量：

$$S = (9-0.24+4.5-0.24)\times 2\times(3-0.15)-1.2\times(2.7-0.15)-1.8\times1.5+$$
$$[1.0+(2.7-0.15)\times2+(1.8+1.5)\times2]\times0.12$$
$$= 69.978\ \text{m}^2$$

套定额：01120276。

（2）挂镜线油漆工程量：

$$L = (9-0.24+4.5-0.24)\times 2 = 26.04\ \text{m}$$

工程量乘以系数 0.35，套定额：01120004。

（3）刷涂料工程量：

① 天棚刷涂料工程量：

$$S = (9-0.24)\times(4.5-0.24) = 37.318\ \text{m}^2$$

套定额：01120267。

② 室内墙面刷涂料工程量：

$$S = [(9-0.24)+(4.5-0.24)]\times 2\times(3.5-3) = 13.02\ \text{m}^2$$

套定额：01120266。

习题 16

1. 如图 16-3、图 16-4 所示室内装修，墙裙为木墙裙，刷底油、调和漆两遍，磁漆一遍。窗台高 0.9 m，门、窗洞口侧壁油漆宽 100 mm。地面为木地板，刷底油、油色、清漆两遍，门洞地面油漆宽 100 mm。计算木墙裙、木地板油漆工程量并套定额。

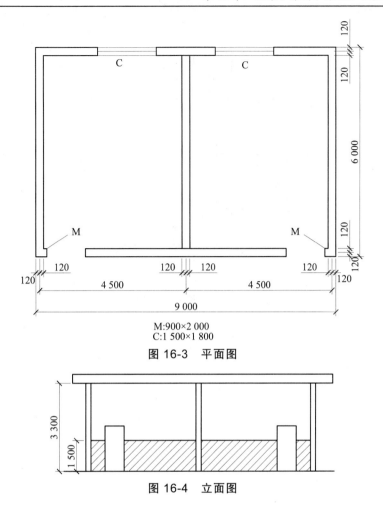

M:900×2 000
C:1 500×1 800

图 16-3　平面图

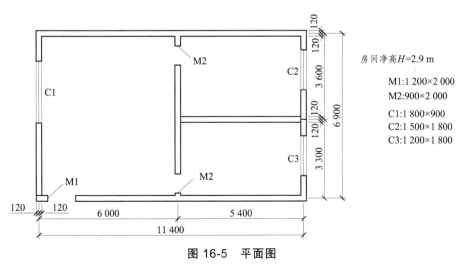

图 16-4　立面图

2. 室内装饰如图 16-5、图 16-6 所示,地面全铺木地板烫硬蜡面(本色);木踢脚线刷底油、清漆各两遍;室内墙面贴墙纸(对花),门窗侧壁不贴;天棚抹灰面双飞粉上刷乳胶漆各两遍。试计算地面油漆、踢脚线油漆、贴墙纸、天棚粉刷工程量,并套定额。

房间净高H=2.9 m

M1:1 200×2 000
M2:900×2 000

C1:1 800×900
C2:1 500×1 800
C3:1 200×1 800

图 16-5　平面图

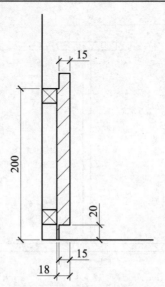

图 16-6　踢脚线详图

第17章　其他装饰工程量计算与定额应用

【学习要点】

（1）了解其他装饰工程所包含的项目内容。

（2）熟悉其他装饰工程项目的定额计算规则、其他装饰工程定额应用。

17.1　基本问题

相关概念：

（1）压条：饰面的平接面、相关面及对接面等衔接口处所用的板条。

（2）装饰线：分界面、层次面、封口面以及增添装饰效果而设立的板条。

17.2　其他装饰工程定额内容

其他装饰工程项目是指楼地面、墙柱面、天棚面、门窗、油漆涂料裱糊等分部不包含的装饰工程项目，主要有柜类、货架、压条、装饰线、扶手、栏杆、栏板、暖气罩、浴厕配件、雨篷吊挂饰面、旗杆、玻璃雨篷、招牌、灯箱、信报箱、美术字等内容。

17.3　其他装饰工程量计算规则与定额应用

17.3.1　定额计算规则

（1）招牌、灯箱。

① 平面招牌基层按正立面面积以平方米计算，复杂形的凹凸造型部分亦不增减。

② 沿雨篷、檐口、阳台走向的立式招牌基层，按展开面积计算。

③ 箱体招牌和竖式标箱的基层，按外围体积以立方米计算；突出箱外的灯饰、店徽及其他艺术装饰等均另行计算。

④ 灯箱的面层按实贴展开面积以平方米计算。

⑤ 广告牌钢骨架质量以吨计算。

（2）美术字安装按字的最大外围矩形面积以个计算。

（3）压条、装饰线条按实贴长度计算；成品装饰柱（GRC）按根计算。

（4）暖气罩（包括脚的高度在内）按边框外围尺寸正立面面积以平方米计算。

（5）镜面玻璃、盥洗室木镜箱制作安装以外围尺寸正立面面积以平方米计算。

（6）塑料镜箱、毛巾环、肥皂盒、金属帘子杆、浴缸拉手、毛巾杆安装以只（副）计算。

（7）不锈钢旗杆按根数计算。

（8）大理石洗漱台、成品钢化玻璃（或石材）洗漱台安装均按台面投影面积以平方米计算，异形按单块的外接最小矩形面积以平方米计算（不扣除孔洞挖弯、削角所占面积）。挡板、吊沿板面积并入台面面积内。钢化玻璃洗漱台，按设计图示数量以套计算。

（9）货架、柜橱类均以正立面的高度（包括脚的高度在内）乘以宽度按平方米计算；收银台、试衣间等以个计算；酒吧台、柜台等其他项目按台面中线长度以延长米计算。

（10）开孔、钻孔工程量，按设计图示数量以个计算。

（11）砖墙砌体封洞工程量，按设计图示尺寸按洞口体积以立方米计算。胶合板封洞工程量，按设计图示尺寸按洞口面积以平方米计算。

（12）石材磨边、开槽工程量，按设计图示长度以延长米计算。

17.3.2 定额说明应用

（1）本章定额项目在实际施工中使用的材料品种、规格与定额取定不同时，除招牌、货架、柜类可按设计调整材料用量、品种、规格外，其他只允许换算材料的品种、规格，但人工、机械不变。

（2）本章定额中铁件已包括刷防锈漆一遍。如设计需涂刷油漆、防火涂料按装饰油漆分部相应子目执行。

（3）招牌、灯箱基层：

① 平面招牌是指安装在门前墙面上的招牌。箱体招牌、竖式标箱是指固定在墙面上的六面体招牌。沿雨篷、檐口、阳台走向的立式招牌，按平面招牌复杂项目执行。

② 一般招牌和矩形招牌是指正立面平整无凸面的招牌；复杂招牌和异形招牌是指正立面有凹凸造型的招牌。

③ 招牌的灯饰均不包括在定额内。

（4）美术字安装：

① 美术字均以成品安装固定为准。

② 美术字不分字体均执行本章定额。

（5）装饰线条：

① 木装饰线、石膏装饰线均以成品安装为准。

② 石材装饰线条均以成品安装为准。石材装饰线条磨边、磨圆角均包括在成品的单价中，不再另计。

③ 装饰线条以墙面上直线安装为准，如墙面安装圆弧形，天棚安装直线形、圆弧形或其他图案者，按以下规定调整：

a. 天棚面安装直线装饰线条人工定额量乘以系数1.34。

b. 天棚面安装圆弧装饰线条人工定额量乘以系数1.60，材料定额量乘以系数1.10。

c. 墙面安装圆弧装饰线条人工定额量乘以系数1.20，材料定额量乘以系数1.16。

d. 装饰线条做艺术图案者，人工定额量乘以系数1.80，材料定额量乘以系数1.10。

（6）石材磨边及台面开孔子目均为现场磨制。

（7）暖气罩：挂板式是指钩挂在暖气片上的暖气罩；平墙式是指凹入墙面的暖气罩；明式是指凸出墙面的暖气罩；半凹半凸式按明式定额子目执行。

（8）浴厕配件装饰按成品装饰考虑，人工、机械用量已综合考虑。大理石洗漱台的安装已包括型钢支架安装，不包括石材磨边、倒角及开面盆洞口，如果另执行本章相应子目。

（9）货架、柜台类定额中未考虑面板拼花及饰面板上贴其他材料的花饰、造型艺术品。货架、柜类见《装饰定额》附图。

（10）不锈钢旗杆按高度 15 m 编制，实际高度不同时按比例调整人、材、机定额量。旗杆基础、旗杆台座及其装饰面另执行其他章节的相应子目。

（11）石材、瓷砖切割、倒角、磨边子目适用于本定额所有块料面层子目已考虑的块料加工以外的情况。切割子目中的石材、瓷砖消耗量可按实际调整。

（12）石材、瓷砖开孔子项目，按孔洞小于或等于 0.3 m^2 编制。当孔洞大于 0.3 m^2 时，按实计算石材、瓷砖的消耗量。

（13）石材、瓷砖开孔超过子目设定的周长时执行相应的切割子目。

17.4　计算实例

【例 17-1】　某高校新建一校区需采购 3 根长度为 15 m/根的旗杆，计算旗杆的定额工程量。

分析：定额中不锈钢旗杆按高度 15 m 编制，定额计算工程量中不锈钢旗杆按根数计算。

【解】　旗杆的定额工程量为：3 根。

【例 17-2】　某餐厅有 10 面规格为 12000×20000 的分界面，其四边均用装饰线粘贴。计算装饰线的定额工程量。

分析：定额中装饰线条按实贴长度计算。

【解】　装饰线的定额工程量为：

$$(12 + 20) \times 2 \times 10 = 640 \text{ m}$$

习题 17

1. 其他装饰工程项目包含哪些内容？
2. 简述其他装饰的工程量计算规则。

第 18 章　室外附属及构筑物工程量计算与定额应用

【学习要点】

（1）熟悉室外附属及构筑物工程量计算规则及计算方法。

（2）了解室外附属及构筑物工程量定额子目套用。

18.1　基本问题

1. 室外附属工程

室外附属工程主要指建筑物散水以外，不属于建筑物，但与建筑物的使用息息相关的部分，主要包括散水、坡道、台阶、排水沟、道路、场地、化粪池、污水斗、雨水斗、检查井、阀门井、水表井等。

2. 构筑物工程

构筑物是与人们生产和生活有关的，但不直接使用的建筑设施。构筑物工程主要包括池类、烟囱、水塔、冷却塔、造粒塔、储水（油）池、储仓、筒仓输送栈桥、井类、电梯井等内容。

（1）烟囱：土建工程的烟囱由基础、筒身、内衬、隔热层、烟道和附属设施等组成，分为钢筋混凝土烟囱和砖烟囱。

（2）水塔：由基础、塔身、水槽组成，按材料分为钢筋混凝土水塔和砖水塔，按形式分为普通水塔和倒锥壳水塔。

（3）贮水（油）池：由池底、池壁、池盖组成，有的池中间有立柱和隔墙。

（4）贮仓：由上部建筑、仓体、仓体支撑组成。上部建筑多用砖墙承重，为屋盖钢筋混凝土板；仓体是高大空心的圆柱体，包括顶板、立壁、漏斗，由钢筋混凝土浇筑而成；仓体支撑是贮仓的柱和基础。

18.2　室外附属及构筑物工程定额内容

《云南省房屋建筑与装饰工程消耗量定额》DBJ53/T-61—2013 第十四章室外附属及构筑物工程定额规定：

（1）本章含有道路及场地、零星工程、构筑物共三个部分，352 条定额子项。

（2）本章定额道路及场地部分，分路基（槽）整形，道路（场地）垫层和面层以及人行道侧缘石及其他。

（3）本章除路基盲沟外均不包括土方，土方另按第一章"土石方工程"相应子目计算。

（4）道路基层、道路垫层、道路面层已包括机械碾压，如采用其他机械时不作调整。

（5）块料面层路面如铺多边形砖时人工乘以 1.15 系数，铺拼图案砖时人工乘以 1.33 系数。

（6）零星工程包含室内零星工程（食堂清洗池、洗涤盆、盥洗台、水冲式厕所、小便槽踏步等）、室外零星工程（化粪池、排水沟、隔油池、各类井等）。本章零星项目主要采用标准图集常用型号，不得调整，非定额井、砖砌化粪池、隔油池等套用其他分部的相应子目。

（7）各类井、化粪池是按标准设计图集编制的，其定额中均已包括钢筋制安、模板制安、脚手架、井圈井盖及支座、运输等全部工程内容。定额中井盖均按铸铁编制，如设计不同时，可以调整。

（8）预制构件运输综合考虑 5 km。

（9）本章定额构筑物包括烟囱、水塔、储水（油）池、储仓、筒仓。

（10）钢筋混凝土烟囱定额有现浇混凝土滑模施工和商品混凝土滑模施工两种，根据筒身高度不同，又分为 60 m 以内、80 m 以内、100 m 以内、120 m 以内、150 m 以内、180 m 以内、210 m 以内。

（11）钢筋混凝土水塔定额有现浇混凝土施工和商品混凝土施工两种，根据水塔构造不同分为筒式塔身、柱式塔身、塔顶及槽底、水箱内外壁、回廊及平台。

（12）倒锥壳水塔定额有现浇混凝土施工和商品混凝土施工两种，根据滑模浇钢筋混凝土支筒高度不同，分为 20 m 以内、25 m 以内、30 m 以内。根据地面上浇水箱混凝土容积不同又分为 200 m³ 以内、300 m³ 以内、400 m³ 以内、500 m³ 以内。

（13）水箱提升分为 300 t 以内和 500 t 以内两种，根据提升高度不同又分为 20 m 以内、25 m 以内、30 m 以内。

（14）钢筋混凝土储水（油）池定额有现浇混凝土施工和商品混凝土施工两种，根据构造不同分为池底、池壁、立柱、无梁及肋形池盖、球形池盖沉淀池水槽、壁基梁。

（15）储仓定额有现浇混凝土施工和商品混凝土施工两种，根据构造不同分为底板、顶板、立壁、漏斗。

（16）筒仓定额有现浇混凝土滑模施工和商品混凝土滑模施工两种，根据高度 30 m 以内内径不同，又分为 8 m 以内、10 m 以内、12 m 以内、16 m 以内。

（17）检查井（化粪池）定额有现浇混凝土施工和商品混凝土施工两种，根据构造不同分为井（池）底、井（池）壁、井（池）顶。

（18）砖烟囱、水塔：根据构造不同分为 20 m 以内砖烟囱筒身高度、40 m 以内砖烟囱筒身高度、40 m 以外砖烟囱筒身高度、普通砖烟囱内衬、耐火砖烟囱内衬、耐酸砖烟囱内衬、普通砖烟道、耐火砖烟道、砖水塔。

（19）用钢滑升模板施工的烟囱、水塔及筒仓是按无井架施工计算的，并综合了操作平台，不再计算脚手架及竖井架；烟囱、水塔提升，模板使用的钢爬杆用量，是按 100%摊销计算的，筒仓是按 50%摊销计算的，设计要求不同时，另行换算。

（20）烟囱钢滑升模板项目均已包括烟囱筒身、牛腿、烟道口；水塔钢滑升模板均已包括直筒、门窗洞口等模板用量。

（21）倒锥壳水塔钢滑升模板项目，也适用于一般水塔塔身滑升模板工程。

（22）凡本章定额未列入的通用子目，均按定额的其他章相应项目规定计算，计算中除土方、基础、垫层、0.00 以下的构件制作、场外运输及脚手架项目外，人工和机械乘以系数 1.25。

（23）沟算子中的塑料、不锈钢、铸铁算子均按成品考虑，钢筋算子按现场制作考虑。

（24）烟囱铁梯、围杆及紧箍圈的制作、安装及刷油，按有关章节相应项目计算。水塔砌体内加固钢筋、钢梯、围栏、铁件制作、安装及刷油等项目，按有关章节的相应项目计算。贮仓中框架柱、圈梁、砖砌体、基础、楼梯等项目按有关章节相应项目计算。

18.3 室外附属及构筑物工程量计算规则与定额应用

18.3.1 工程量计算规则

1. 道路工程

（1）道路宽度计算：路面、路槽垫层、基层按设计宽度计算，设计未注明时，按设计路面宽度每侧增加 25 cm 计算。

（2）人工挖路槽项目部分土壤类别已综合考虑。路床（槽）碾压按设计道路基层底宽乘以路床（槽）长度以平方米计算，不扣除各类井所占面积。

（3）盲沟按设计图示尺寸以延长米计算。

（4）道路基层：按设计图示尺寸以平方米计算，扣除树池面积，不扣除各类井所占面积；道路基层设计截面如为梯形时，应按其截面平均宽度计算面积。

（5）道路面层：按设计图示尺寸以平方米计算，沥青混凝土、水泥混凝土及其他路面按设计图示尺寸以平方米计算（包括转弯面积），不扣除各类井所占面积，带平石的面层应扣除平石所占面积。

（6）伸缝：按设计长度乘以设计深度以平方米计算；缩缝：按设计图示尺寸以平方米计算。

（7）混凝土路面边缘加固项目中已包括双面加固的工料，计算工程量时按单边长以延长米计算，T 形交叉部分的侧边缘加固长度，应按加固长度的 1/2 计算，等厚式加固的钢筋用量，应按设计规定计算，套用"混凝土及钢筋混凝土工程"的相应项目。

（8）人行道板铺设、铺砖按设计图示以平方米计算，扣除树池面积，不扣除各类井所占面积。

（9）人行道板垫层按设计图示尺寸以平方米计算。

（10）侧缘石垫层按设计图示尺寸以立方米计算。

（11）安砌侧（平缘）石按设计图示中心线长度以延长米计算。

（12）侧缘石后座混凝土按设计图示尺寸以立方米计算，模板制安按实际接触面积以平方米计算。

（13）树池砌筑按设计图示中心线长度以延长米计算。

2. 室内外零星工程

（1）食堂清洗池、洗涤盆、拖布池、污水斗、盥洗台按个计算。

（2）成人小便槽按延长米计算；水冲沟槽式厕所按间计算。

（3）定型井按不同井深、井径以"座"计算。

（4）砖砌化粪池、隔油池等按不同池深、容积以"座"计算。

（5）排水沟按延长米计算。

3. 烟囱及烟道

（1）砖烟囱基层：按设计图示尺寸以立方米计算，扣除钢筋混凝土地梁（圈梁）所占体积，不扣除嵌入基础内钢筋、铁件、基础砂浆防潮层和单个面积≤0.3 m² 的孔洞所占体积。

（2）砖烟囱筒壁：按设计图示尺寸以立方米计算，扣除各种孔洞、钢筋混凝土圈梁、过梁等所占体积。

（3）砖烟道口加固框、烟囱顶部圈梁：按设计图示尺寸以立方米计算，不扣除构件内钢筋、预埋铁件所占体积。

（4）砖烟道、烟囱内衬按不同内衬材料并扣除孔洞后，按图示实体体积以立方米计算。

（5）砖烟囱的钢筋混凝土圈梁和过梁，应按实体体积以立方米计算，分别套用本章相应项目。

（6）烟道：按设计图示尺寸以立方米计算。

（7）烟道砖砌：烟道与炉体的划分以第一道闸门为准，炉体内的烟道部分列入炉体工程量计算。

（8）烟道预制顶板：按设计图示尺寸以立方米计算，不扣除构件内钢筋、预埋铁件所占体积。

（9）钢筋混凝土烟囱基础、烟囱筒壁：按设计图示尺寸以立方米计算，不扣除构件内钢筋、预埋件及单个面积≤0.3 m² 的孔洞所占面积，钢筋混凝土烟囱基础包括基础底板及筒座，筒座以上为筒壁。

（10）钢筋混凝土烟囱隔热层、烟囱内衬：按设计图示尺寸以立方米计算。

（11）钢筋混凝土烟道、烟囱内衬按不同内衬材料并扣除孔洞后，按图示实体体积立方米计算。

4. 水　塔

（1）水塔基础：按设计图示尺寸以立方米计算，不扣除构件内钢筋、预埋铁件和伸入承台基础的桩头所占体积。

（2）水塔塔身、水箱、环梁：按设计图示尺寸以立方米计算，不扣除构件内钢筋、预埋铁件及单个面积≤0.3 m² 的孔洞所占体积，依附于塔身的过梁、雨篷、挑檐等应并入塔身体积内。

（3）钢筋混凝土水塔基础按实体体积以立方米计算，钢筋混凝土筒式塔身以钢筋混凝土基础扩大顶面为分界线，以上为塔身，以下为基础，柱式塔身以柱脚与基础底板或梁交接处为分界线，以上为塔身，以下为基础。与基础底板相连的梁，并入基础内计算。

（4）钢筋混凝土水塔筒身与槽底的分界，以与槽底相连的圈梁底为界，圈梁底以上为槽底，以下为筒身。

（5）钢筋混凝土筒式塔身按实体体积以立方米计算，扣除门窗洞口所占体积，依附于筒身的过梁、雨篷、挑檐等，工程量并入筒身体积内计算；柱式塔，不分柱、梁和直柱、斜柱，均以实体体积合并计算。

（6）砖水箱（槽）内外壁，部分壁厚，均按图示砌体体积以立方米计算。

5. 储水（油）池

（1）池底板、池壁、池顶板、池内柱、池隔墙：按设计图示尺寸以立方米计算，不扣除构件内钢筋、预埋铁件及单个面积 ≤ 0.3 m^2 的孔洞所占体积。

（2）池底不分平底、坡底、锥形底，均按池底项目计算。平底包括池壁下部的扩大部分，锥形底应算至壁基梁地面。无壁基梁时算至锥形底坡的上口。

（3）壁基梁系指池壁与坡底或锥底上相衔接的池壁基础梁，壁基梁的高度为梁底至池壁下部的底面，若与锥形底链接时，应算至梁的底面。

（4）无梁盖柱的柱高，应自池底表面算至池盖的下表面，包括柱座、柱帽的体积。

（5）池壁应分不同厚度计算（池壁厚度按平均厚度计算），其高度不包括池壁上下处的扩大部分。无扩大部分时，应算至梁的地面。

（6）无梁盖包括与池壁相连的扩大部分的体积，肋形盖应包括主、次梁及盖部分的体积；球形盖应自池壁顶面以上包括边侧梁的体积在内。

（7）各类池盖中的进入孔、透气管、水泥盖以及与盖相连的混凝土结构，均应与池盖体积合并计算。

6. 砖（石）储水（油）池

（1）砖（石）储水（油）池不分圆形或矩形，按相应项目计算。

（2）砖（石）储水（油）池的独立柱，按相应项目计算，如有钢筋混凝土柱或混凝土柱，按混凝土及钢筋混凝土工程相应项目计算。

（3）砖砌井、池壁不分壁厚均按不同深度以立方米计算，洞口上的砖平、拱喧等并入砌体体积内计算。

7. 储 仓

（1）储仓基础：按设计图示尺寸以立方米计算，不扣除构件内钢筋、预埋铁件和伸入承台基础的桩头所占体积。

（2）储仓底板、仓壁、仓顶板：按设计图示尺寸以立方米计算，不扣除构件内钢筋、预埋铁件及单个面积 ≤ 0.3 m^2 的孔洞所占体积。

（3）储仓内柱：按设计图示尺寸以立方米计算，不扣除构件内钢筋、预埋铁件所占体积。

柱高：①有梁板的柱高，应按柱基上表面至有梁板上表面之间的高度计算；②无梁板的柱高，应按柱基上表面至柱帽下表面之间的高度计算。

（4）储仓内墙：按设计图示尺寸以立方米计算，不扣除构件内钢筋、预埋铁件及单个面积 ≤ 0.3 m^2 的孔洞所占体积，墙垛及突出墙面部分并入墙体体积内计算。

（5）储仓底填料：按设计图示尺寸以立方米计算。

（6）储仓漏斗：按设计图示尺寸以立方米计算，不扣除构件内钢筋、预埋铁件及单个面积≤0.3 m² 的孔洞所占体积，仓壁和漏斗按相互交点的水平线为分界线，漏斗上口圈梁并入工程量。

（7）矩形储仓分立壁和斜壁。各按不同厚度计算体积。立壁和斜壁的分界线按相互交点的水平线为分界线，壁上圈梁并入斜壁工程量内，基础、支持漏斗的柱和柱间的连系和柱间的连系梁分别按本章的相应项目计算。

（8）圆仓工程量应分仓基础板、仓顶板、仓壁等部分计算。圆仓壁高度应自基础板顶面算至仓顶板地面，扣除 0.05 m² 以上的孔洞。

（9）圆形造粒塔筒壁由框架顶圈上表面起计算，方形楼梯井壁由塔外地坪起计算，扣除大于 0.3 m² 的孔洞以实体体积计算。

18.3.2 定额应用

（1）对于厂区（规划红线范围）内的道路，与本章定额所采用的图集不一致，采用市政工程标准时，可借用市政工程消耗量定额中的相关定额子目，但取费按专业工程取费的相关规定进行。

（2）实际工程的各类井、池、槽、化粪池，与本章定额所采用的图集不一致，但与市政工程定额中所采用的图集一致时，可借用市政工程消耗量定额中的相关定额子目；与市政工程定额中所采用的图集不一致时，按非标构件处理，定额套用建筑工程消耗量定额中的相关子目，但取费按专业工程取费的相关规定进行。

（3）非定型井、砖砌化粪池、隔油池等套用其他分部的相应子目。

（4）本章定额中的混凝土井、池、槽、化粪池，模板及脚手架均综合相应的定额子目中，不再重复计算。

18.4 计算实例

【例 18-1】 如图 18-1、图 18-2 所示，散水详西南 11J812-P4-④，100 mm 厚 C15 现场搅拌混凝土提浆抹面，宽度为 600 mm，地沟详西南 11J812-P3-1a，砖地沟，台阶为 C20 现浇混凝土台阶，室外无覆土钢筋混凝土化粪池 1 座，详 03S702-2 m³。试计算散水、地沟、台阶、钢筋混凝土化粪池工程量，并套用定额（土方不计）。

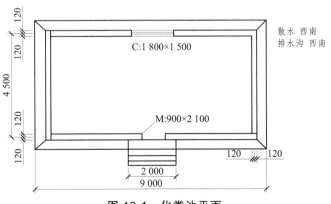

图 18-1 化粪池平面

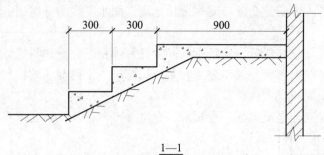

1—1

图 18-2　化粪池剖面

【解】

（1）散水定额工程量：

$$S = (9 + 0.24 + 0.3 \times 2 + 4.5 + 0.24 + 0.3 \times 2) \times 2 \times 0.6 - 2 \times 0.6 = 17.016 \text{ m}^2$$

套定额 01090040 + 01090037 × 8。

（2）地沟定额工程量：

$$L = (9 + 0.24 + 0.6 \times 2 + 0.13 \times 2 + 4.5 + 0.24 + 0.6 \times 2 + 0.13 \times 2) \times 2 - 2 = 31.8 \text{ m}$$

套定额 01140221。

（3）台阶定额工程量：

$$S = 3 \times 0.9 \times 2 = 5.4 \text{ m}^2$$

套定额 01050064。

（4）钢筋混凝土化粪池工程量：1 座。

套定额 01140169。

习题 18

1. 如图 18-3、图 18-4 所示钢筋混凝土水池，现浇商品混凝土 C25，计算其混凝土定额工程量，并套用定额。

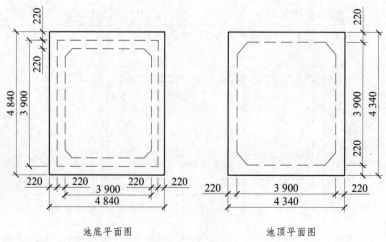

池底平面图　　　　　池顶平面图

图 18-3　水池平面

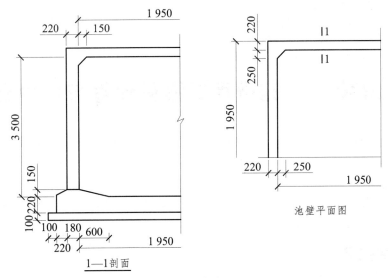

图 18-4　水池立面

2. 简述道路工程的工程量计算规则。

第 19 章　措施项目工程量计算与定额应用

【学习要点】

（1）熟悉措施项目费的分类。

（2）掌握措施项目费的工程量计算规则及计算方法、措施项目费定额子目套用。

19.1　基本问题

根据 2013 版《建设工程工程量清单计价规范》，措施项目的解释为"为完成工程项目施工，发生于该工程施工准备和施工过程的技术、生活、安全、环境保护等方面的非工程实体项目"。措施项目费分为总价项目措施费和单价项目措施费。

1. 总价措施项目

总价措施项目指各专业工程均可计列的共性的措施项目。以下项目可供列项参考：

1）环境保护措施

环境保护措施指施工现场为达到环保部门要求所需要的各项措施。

2）安全文明施工措施

指施工现场安全文明施工所需要的各项措施。

3）临时设施措施

监时设施措施指施工企业为进行工程施工所必须搭设的生产和生活用临时建筑物、构筑物所发生的搭设、维修、拆除费或摊销费以及其他临时设施等措施。临时设施包括：临时性的宿舍、文化福利及公用事业房屋与构筑物，仓库、堆场、办公室、加工厂以及规定范围内道路、水、电、管线等临时设施和小型临时设施。

4）夜间施工措施

夜间施工措施指因夜间施工所发生的夜班补助费、夜间施工降效、夜间施工照明设备摊销及照明用电费用。

5）二次搬运措施

二次搬运措施指因场地狭小或材料、构件无法直接运到施工操作现场等特殊情况而发生的二次搬运。

6）冬、雨季施工增加措施

冬、雨季施工增加措施费指生产工具用具使用费，工程定位复测，工程点交、场地清理费。

7）已完工程及设备保护措施

已完工程及设备保护措施指竣工验收前，对已完工程及设备进行保护。

8）特殊地区施工增加措施

特殊地区施工增加措施是指工程在沙漠或其边缘地区、高海拔、高寒、原始森林等特殊地区施工增加的费用。

2. 单价措施项目

1）土石方及桩基工程

2）脚手架工程

脚手架工程费指施工需要的各种脚手架搭、拆、运输、施工维护费用及脚手架的摊销（或租赁）。

3）模板及支架工程

模板及支架工程指混凝土施工过程中需要的各种模板（如钢模板、木模板等）、支架等周转性使用材料的支、拆、运输、施工维护及模板、支架的摊销（或租赁）。

4）垂直运输

建筑工程垂直运输包括建筑物垂直运输及构筑物垂直运输，其工作内容包括单位工程在合理工期内完成建筑工程项目和建筑装饰装修工程项目所需的垂直运输机械台班，不包括大型机械的场外往返运输、一次安拆及路基铺垫和轨道铺拆等的费用。

5）大型机械进退场

大型机械进退场指根据（台班费用）认定的大型或特大型机械整体或分体自停放场地运至施工现场或由一个施工地点运至另一个施工地点，所发生的机械进出场运输、转移及机械在施工现场进行安装、拆除所需的人工、材料、机械、试运转和安装所需的辅助设施。

6）施工排水、降水

施工排水、降水指为确保工程在正常条件下施工，采取的各种排水、降水措施。

19.2 措施项目工程定额内容组成

云南省2013年12月30发布的《云南省房屋建筑与装饰工程消耗量定额》将措施项目定额分为土石方及桩基工程、脚手架工程、模板及支架工程、垂直运输及超高增加费、大型机械进退场费。

19.3　措施项目工程量计算规则与定额应用

19.3.1　土石方与桩基工程量计算规则

本定额分部包括土石方工程及桩基工程两个分部，具体包括土石方工程挡土板、桩基工程施工排降水、盖挖通风照明、桩机支架平台、喷射平台、模板及支架、测点布设、监控测试 8 个小节。

（1）降水是开挖地下建（构）筑物基坑（槽）时，周边未形成止水帷幕，采取降水措施将地下水整体下降至基坑（槽）底以下的施工方法。

（2）排水是开挖地下建（构）筑物基坑（槽）时，周边预先形成止水帷幕，然后抽排基坑（槽）内地下水，坑内地下水整体下降至基坑（槽）底以下，坑外地下水位保持自然水位的施工方法。

（3）本定额部分的排水系统指施工场地内排水系统，不包括施工场地外排水系统及市政排水系统。

（4）井点成孔定额中未包括泥浆制作及运输费用，发生时另行计算。

（5）钻机成孔定额中未包括钢护筒，发生时另行计算。

（6）挡土板按支撑面积计算。

（7）井点的安装、拆除按设计图示数量以根计算。

（8）轻型井点的使用定额以"套·d"为单位计算，50 根为一套，累计根数不足一套是时，以一套计算，一天按 24 h 计算。

（9）管井的抽水按设计图示尺寸以"根·d"计算，井点使用的时间按审定的施工组织设计确定，抽水机工作台班与定额取定不同时，按施工签证计算。

（10）本章定额桩基基础工作平台适用于陆上、支架上打桩机钻孔灌注桩。工作平台分陆上平台与水上平台两类。

19.3.2　脚手架工程

1. 工程量计算规则

本定额分部包括建筑工程脚手架和外墙面装饰装修工程脚手架两个分部，具体包括外脚手架、里脚手架、满堂脚手架、浇灌运输道、悬空脚手架、挑脚手架、依附斜道、安全网、电梯井字脚手架、架空运输道、烟囱（水塔）脚手架、喷射平台、外墙面装饰脚手架等共 103 定额个子目。

（1）外墙脚手架按外墙外边线乘以外墙高度以平方米计算，不扣除门窗洞、空圈洞等所占的面积，突出墙外宽度在 24 cm 以内的墙垛、附墙烟囱等不计算脚手架。

（2）建（构）筑物脚手架高度按如下规定计算：

① 建（构）筑物外墙高度以室内外设计地坪为起点算至屋面墙顶结构上表面；屋顶带女儿墙者算至女儿墙顶上表面；坡屋面、曲屋顶按平均高度计算；地下建筑物高度按垫层底面至室外设计地坪间的高度计算。

② 高低联跨建筑物高度不同或同一建筑物墙面高度不同时，按建筑物竖向切面分别计算并执行相应高度定额。

（3）砖石围墙、挡土墙，按墙中心线乘以室外设计地坪至墙顶的平均高度以平方米计算。砌筑高度不大于 3.6 m 时，按里脚手架计算；砌筑高度大于 3.6 m 时，按相应高度外脚手架计算，定额租赁材料量乘以系数 0.19，砖砌围墙、挡土墙执行单排外脚手架定额，石砌围墙、挡土墙执行双排外脚手架定额。

（4）地下室外墙按图示结构外墙外边线长度乘以垫层底面至室外设计地坪间的高度以平方米计算，执行相应高度的双排外脚手架定额，定额租赁材料量乘以系数 1.5。

（5）砖混结构外墙高度在 15 m 以内者按单排脚手架计算，但砖混结构符合下列条件之一者按双排脚手架计算：

① 外墙面门窗洞口面积大于整个建筑物外墙面积 40%以上者。

② 毛石外墙、空心砖外墙。

③ 外墙裙以上外墙面抹灰面积大于整个建筑物外墙面积(含门窗洞口面积)25%以上者。

（6）里脚手架适用于设计室内地坪至板底下表面或山墙高度的 1/2 处内墙平均高度不大于 3.6 m 的内墙砌筑和浇筑。

（7）里脚手架按墙面垂直投影面积计算，不扣除门、窗、空圈洞口等所占面积，内墙砌筑高度超过 3.6 m 时，执行相应高度单排外墙脚手架定额，定额租赁材料量乘以系数 0.19。

（8）浇灌运输道适用于混凝土和钢筋混凝土基础浇灌，按架子高度不同列项，1 m 以内浇灌运输道适用于现浇钢筋混凝土板浇灌，适用于基础是按实浇底面外围水平投影面积以平方米计算；板按板（包括现浇楼梯、阳台、雨篷）的外围水平投影面积以平方米计算。

（9）满堂脚手架适用于室内净高 3.6 m 以上的天棚抹灰、吊顶工程，按室内净面积计算；高度在 3.6~5.2 m 之间时，计算基本层，大于 5.2 m 时，每增加 1.2 m 按增加一层计算，不大于 0.6 m 的不计算。计算式如下：

$$满堂脚手架增加层 = \frac{室内净高 - 5.2（m）}{1.2（m）} \tag{19-1}$$

高度大于 3.6 m 的室内天棚抹灰、吊顶工程，套用了满堂脚手架定额之后，高度大于 3.6 m 的墙面抹灰工程不再计算脚手架。

（10）安全网：水平安全网按实铺面积以平方米计算，挑出式安全网按挑出的水平投影面积，以平方米计算。

2. 计算实例与定额应用

【例 19-1】 如图 19-1～图 19-5 所示为某工厂的两层办公楼，砖混结构，一砖墙厚，女儿墙高度为 0.6 m。基础为钢筋混凝土带形基础，楼屋面板均为钢筋混凝土现浇板，厚 10 cm，梁高 300 mm（含板厚），天棚抹灰后刮双飞粉。试确定该工程脚手架的定额编号及工程量。水平安全网宽度为 2 m，门窗表见表 19-1。

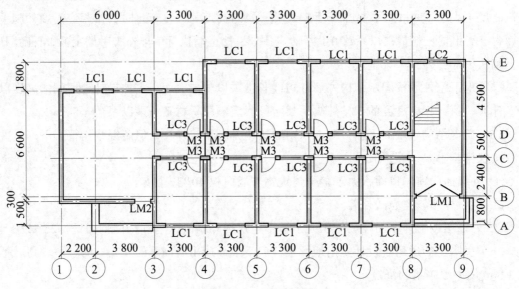

图 19-1 一层平面图

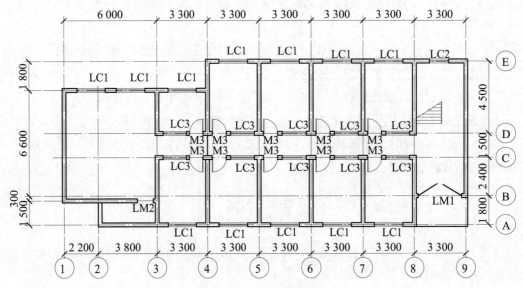

图 19-2 二层平面图

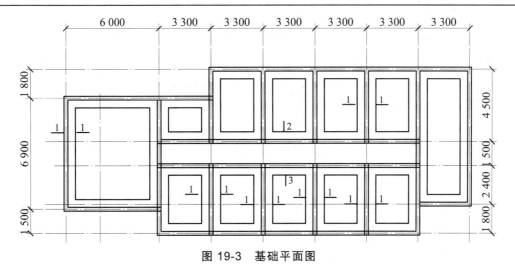

图 19-3 基础平面图

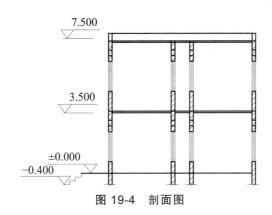

图 19-4 剖面图

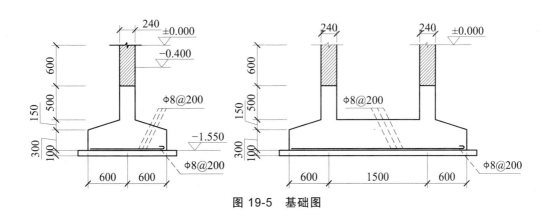

图 19-5 基础图

表 19-1　门窗表

代号	名称	数量	洞口尺寸		备注	过梁断面	
			宽/mm	高/mm		宽/mm	高/mm
LM1	铝合金双扇地弹门	2	2 800	3 200			
LM2	铝合金单扇平开门	2	1 080	3 200	窗 1 720×2 300	240	300
M3	有腰单扇镶板门	20	900	2 800		240	120
LC1	双扇铝合金带上亮推拉窗	24	1 800	1 800		240	180
LC2	双扇铝合金不带亮推拉窗	1	1 200	1 200		240	120
LC3	双扇铝合金不带亮推拉窗	20	1 500	1 500		240	150

【解】　根据该工程实际情况应计算如下几种脚手架：

$$L_{外中1} = 72 \text{ m}$$

$$L_{内轴1} = 10.2 \times 6 - 3 \times 1.8 - 1.5 = 54.3 \text{ m}$$

（1）混凝土基础浇灌运输道：应计取 3 m 以内的浇灌运输道。

按混凝土底板面积计算其工程量 S_1，如下：

$$S_1 = (72 + 54.3 - 12 \times 0.6 - 4 \times 2.70) \times 1.2 + (5 \times 3.3 - 0.6 \times 2) \times 2.7$$

$$= 171.27 \text{ m}^2$$

套用措施项目定额：01150169。

（2）外墙脚手架：建筑高度 7.5 m＋女儿墙高度 0.6 m＋0.45 m＝8.5 m＜15 m，应套用单排脚手架，但还应考查外墙面门窗洞口面积是否大于整个建筑物外墙 40%，外墙裙以上外墙抹灰面积是否大于整个建筑物外墙面积（含门窗洞口面积）25%，若大于套用双排脚手架。

（3）建筑物外墙面积。

$$S_外 = [72 + 0.12 \times 8] \times (7.5 + 0.6 + 0.45)$$

$$= 623.81 \text{ m}^2$$

（4）外墙门窗洞口面积：

$$S_{MCD} = 1.8 \times 1.8 \times 24 + 1.2 \times 1.2 + 2.8 \times 3.2 \times 2 + 1.08 \times 3.2 \times 2$$

$$= 104.32 \text{ m}^2$$

$$104.32 \div 623.81 = 16.7\% < 40\%$$

（5）外墙抹灰面积：

$$S_{外抹} = 632.81 - 104.32 = 528.49 \text{ m}^2$$

$$S_{外抹} \div S_外 = 528.49 \div 632.81 = 83.5\%$$

83.5%>25%，故套用双排脚手架。

按图示结构外墙外边线长度乘以外墙高度以平方米计算，不扣除门窗洞等所占面积，突出墙宽度在 24 cm 以内墙垛、附墙烟囱等不计取脚手架。其工程量 S_2，如下：

$$S_2 = (72 + 0.12 \times 8) \times (7.5 + 0.6 + 0.45) = 632.81 \text{ m}^2$$

套用措施项目定额：01150141。

（6）内墙脚手架：

① 里脚手架：

一层内墙砌筑高度为 $3.5 - 0.3 < 3.6 \text{ m}$，应计取里脚手架。

按墙的垂直投影面积计算其工程量 S_3，不扣除门、窗、空圈洞口等所占的面积，具体计算如下：

$$\begin{aligned}
S_3 = &(4.5 - 1.8 + 3.3 \times 5 + 4.5 \times 4 + 2.7 - 10 \times 0.12 + 2.7 + 3.3 \times 5 + \\
&2.4 + 4.2 \times 4 - 10 \times 0.12) \times 3.2 \\
= &242.88 \text{ m}^2
\end{aligned}$$

套用措施项目定额：01150159。

② 单排外墙脚手架：

二层内墙砌筑高度为 $4 - 0.3 = 3.7 > 3.6 \text{ m}$ 应计取单排外墙脚手架，租赁材料量乘以系数 0.19。

按墙的垂直投影面积计算其工程量 S_4，不扣除门、窗、空圈洞口等所占的面积，具体计算如下：

$$\begin{aligned}
S_4 = &(4.5 - 1.8 + 3.3 \times 5 + 4.5 \times 4 + 2.7 - 10 \times 0.12 + 2.7 + 3.3 \times \\
&5 + 2.4 + 4.2 \times 4 - 10 \times 0.12) \times 3.7 = 75.9 \times 3.7 \\
= &280.83 \text{ m}^2
\end{aligned}$$

套用措施项目定额：01150135，租赁材料量乘以系数 0.19。

（1）现浇混凝土板的浇灌运输道：应计取 1 m 以内的浇灌运输道。

按板（包括现浇楼梯、阳台、雨篷）的外围水平投影面积以平方米计算其工程量 S_5，具体计算如下：

$$\begin{aligned}
S_5 = &[(6 + 3.3 \times 6 + 0.24) \times (1.8 + 2.4 + 1.5 + 4.5 + 0.24)] \times 2 - \\
&(6 + 3.3) \times 1.8 \times 2 - 3.3 \times 1.8 - 6 \times 1.5 \times 2 + 3.8 \times 1.5 \times 2 \\
= &497.70 \text{ m}^2
\end{aligned}$$

套用措施项目定额：01150168。

（2）天棚装饰满堂脚手架：一层净高 $3.5 - 0.1 = 3.4 \text{ m}$，不计。二层净高 $4 - 0.1 = 3.9 \text{ m}$，应计取一个基本层，按室内净面积计算其工程量 S_6，具体计算如下：

$$\begin{aligned}
S_6 = &(6 - 0.24) \times (6.9 - 0.24) + (3.8 - 0.12) \times (1.5 - 0.12) + (3.3 - 0.24) \times \\
&(4.5 - 1.8 - 0.24) + (3.3 - 0.24) \times (4.2 - 0.24) \times 5 + (3.3 - 0.24) \times (4.5 - 0.24) \times \\
&4 + (3.3 - 0.24) \times (4.5 + 1.5 + 2.4 - 0.24) + (3.3 \times 5 + 0.24) \times (1.5 - 0.24) \\
= &209.62 \text{ m}^2 \text{。}
\end{aligned}$$

套用措施项目定额：01150162。

水平安全网：$S = (L_{外} + 2 \times 4) \times 2 = (72.96 + 8) \times 2 = 161.92 \text{ m}^2$

套用定额：01150192

注：已知条件中未提及的其他脚手架（如防护架、架空运输道等），本示例暂不考虑。

19.3.3 模板及支架工程

1. 工程量计算规则

本定额分部包括现浇混凝土模板、预制混凝土模板、预应力混凝土模板、构筑物模板 4 个分部，共 220 个定额子目。

（1）现浇混凝土模板工程量，除另有规定者外，均按模板与混凝土的接触面积以平方米计算，均不扣除后浇带所占面积。

（2）基础模板区别基础类型、混凝土种类、混凝土有筋、无筋等按基础垫层以上模板与混凝土的接触面积以平方米计算。

（3）柱模板按模板与混凝土的接触面积以平方米计算，柱与混凝土墙、梁、板相互连接的重叠部分，均不计算模板面积。

（4）梁模板按图示外露部分计算模板面积。梁与混凝土柱、墙、板相互连接的重叠部分，均不计算模板面积。

（5）墙、电梯井壁模板按模板与混凝土的接触面积以平方米计算，不扣除单孔面积小于 $0.3\ m^2$ 的孔洞面积，孔洞侧壁模板亦不增加；扣除单孔面积大于 $0.3\ m^2$ 的孔洞面积，孔洞侧壁模板面积并入墙模板工程量计算；与混凝土柱、梁、板相互连接的重叠部分，均不计算模板面积。

（6）板模板按模板与混凝土的接触面积以平方米计算，不扣除单孔面积小于 $0.3\ m^2$ 的孔洞面积，孔洞侧壁模板亦不增加；扣除单孔面积大于 $0.3\ m^2$ 的孔洞面积，孔洞侧壁模板面积并入板模板工程量内计算；板与混凝土柱、墙、梁相互连接的重叠部分，均不计算模板面积。

（7）混凝土台阶按图示水平投影面积以平方米计算，若图示不明确时，以台阶的最后一个踏步边缘加 300 mm 为界计算。台阶端头两侧不另计算模板面积。架空式混凝土台阶，按现浇楼梯计算。

（8）现浇钢筋混凝土整体楼梯（含直行楼梯及弧形楼梯）模板按包括休息平台、平台梁、斜梁和楼层板的连接梁的楼梯水平投影面积计算，不扣除宽度小于 500 mm 的楼梯井所占面积，楼梯踏步、踏步板、平台梁等侧面模板不另计算，伸入墙内部分亦不增加。若整体楼梯与现浇楼板无梯梁连接时，以楼梯的最后一个踏步边缘加 300 mm 为界计算。

（9）构筑物工程的模板工程量，除另有规定者外，区别现浇、预制和构件类别，分别按混凝土食堂项目工程量计算。

2. 计算实例与定额应用

【例 19-2】 计算图 19-6 所示基础工程模板工程量，该基础用组合钢模支撑。

【解】 现浇混凝土模板工程量按模板与混凝土的接触面积以平方米计算，均不扣除后浇带所占面积。

$$L_{外中} = 3.6 \times 2 + 4.8 = 24\ m$$

$$L_{内轴} = 4.8\ m$$

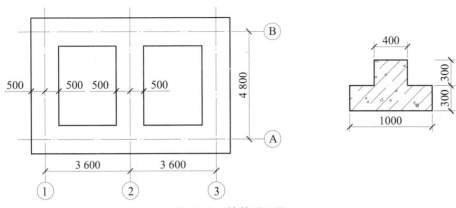

图 19-6 某基础工程

混凝土基础模板：

有梁式带形基础梁的高度（基础扩大面至梁顶面高度）不大于 1.2 m 时，基础底板、梁模板合并计算，按执行有梁式带形基础定额，工程量按模板与混凝土接触面积（基础侧面面积）计算基础模板 S_1：

$$S_1 = [(24 \times 2 - 2 \times 1) + (4.8\text{-}0.5 \times 2)] \times 0.3 = 15.24 \text{ m}^2$$

$$S_2 = [(24 \times 2 - 2 \times 0.4) + (4.8 - 0.2 \times 2)] \times 0.3 = 15.48 \text{ m}^2$$

$$S = S_1 + S_2 = 15.24 + 15.48 = 30.72 \text{ m}^2$$

套用措施项目定额：01150243。

【例 19-3】 计算图 19-7、图 19-8 所示现浇钢筋混凝土框架结构梁板柱的模板工程量，柱高 4.2 m。

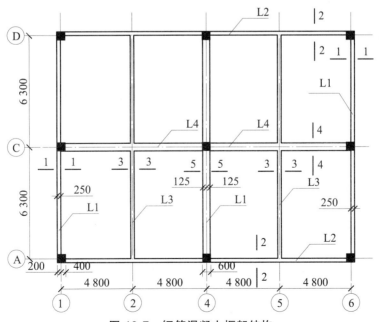

图 19-7 钢筋混凝土框架结构

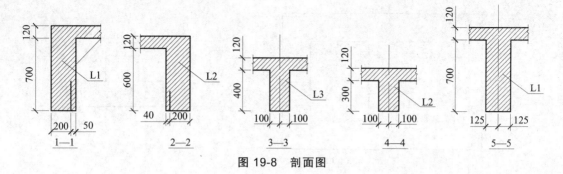

图 19-8　剖面图

【解】

（1）柱模板按模板与混凝土的接触面积以平方米计算，柱与混凝土墙、梁、板相互连接的重叠部分，均不计算模板面积。

定额中现浇混凝土柱、墙、梁、板的模板支撑高度是按 3.6 m 以内编制的，高度超过 3.6 m 时，超过部分的工程量另按模板支撑超高项目计算。模板支撑超高高度不小于 0.5 m，且不大于 1 m 时，按每增 1 m 定额计算，超高高度小于 0.5 m 时舍去不计。

第一层柱的模板面积 S_1 计算如下（底层，由基础顶面算至 +4.200 m 处）：

$$\begin{aligned}
S_1 &= 4.2 \times 0.6 \times 4 \times 9 - (0.7 + 0.12) \times 0.25 \times 12 - (0.6 + 0.12) \times 0.24 \times 8 - \\
&\quad (0.3 + 0.12) \times 0.2 \times 4 - 0.35 \times 0.12 \times 12 - 0.36 \times 0.12 \times 8 - 0.4 \times 0.12 \times 4 \\
&= 85.5 \text{ m}^2
\end{aligned}$$

套用措施项目定额：01150270。

柱的模板支撑超高高度为 0.6 m，超高工程量 $S_{1超}$：

$$\begin{aligned}
S_{1超} &= 0.6 \times 0.6 \times 4 \times 9 - (0.7 + 0.12) \times 0.25 \times 12 - (0.6 + 0.12) \times 0.24 \times \\
&\quad 8 - (0.3 + 0.12) \times 0.2 \times 4 - 0.35 \times 0.12 \times 12 - 0.36 \times 0.12 \times 8 - 0.4 \times 0.12 \times 4 \\
&= 7.74 \text{ m}^2
\end{aligned}$$

套用措施项目定额：01150326。

（2）有梁板按梁及板外露面积之和计算。有梁板的模板面积 S_3 计算如下：

$$S_3 = S_梁 + S_板$$

$$\begin{aligned}
S_3 &= (19.2 + 0.4) \times (12.6 + 0.4) - 9 \times 0.6^2 + 0.7 \times (6.3 - 0.4 - 0.3) \times 6 \times 2 + \\
&\quad [0.6 \times (4.8 \times 2 - 0.4 - 0.3) \times 2 - 0.2 \times 0.4] \times 4 + [0.4 \times (6.3 \times 2 - 0.05 \times 2) - \\
&\quad 0.3 \times 0.2] \times 2 \times 2 + 0.3 \times (4.8 - 0.4 - 0.1) \times 2 \times 2 + 0.3 \times (4.8 - 0.3 - 0.1) \times 2 \times 2 \\
&= 368.86 \text{ m}^2
\end{aligned}$$

套用措施项目定额：01150294。

（3）梁的模板支撑超高面积 $S_{梁超}$：

$$\begin{aligned}
S_{梁超} &= 0.7 \times (6.3 - 0.4 - 0.3) \times 6 \times 2 + [0.6 \times (4.8 \times 2 - 0.4 - 0.3) \times 2 - 0.2 \times 0.4] \times 4 + \\
&\quad [0.4 \times (6.3 \times 2 - 0.05 \times 2) - 0.3 \times 0.2] \times 2 \times 2 + 0.3 \times (4.8 - 0.4 - 0.1) \times 2 \times 2 + 0.3 \times \\
&\quad (4.8 - 0.3 - 0.1) \times 2 \times 2 + (6.3 - 0.4 - 0.3) \times 0.25 \times 6 + (4.8 \times 2 - 0.4 - 0.3) \times 0.24 \times \\
&\quad 4 + (6.3 \times 2 - 0.05 \times 2) \times 2 \times 0.2 + (4.8 - 0.4 - 0.1) \times 0.2 \times 2 + (4.8 - 0.3 - 0.1) \times 0.2 \times 2 \\
&= 165.41 \text{ m}^2
\end{aligned}$$

套用措施项目定额：01150328。

（4）板支撑超高：

$$S_{板超} = 368.86 - 165.41 = 203.45 \text{ m}^2$$

套用措施项目定额：01150329。

【例 19-4】　如图 19-9 所示为三层现浇混凝土楼梯，试计算楼梯的模板工程量。

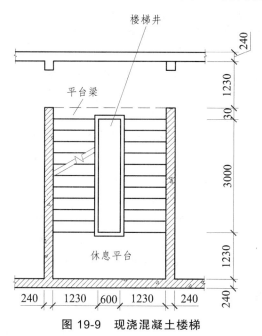

图 19-9　现浇混凝土楼梯

【解】　现浇钢筋混凝土整体楼梯（含直形楼梯及弧形楼梯）模板按包括休息平台、平台梁、斜梁和楼层板的连接梁的楼梯水平投影面积计算，不扣除宽度小于 500 mm 的楼梯井所占面积，楼梯踏步、踏步板、平台梁等侧面模板不另计算，伸入墙内部分亦不增加。若整体楼梯与现浇板无梯梁连时，以楼梯的最后一个踏步边缘加 300 mm 为界计算。该楼梯模板工程量 S_1 具体计算如下：

$$S_1 = [(1.23 + 0.6 + 1.23) \times (1.23 + 3.0 + 0.3) - 3 \times 0.6] \times 3 = 36.18 \text{ m}^2$$

19.3.4　垂直运输及超高增加费

1. 工程量计算规则

本定额分部包括建筑物垂直运输、构筑物垂直运输、建筑物超高施工增加费、装饰装修垂直运输、装饰超高增加费 5 个分部，161 个定额子目。

（1）建筑物垂直运输费区别建筑物的不同结构类型、檐高或层数，以设计室外地坪为界按建筑面积计算，执行相应定额。

（2）构筑物垂直运输以座计算。超过规定高度时再按每增高 1 m 定额计算，超过高度不足 0.5 m 时舍去不计。

（3）建筑物檐高是指设计室外地坪至檐口滴水的高度（平屋顶是指屋面板底高度），层数是指建筑物层高不小于 2.2 m 的自然分层数。地下室高（深）度、层数及突出主体建筑的电梯机房、楼梯出口间、水箱间、瞭望塔、排烟机房等不纳入檐口高度及层数计算。

（4）同一建筑物上下层结构类型不同时，按不同结构类型分别计算建筑面积套用相应定额，檐高或层数以该建筑物的总檐高或总层数为准；同一建筑物檐高不同时，按建筑物的不同檐高做纵向分割，分别计算建筑面积，执行不同檐高的相应定额。

（5）装饰装修工程垂直运输。

① 装饰装修垂直运输工程量根据装饰装修的楼层区别不同垂直运输高度，按不同高度的定额人工费以万元为单位计算。

② 层高小于 2.2 m 的技术层不计算层数，装饰工程量并入总工程量计算。

③ 装饰装修工程垂直运输仅适用于独立承包的装饰装修工程及二次装饰装修工程。

（6）建筑物超高增加费，按设计室外地坪 20 m（层数 6 层）以上的建筑面积计算。

（7）建筑 20 m 以上的层高超过 3.6 m 时，每增高 1 m（包括 1 m 以内），相应定额乘以系数 1.25。

（8）建筑物高度虽然超过 20 m，但不足一层的，高度每增高 1 m，按相应定额乘以系数 0.25 计算，超过高度不足 0.5 m 舍去不计。

（9）装饰装修工程超高增加费工程量根据装饰装修工程所在高度（包括楼层所有装饰装修工程量）以定额人工费与定额机械费之和按降效系数计算。

（10）装饰装修工程超高增加费仅适用于独立承包的装饰装修工程及二次装饰装修工程。

2. 计算实例与定额应用

【例 19-5】　某高层建筑如图 19-10 所示，框架结构，女儿墙高度为 1.8 m，由某总承包公司承包，试计算该工程使用塔式起重机施工的垂直运输工程量及定额编号，并计算垂直运输工程直接费。

【解】　本工程为商住楼区别建筑物的不同结构类型、檐高或层数计取垂直运输费。建筑总檐高为 $H = 94.2$ m，总层数为 29 层，采用塔式起重机施工。

（1）裙楼。

檐高：$H = 22.5$ m

层数：5 层

结构类型：现浇框架结构。

工程量：

$$S_1 = (56.24 \times 36.24 - 36.24 \times 26.24) \times 5$$
$$= 5436.00 \text{ m}^2$$

套用措施项目定额：01150473。

（2）主楼。

檐高：$H_2 = 94.20$ m。

层数：29 层。

结构类型：现浇框架结构。

工程量：$S_2 = 26.24 \times 36.24 \times 29$

$= 27\ 564.07\ m^2$

套用措施项目定额：01150480。

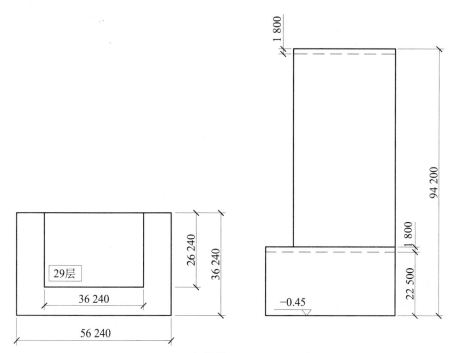

图 19-10 商住楼平面及立面示意图

【例 19-6】 若上例 1~5 层商场每层层高为 4.5 m，6~28 层住宅每层层高为 3 m，29 层层高为 2.7 m，确定该综合楼的超高增加费。

【解】 建筑物超高增加费，按设计室外地坪 20 m（层数 6 层）以上的建筑面积计算。建筑物高度虽然超高 20 m，但不足一层的，高度每增加 1 m，按相应定额乘系数 0.25 计算，超过高度不足 0.5 m 舍去不计。据此，将该综合楼按主楼、副楼和裙楼按不同的檐高计算工程量，套用相应定额。

该建筑的檐高为：94.2 m，檐高超高 20 m 的部分为 5~29 层：

第 5 层的建筑面积为：$56.24 \times 36.24 = 2\ 038.14\ m^2$

第 5 层超过 20 m 部分的层高为 2.5 m，相应定额应乘以系数:$3 \times 0.25 = 0.75$

套用措施项目定额：01150528。

第 6~28 层层高为：3 m<3.6 m，29 层层高为 2.7 m<3.6 m。

第 6~29 层建筑面积为：$36.24 \times 26.24 \times 24 = 22\ 822.5\ m^2$

套用措施项目定额：01150528

19.3.5 大型机械进退场费

工程量计算规则

（1）大型机械进退场费包括塔式起重机基础及轨道铺拆费用，特、大型机械每安装、拆卸一次费用及特、大型机械场外运输费用。

（2）特大型机械每安装拆卸一次费用说明：

① 安拆费中，已包括安装完毕后的试运转费用。

② 自升式塔式起重机的安拆高度以塔顶高度 30 m 为准，以后每增加塔身 10 m（标准节）的安装和拆除，人工增加 12 个（工日），本机台班 0.5 个（台班）。

（3）特、大型机械场外运输费分两种计算办法，25 km 以内，按附表及相关规定计算；25 km 以外，从零千米开始，按货物运输价格计算。

（4）25 km 以内的场外运输，未考虑下列因素：

① 自行式特、大型机械场外运输，按其台班基价计算。

② 场外运输按白天正常作业条件确定。如在城市施工，按有关部门规定只能在夜间进入施工现场，其场外运输费按台次（班）基价乘以延时系数 1.20。

③ 拖式铲运机的场外运输费按相应规格的履带式推土机台次基何乘以系数 1.10。

④ 场外运输费用中，为考虑因桥梁（包括立交桥）高度和荷载的限制以及其他客观原因引起的二次或多次解体装卸，发生时另计。

（5）特、大型机械场外运输费只能计收一次；如需返回原基地，按合同约定执行。

习题 19

1. 试简述措施费的分类。

2. 试简述有梁板、基础、框架柱模板工程量的计算方法。

3. 试计算图 19-11、图 19-12 所示脚手架工程量。

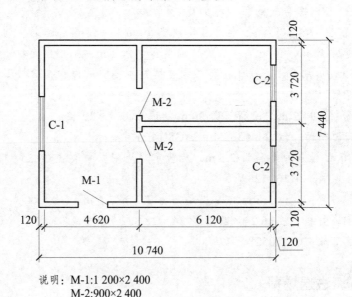

说明：M-1:1 200×2 400
　　　M-2:900×2 400

图 19-11　某建筑平面示意图

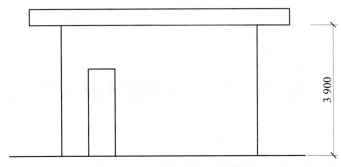

图 19-12 某建筑立面示意图

4. 试计算图 19-13 所示独立基础混凝土模板。

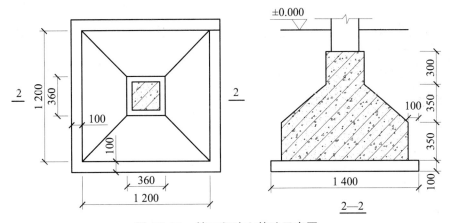

图 19-13 某工程独立基础示意图

第 20 章　工程量计算实例

20.1　实训楼工程施工图

实训楼建筑施工图与实训楼结构施工图见二维码。

20.2　实训楼工程量计算

20.2.1　计算"三线一面"

"三线一面"计算如表 20-1 所示。

表 20-1　计算基数表

序号	项目名称	单位	数量	计算式
1	建筑面积	m²	813.14	建筑面积： $S_底 = 16.5 \times 16.5(2.2 - 0.25 - 0.1) \times (1.8 - 0.1 + 0.25)$ $= 268.6425 \ m^2$ $S_{二层} = 16.5 \times 16.5 = 272.25 \ m^2$ $S_{三层} = 16.5 \times 16.5 = 272.25 \ m^2$ 合计：$S_总 = 268.642\ 5 + 272.25 \times 2 = 813.14 \ m^2$
2	外墙中心线长	m	69.1	$L_外 = (16.5 - 0.2) \times 4 + (1.8 + 0.05 + 0.1) \times 2 = 69.1 \ m$
3	外墙外边线长	m	69.9	$L_中 = 16.5 \times 4 + (1.8 - 0.1 + 0.05 + 0.2) \times 2 = 69.9 \ m$
4	内墙中心线	m	67.85	$L_{内中} = (5 + 3 + 2.4 + 3.2 + 0.6 - 0.1 + 0.05) + (5 + 3 + 2.4 + 0.6 - 0.1 + 0.2 + 0.05) + (8 - 0.1 + 0.05 - 2 + 0.2) + (2 - 0.2) + (4 - 0.1 + 0.05) \times 2 + (3 - 0.1 + 0.05) \times 2 + (3 + 4 + 0.05 \times 2) + (3.8 - 0.1 - 0.1) = 67.85 \ m$

20.2.2 土石方工程

土石方工程量计算如表 20-2 所示。

表 20-2 土石方工程量计算表

序号	定额编号	定额名称	定额单位	数量	工程量计算式
1	01010121	人工场地平整	m^2	420.25	$(16.5+4)\times(16.5+4)=420.25\ m^2$
2	1010004	人工挖基坑（三类土，2 m以内）	m^3	110.45	$H=2-0.3=1.7\ m>1.5\ m$，放坡 $K=0.33$ CT-1　8个 $V_1=((0.8+2\times0.3+1.7\times0.33)\times(2.2+0.3\times2+1.7\times$ $\qquad 0.33)\times1.7+1/3\times0.33\times0.33\times1.7\times1.7\times1.7)\times8$ $\qquad=91.06\ m^3$ CT-2　1个 $V_2=(2.2+0.3\times2+1.7\times0.33)\times(2.2+0.3\times2+1.7\times$ $\qquad 0.33)\times1.7+1/3\times0.33\times0.33\times1.7\times1.7\times1.7$ $\qquad=19.38\ m^3$ $V_总=91.0632608+19.3820876=110.45\ m^3$
3	1010004	人工挖沟槽（三类土 深度 2 m以内 ）	m^3	245.64	DL1　　　　　　　　　　　　　　　　　： 挖深 $H_1=1.7\ m>1.5\ m$ 放坡 $K=0.33$ $L=16\times4+16\times2-(0.7\times8+2.8\times8)=68\ m$ $V_{DL1}=(0.3+0.3\times2+0.33\times1.7)\times68\times1.7=168.89\ m^3$ DL2： $H_2=1.6\ m>1.5\ m$ 放坡 $K=0.33$ $L_2=(16-0.35\times2-0.3-0.3\times2)+(7-0.35\times2)+$ $\qquad(8-0.35-0.45)=27.9\ m$ $V_{DL2}=(0.25+0.3\times2+0.33\times1.6)\times1.6\times27.9$ $\qquad=61.51\ m^3$ DL3： $H_3=1.35\ m<1.5\ m$ 不放坡 $V_{DL3}=(4-0.35-0.425)\times2+(3-0.35-0.425)\times2+(2-$ $0.25-0.3\times2)+(2.2-0.55-0.425)=13.275\ m$ $V_3=(0.25+0.3\times2)\times13.275\times1.35=15.23\ m^3$ $V_总=168.8916+61.51392+15.2330625=245.64\ m^3$
4	01010124	房心回填	m^3	22.54	储物间：$S=(2-0.1\times2)\times(2+0.05-0.1)=3.51\ m^2$ $V=3.51\times(0.3-0.25)=0.176\ m^3$ 开水间卫生间：$S=(3+0.05-0.1)\times(4+0.05-0.1)+$ $\qquad\qquad\qquad(4+0.05-0.1)\times(3-0.2)+(2-0.2)\times$ $\qquad\qquad\qquad(2-0.2)+(3.2-0.2)\times(3+0.05-0.1)+$ $\qquad\qquad\qquad(3+0.05-0.1)\times(2.4+0.05-0.1)$ $\qquad\qquad\qquad=41.735\ m^2$

续表 20-2

序号	定额编号	定额名称	定额单位	数量	工程量计算式
4	01010124	房心回填	m³	22.54	$V = 41.735 \times (0.3-0.1) = 8.347 \text{ m}^3$ 其余房间： 库房：$S = (2.4 - 0.2) \times (3 + 0.05 - 0.1) = 6.49 \text{ m}^2$ 走道：$S = (1.8 + 0.05 - 0.1) \times (2.2 - 2.5 - 0.1) +$ 　　　　$(8 - 1.8 - 0.2) \times (2.2 - 2.5 - 0.1) +$ 　　　　$(8 + 0.05 - 0.1) \times (2.2 - 2.5 - 0.1)$ 　　　　$= 23.72 \text{ m}^2$ 楼梯间：$S = (8 + 0.05 \times 2) \times (3 - 0.2) = 22.68 \text{ m}^2$ 办公室：$S = (8 + 0.05 \times 2) \times (5 + 0.05 - 0.1) = 40.095 \text{ m}^2$ 实训室：$S = (8 + 0.05 - 0.1) \times (6.8 + 0.05 - 0.1) \times 2$ 　　　　$= 107.325 \text{ m}^2$ $V = (6.49 + 23.72 + 22.68 + 40.095 + 107.325) \times$ 　　$(0.3 - 0.23)$ 　　$= 14.0217 \text{ m}^3$ $V_\text{总} = 0.1755 + 8.347 + 14.0217 = 22.54 \text{ m}^3$
5	1010125	基础回填	m³	288.32	$V_\text{挖} = 110.45 + 245.64 = 356.09 \text{ m}^3$ $V_\text{埋} = V_\text{垫层} + V_\text{承台} + V_\text{梁} + V_\text{柱} + V_\text{砖基础}$ 　　$= 7.58 + 13.244 + 21.81 + 0.5 \times 0.5 \times 0.9 +$ 　　$(90 + 30.95 + 17.45) \times 0.9 \times 0.2 = 67.771 \text{ m}^3$ $V_\text{填} = V_\text{挖} - V_\text{埋} = 356.09 - 67.771 = 288.32 \text{ m}^3$
6	01010102 + 01010103 ×4	土方运输 （人力装车，自卸汽车运土方，运距 5 km）	m³	252.23	$V_\text{余土工程量} = V_\text{挖方量} - V_\text{回填土方量} \times 1.15$ 　　　　$= (110.45 + 245.64) - (22.54 + 67.77) \times 1.15$ 　　　　$= 252.23 \text{ m}^3$

20.2.3　桩基工程

桩基工程量计算如表 20-3 所示。

表 20-3　桩基工程量计算表

序号	定额编号	定额名称	定额单位	数量	工程量计算式
1	01030048	静力压桩机压钢筋混凝土管桩	m	400	$L = 20 \times 20 = 400 \text{ m}$
2	01030048 换	打试桩	m	60	$L = 20 \times 3 = 60 \text{ m}$

20.2.4　砌筑工程

砌筑工程计算如表 20-4 所示。

表 20-4　砌筑工程量计算表

序号	定额编号	定额名称	定额单位	数量	工程量计算式
1	01040001	砖基础	m^3	28.32	DL1： $L = 16 \times 4 + 16 \times 2 - (2.2 - 0.1 - 0.25) \times 2 -$ 　　$(3.2 - 0.2) - 0.5 \times 12$ 　　$= 83.3$ m $V_{砖基础1} = 83.3 \times 1.2 \times 0.2 = 19.992\ m^3$ DL2： $L = (16 + 0.5 - 0.2 \times 2 - 0.2) + (7 + 0.25 \times 2 - 0.2 \times 2) +$ 　　$(8 + 0.25 - 0.2 - 0.1 - 1.8)$ 　　$= 29.15$ m $V_{砖基础2} = 29.15 \times 1.2 \times 0.2 = 6.996\ m^3$ DL3： $L_3 = (4 + 0.25 - 0.2 - 0.1) \times 2 + (3 + 0.25 - 0.2 - 0.1) \times$ 　　$2 + (2 - 0.1 \times 2) + (2.2 - 0.1 - 0.25)$ 　　$= 17.45$ m $V_{砖基础3} = 17.45 \times 1.2 \times 0.2 = 4.188\ m^3$ 应扣构造柱体积： 一字形：S 断面积 $= 0.24 \times 0.2 + 0.03 \times 0.2 \times 2 = 0.06\ m^2$ 数量：19 $L_型$：S 断面积 $= 0.2 \times 0.2 + 0.03 \times 0.2 \times 2 = 0.052\ m^2$ 数量：5 $T_型$：S 断面积 $= 0.24 \times 0.2 + 0.03 \times 0.2 \times 3 = 0.066\ m^2$ 数量：13 $V_{构造柱} = 1.2 \times (0.06 \times 19 + 0.052 \times 5 + 0.066 \times 13)$ 　　$= 2.7096$ m $V_{矩形柱} = 0.2 \times 0.2 \times 1.2 \times 3 = 0.144\ m^3$ $V_总 = (19.992 + 6.996 + 4.188) - (2.7096 + 0.144)$ 　　$= 28.32\ m^3$
2	01040017	多孔砖墙（厚 200)	m^3	78.25	外墙砖工程量 = (外墙面积 - 门窗洞口所占面积)×墙体厚度 - 水平系梁、构造柱、翻遍所占体积 一层：$S = (16 - 0.5 \times 2) \times (3.6 - 0.7) \times 2 + (16 - 0.5 \times 2) \times$ $(3.6 - 0.65) + (16 - 0.5 \times 2 - 1.85) \times (3.6 - 0.65) + (1.8 +$ $0.05 + 0.1) \times (3.6 - 0.55) + (1.8 - 0.25 + 0.1) \times (3.6 - 0.65)$ $+ (2.2 - 0.25 - 0.1) \times (3.6 - 0.35) = 186.87\ m^2$ $S_{门窗} = 2.4 \times 2 \times 5 + 1.5 \times 2.6 + 1.5 \times 0.9 + 1.5 \times 0.8 \times 3$ $= 32.85\ m^2$

续表 20-4

序号	定额编号	定额名称	定额单位	数量	工程量计算式
2	01040017	多孔砖墙(厚 200)	m³	78.25	$V_{水平系梁} = 0.949 \text{ m}^3$ $V_{构造柱} = (0.054 \times 2.9 + 0.03 \times 0.2 \times 0.9) \times 5 + 0.06 \times 2.9 \times 2$ $+ 0.06 \times 8 \times 2.95 + 0.052 \times 2.95 + 0.056 \times 3.05 + 0.056 \times$ $2.95 = 3.063 \text{ m}^3$ $V_{翻遍} = ((3 - 0.25 - 0.1) + (4 - 0.25 - 0.1) + (8 - 0.25 \times 2 -$ $0.2 \times 2)) \times 0.2 \times 0.2 = 0.536 \text{ m}^3$ $V_{梯梁} = 0.2 \times 0.35 \times (3 - 0.25 - 0.1) = 0.185\ 5 \text{ m}^3$ $V_{梯柱} = 0.2 \times 0.2 \times 1.8 = 0.072 \text{ m}^3$ $V_{墙} = (186.87 - 32.85) \times 0.2 - (0.949\ 44 + 3.063\ 4 + 0.536 +$ $0.1855 + 0.072) = 25.997\ 66 \text{ m}^3$ 二层同一层 $V_2 = 25.998 \text{ m}^3$ 三层：$25.998 + 0.186 + 0.072 = 26.255 \text{ m}^3$ $V_{总} = 25.997\ 66 \times 2 + 26.255\ 16 = 78.25 \text{ m}^3$
3	01040017	女儿墙(多孔砖墙厚 200)	m³	9.6	$V = 墙长 \times 墙高 \times 墙厚 - V_{构造柱}$ $V = (16.5 - 0.2) \times 4 \times 0.8 \times 0.2 - 0.832 = 9.6 \text{ m}^3$
4	01040028	加气混凝土砌块墙厚 200 换为【混合砂浆(细砂) M7.5 P.S 32.5(未计价)】	m³	91.06	内墙砖工程量 = (内墙面积 - 门窗洞口所占面积) × 墙体厚度 - 水平系梁、构造柱、翻遍、过梁所占体积 一层、二层相同： $S = 14.6 \times 3.05 + (6.8 - 0.25 - 0.1) \times 2.95 + (8 - 0.5) \times 2.95$ $+ (8 - 1.8 - 0.1 - 0.25 - 3) \times 2.95 + (7 + 0.05 \times 2) \times 3.05 +$ $(7 - 0.25 \times 2) \times 2.95 + (8 + 0.05 - 0.1 - 1.8) \times 3.05 + (3 -$ $0.4 + 0.05) \times 3.25 \times 2 + (4 + 0.05 - 0.1) \times 3.25 \times 2 + (2 -$ $0.2) \times 3.48 = 202.842 \text{ m}^2$ $S_{门窗} = 1 \times 2.1 \times 6 + 1.5 \times 2.1 \times 2 + 0.75 \times 2.1 = 20.475 \text{ m}^2$ $V_{水平系梁} = 1.247 \text{ m}^3$ $V_{构造柱} = 6.673\ 3 - 3.0634 = 3.609\ 9 \text{ m}^3$ $V_{翻遍} = 1.310\ 4 - 0.536 = 0.774\ 4 \text{ m}^3$ $V_{过梁} = 0.414\ 2 \text{ m}^3$ $V_{梯柱} = 0.2 \times 0.2 \times 1.8 = 0.072 \text{ m}^3$ $V_{梯梁} = 0.2 \times 0.25 \times (1.8 - 0.25 - 0.2 + 1.8 + 0.05 - 0.2) =$ 0.15 m^3 $V_{墙} = (202.8415 - 20.475) \times 0.2 - (1.2468 + 3.6099 + 0.7744$ $+ 0.4142 + 0.15) = 30.278 \text{ m}^3$ 三层：$V = 30.278 + 0.072 + 0.15 = 30.5 \text{ m}^3$ $V_{总} = 30.278 \times 2 + 30.5 = 91.056 \text{ m}^3$

续表 20-4

序号	定额编号	定额名称	定额单位	数量	工程量计算式
5	01040026	加气混凝土砌块墙厚100换为【混合砂浆(细砂)M7.5 P.S 32.5(未计价)】(百叶装饰墙)	m³	2.50	$V = (10.8 + 0.3 - 0.7) \times 0.6 \times 0.1 \times 4 = 2.496 \text{ m}^3$
6	01040027	加气混凝土砌块墙厚120换为【混合砂浆(细砂)M7.5 P.S 32.5(未计价)】(屋面上人孔)	m³	0.094	$V = ((0.82 - 0.12) + (0.72 - 0.12)) \times 2 \times 0.12 \times 0.3 = 0.093\,6 \text{ m}^3$
7	01040084	砖砌台阶	m²	1.11	$S = 0.6 \times (2.2 - 0.25 - 0.1) = 1.11 \text{ m}^2$

20.2.5　混凝土及钢筋混凝土工程

混凝土及钢筋混凝土工程量计算如表 20-5 所示。

表 20-5　混凝土及钢筋混凝土工程量计算表

序号	定额编号	定额名称	定额单位	数量	工程量计算式
1	01050068	C15 商品混凝土施工 基础垫层 混凝土	m³	8.25	承台垫层： $V_{\text{CT1}} = (0.8 + 0.2) \times (2.2 + 0.2) \times 0.1 \times 8 = 1.92 \text{ m}^3$ $V_{\text{CT2}} = (2.2 + 0.2) \times (2.2 + 0.2) \times 0.1 = 0.576 \text{ m}^3$ 地梁垫层： DL1： $L_1 = 16 \times 4 + 16 \times 2 - 2.4 \times 8 - 0.5 \times 8 = 72.8 \text{ m}$ $V_1 = 72.8 \times 0.5 \times 0.1 = 3.64 \text{ m}^3$ DL2： $L_2 = (16 - 0.05 \times 2 - 0.3) + (7 - 0.05 \times 2) +$ $\quad (8 - 0.15 - 0.05)$ $\quad = 3.03 \text{ m}$ $V_2 = 30.3 \times 0.45 \times 0.1 = 1.3635 \text{ m}$ DL3： $L_3 = (4 - 0.05 - 0.125) \times 2 + (3 - 0.05 - 0.125) \times 2$ $\quad + (2 - 0.225 \times 2) + (2.2 - 0.25 - 0.125) = 16.675 \text{ m}$ $V = 16.675 \times 0.45 \times 0.1 = 0.75 \text{ m}^3$ $V_{\text{垫层}} = 1.92 + 0.576 + 3.64 + 1.3635 + 0.750\,375$ $\quad = 8.25 \text{ m}^3$

续表 20-5

序号	定额编号	定额名称	定额单位	数量	工程量计算式
2	01050075	商品混凝土施工 桩承台 换为【(商)混凝土 C30】	m³	13.24	CT-1，8个： $V_1 = 0.8 \times 2.2 \times 0.7 \times 8 = 9.856$ m³ CT-2，1个： $V_2 = 2.2 \times 2.2 \times 0.7 = 3.388$ m³ $V_总 = 9.856 + 3.388 = 13.24$ m³
3	01050093	商品混凝土施工 基础梁 换为【(商)混凝土 C30】	m³	21.81	地梁1： $L_1 = 16 \times 4 + 16 \times 2 - (2.2 \times 8 + 0.4 \times 8) = 75.2$ m $V_1 = 75.2 \times 0.3 \times 0.7 = 15.792$ m³ 地梁2： $L_2 = (16 - 0.05 \times 2 - 0.3) + (7 - 0.05 \times 2) + (8 - 0.05 - 0.15) = 30.3$ m $V_2 = 30.3 \times 0.6 \times 0.25 = 4.545$ m³ 地梁3： $L_3 = (4 - 0.05 - 0.125) \times 2 + (3 - 0.05 - 0.125) \times 2 + (2 - 0.125 \times 2) + (2.2 - 0.25 - 0.125) = 16.875$ m $V_3 = 16.875 \times 0.35 \times 0.25 = 1.4766$ m $V_总 = 15.79 + 4.545 + 1.4765625 = 21.81$ m³
4	01050084	商品混凝土施工 矩形柱断面周长 1.8 m以外换为【(商)混凝土 C30】	m³	27	$H = 10.8 - (-1.2) = 12$ m $V = 12 \times 0.5 \times 0.5 \times 9 = 27$ m³
5	01050082	商品混凝土施工 矩形梯柱断面周长 1.2 m以内 换为【(商)混凝土 C30】	m³	0.576	$V = 0.2 \times 0.2 \times 1.8 \times 3 + 0.2 \times 0.2 \times (1.2 + 1.8) \times 3 = 0.576$ m³
6	01050088	商品混凝土施工 C30构造柱	m³	23.59	基础：构造柱： $V_构 = 1.2 \times (0.06 \times 19 + 0.052 \times 5 + 0.066 \times 13) = 2.71$ m³ 断面形式： 一字形：$S_{断面积} = 0.24 \times 0.2 + 0.03 \times 0.2 \times 2 = 0.06$ m² 数量：19 L型：$S_{断面积} = 0.2 \times 0.2 + 0.03 \times 0.2 \times 2 = 0.052$ m² 数量：5 T形：$S_{断面积} = 0.24 \times 0.2 + 0.03 \times 0.2 \times 3 = 0.066$ m² 数量：13

续表 20-5

序号	定额编号	定额名称	定额单位	数量	工程量计算式
6	01050088	商品混凝土施工 C30 构造柱	m³	23.59	一层： $H_1 = 2.9$ m　$V = 0.066 \times 2.9 \times 2 + (0.054 \times 2.9 + 0.03 \times 0.2 \times 0.9) \times 5 = 1.193$ m³ $H_2 = 2.95$ m　$V = 0.052 \times 2.95 \times 3 + 0.06 \times 2.95 \times 10 + 0.066 \times 2.95 \times 6 = 3.398$ m³ $H = 3.05$ m　$V = 0.066 \times 3.05 \times 3 + 0.06 \times 3.05 \times 4 + 0.052 \times 3.05 \times 2$ $= 1.6531$ m³ $H = 3.25$ m　$V = 0.066 \times 3.25 \times 2 = 0.429$ m³ 一层总计：$V = 1.192\,8 + 3.398\,4 + 1.653\,1 + 0.429$ $= 6.673$ m³ 二层同一层：$V = 6.673$ m³ 三层：$V = 1.1928 + 3.3984 + 1.6531 + (0.066 \times 3.48 \times 2) = 6.71$ m³ 女儿墙构造柱： $V = (0.2 \times 0.2 + 0.2 \times 0.03 \times 2) \times 0.8 \times 20 = 0.832$ m³ 总计：$V_{总} = 6.673 \times 2 + 6.703 + 2.71 + 0.832$ $= 23.59$ m³
7	01050094	单梁连续梁	m³	1.40	$V = 2.625 \times 0.3 \times 0.7 \times 2 = 1.103$ m³ $V_{PTL1} = (0.2 \times 0.25) \times (1.8 - 0.25 - 0.2 + 1.8 - 0.2 + 0.05) \times 2 = 0.3$ m³ $V_{总} = 1.1025 + 0.3 = 1.403$ m³
8	01050097	商品混凝土施工 C30 过梁	m³	1.24	$M1:(1 + 0.25 + 0.12 - 0.03) \times 0.2 \times 0.1 \times 6$ $= 0.1608$ m³ $M2:(1.5 + 0.25 \times 2) \times 0.2 \times 0.2 = 0.08$ m³ $M3:(2.2 - 0.1 - 0.25 - 0.03 \times 2) \times 0.2 \times 0.2$ $= 0.0716$ m³ $M4: (0.75 + 0.25 + 0.12 - 0.03) \times 0.2 \times 0.1$ $= 0.0218$ m³ 开水间门洞：$(1.5 + 0.25 \times 2) \times 0.2 \times 0.2 = 0.08$ m³ $V_{总} = (0.160\,8 + 0.08 + 0.071\,6 + 0.021\,8 + 0.08) \times 3$ $= 1.243$ m³
9	01050129	商品混凝土(C20)施工压顶	m³	1.30	女儿墙压顶：$V = (16.5 - 0.2) \times 4 \times 0.2 \times 0.1$ $= 1.304$ m³
10	01050109	商品混凝土施工 有梁板 换为【(商)混凝土 C30】	m³	155.1	C30 框架梁： 一层、二层相同，其中一层计算如下： $V_{KL1} = (0.3 \times 0.65) \times (16 - 0.5 \times 2) \times 2 = 5.85$ m³ $V_{KL2} = (0.3 \times 0.65) \times (16 - 0.5 \times 2) = 2.925$ m³ $V_{KL3} = (0.3 \times 0.7) \times (16 - 0.5 \times 2 + 16 - 0.5 \times 2 - 2.625) = 5.74875$ m³

续表 20-5

序号	定额编号	定额名称	定额单位	数量	工程量计算式
10	01050109	商品混凝土施工 有梁板 换为【(商)混凝土 C30】	m³	155.1	$V_{KL4} = (0.3 \times 0.65) \times (16 - 0.5 \times 2) = 2.925 \text{ m}^3$ $L_{L1} = (4 - 0.05 - 0.25/2) \times 2 + (8 - 3 - 0.25/2 - 0.05) + (3 - 0.25/2 - 0.05) \times 2 + (2.2 - 0.25 - 0.25/2) = 19.95 \text{ m}$ $L_{L2} = (8 - 0.05 - 0.3/2) + (16 - 0.05 \times 2 - 0.3) \times 2 + (7 - 0.05 \times 2) = 45.9 \text{ m}$ $L_{L3} = 3 - 0.3/2 - 0.25/2 = 2.725 \text{ m}$ $V_{L1} = 0.2 \times 0.35 \times 19.95 = 1.396\,5 \text{ m}^3$ $V_{L2} = 0.25 \times 0.55 \times 45.9 = 6.311\,25 \text{ m}^3$ $V_{L3} = 0.2 \times 0.35 \times 2.725 = 0.190\,75 \text{ m}^3$ 一层总计：$5.85 + 2.925 + 5.748\,75 + 2.925 + 1.396\,5 + 6.311\,25 + 0.190\,75 = 25.347 \text{ m}^3$ C30 现浇混凝土 120 mm 板： 一层、二层相同，其中一层计算如下： 卫生间男：$V = (4 - 0.05 - 0.125) \times (3 - 0.05 - 0.1) \times 0.12 = 1.308 \text{ m}^3$ 储物间、洗手台：$V = (2 - 0.2) \times (4 - 0.05 - 0.125) \times 0.12 = 0.826 \text{ m}^3$ 卫生间女：$V = (3 - 0.1 - 0.15) \times (4 - 0.05 - 0.125) \times 0.12 = 1.262 \text{ m}^3$ 开水间：$V = (3 - 0.05 - 0.125) \times (2.4 - 0.05 - 0.1) \times 0.12 = 0.763 \text{ m}^3$ 无名间：$V = (3.2 - 0.1 \times 2) \times (3 - 0.05 - 0.125) \times 0.12 = 1.107 \text{ m}^3$ 库房：$V = (2.4 - 0.1 - 0.15) \times ((3 - 0.05 - 0.125) \times 0.12 = 0.729 \text{ m}^3$ 楼道：$V = (6.2 - 0.1 - 0.15) \times (2.2 - 0.25 - 0.125) \times 0.12 = 1.303 \text{ m}^3$ $V = (8 - 0.15 - 0.05) \times (2.2 - 0.25 - 0.125) \times 0.12 = 1.728 \text{ m}^3$ 阳台：$V = (1.8 - 0.05 - 0.1) \times (2.2 - 0.25 - 0.125) \times 0.12 = 0.361 \text{ m}^3$ 实训室一、二：$V = (8 - 0.05 - 0.15) \times (3.4 - 0.125 \times 2) \times 0.12 \times 2 + (8 - 0.05 - 0.15) \times (3.4 - 0.05 - 0.125) \times 0.12 \times 2 = 11.934 \text{ m}^3$ 办公室：$V = (5 - 0.125 - 0.05) \times (3.5 - 0.05 - 0.1) \times 0.12 \times 2 = 3.879 \text{ m}^3$

续表 20-5

序号	定额编号	定额名称	定额单位	数量	工程量计算式
10	01050109	商品混凝土施工 有梁板 换为【(商)混凝土C30】	m³	155.1	楼梯间：$V = (3 - 0.15 - 0.125) \times (2.22 - 0.1 - 0.05) \times 0.1 = 0.564 \text{ m}^3$ $V_总 = 1.308\,2 + 0.826\,2 + 1.262\,3 + 0.762\,8 + 1.107 + 0.728\,9 + 1.303\,1 + 1.728\,2 + 0.361\,4 + 11.934 + 3.879\,3 + 0.564\,1 = 25.765 \text{ m}^3$ 屋面层计算如下 $V_{WKL1} = (0.3 \times 0.65) \times (16 - 0.5 \times 2) \times 2 = 5.85 \text{ m}^3$ $V_{WKL2} = (0.3 \times 0.65) \times (16 - 0.5 \times 2) = 2.925 \text{ m}^3$ $V_{WKL3} = (0.3 \times 0.7) \times (16 - 0.5 \times 2) \times 2 = 6.3 \text{ m}^3$ $V_{WKL4} = (0.3 \times 0.65) \times (16 - 0.5 \times 2) = 2.925 \text{ m}^3$ $V_{WL1} = (0.25 \times 0.55) \times (7 - 0.05 \times 2 - 0.25) = 0.9144 \text{ m}^3$ $V_{WL2} = (0.25 \times 0.55) \times ((16 - 0.05 \times 2 - 0.3) + (16 - 0.05 \times 2 - 0.3) \times 2) = 6.435 \text{ m}^3$ 屋面层总计：$V_总 = 5.85 + 2.925 + 6.3 + 2.925 + 0.9144 + 6.435 = 25.349 \text{ m}^3$ C30 现浇 120 mm 屋面板： $V_1 = (8 - 0.05 - 0.15) \times (4 - 0.05 - 0.125) \times 0.12 = 3.5802 \text{ m}^3$ $V_2 = (8 - 0.05 - 0.15) \times (3 - 0.05 - 0.125) \times 0.12 = 2.644 \text{ m}^3$ $V_3 = (3 - 0.15 - 0.125) \times (4 - 0.05 - 0.125) \times 0.12 = 1.25 \text{ m}^3$ $V_4 = ((3 - 0.15 - 0.125) \times (3 - 0.125 - 0.05) - 0.82 \times 0.72) \times 0.12 = 0.853 \text{ m}^3$ $V_5 = (5 - 0.05 - 0.125) \times (4 - 0.05 - 0.125) \times 0.12 = 2.21 \text{ m}^3$ $V_6 = (5 - 0.05 - 0.125) \times (3 - 0.05 - 0.125) \times 0.12 = 1.64 \text{ m}^3$ $V_7 = (8 - 0.05 - 0.15) \times (2.2 - 0.25 - 0.125) \times 0.12 \times 2 = 3.42 \text{ m}^3$ $V_8 = (8 - 0.05 - 0.15) \times (3.4 - 0.125 \times 2) \times 0.12 \times 2 = 5.89 \text{ m}^3$ $V_9 = (8 - 0.05 - 0.15) \times (3.4 - 0.05 - 0.125) \times 0.12 \times 2 = 6.04 \text{ m}^3$ $V_总 = 3.580\,2 + 2.644\,2 + 1.250\,8 + 0.853 + 2.214\,7 + 1.635\,7 + 3.416\,4 + 5.896\,8 + 6.037\,2 = 27.529 \text{ m}^3$ 所以有梁板工程量为：$V = 25.347\,25 \times 2 + 25.765\,5 \times 2 + 25.349\,4 + 27.529 = 155.10 \text{ m}^3$

续表 20-5

序号	定额编号	定额名称	定额单位	数量	工程量计算式
11	01050029	圈梁（水平系梁）	m^3	6.68	外墙：$L = (16.5 - 0.2) \times 4 + (1.8 + 0.05 + 0.2) \times 2 - (2.4 \times 5 + 1.5 \times 2 + 0.9 \times 3 + 0.27 \times 5 + 0.3 \times 7 + 0.26 \times 5 + 0.5 \times 4 + 0.4 \times 10) = 40.85$ m $V = 40.85 \times 0.12 \times 0.2 = 0.98$ m^3 内墙：$L = (14.7 + 0.05 - 2 \times 0.03 - 0.26 - 0.3 \times 3 - 1 \times 2) + (14.7 + 0.05 - 0.03 - 0.25 - 0.5 - 3 - 0.23 \times 2 - 0.26 - 0.3 - 1 - 1.5) + (6.8 - 0.1 - 0.25 - 0.03 - 0.3 \times 2) + (7 + 0.1 - 0.03 - 0.3) + (7 - 0.25 \times 2 - 0.26) + (8 + 0.05 - 0.1 - 2 - 2 \times 0.03 - 0.26 \times 2 - 0.23 \times 2) + (2 - 0.2 - 0.03 \times 2) + (4 + 0.05 - 0.1 - 1 - 0.03 \times 2 - 0.26) \times 2 - 0.75 + ((3 - 0.2 - 0.03 \times 2) \times 2 - 1.5 - 1) = 51.95$ m $V = 51.95 \times 0.12 \times 0.2 = 1.247$ m^3 $V_{总} = 0.9804 \times 3 + 1.2468 \times 3 = 6.68$ m^3
12	01050096	商品混凝土施工 C20 防水翻边	m^3	3.72	一、二、三相同： $V = ((2.4 - 0.25 - 0.3 - 0.16) + (3 - 0.16 + 0.05 - 0.06 - 1.5) + (7 - 0.25 \times 2 - 0.3 \times 2) + (4 + 0.05 - 0.16 - 0.3 - 1) \times 2 + (2 - 0.16 \times 2) + (3 + 0.05 - 0.06 - 0.16 - 0.3) + (3 - 0.16 \times 2 - 0.3) + (8 - 0.25 \times 2 - 0.3 \times 2) + (4 - 0.16 - 0.25 - 0.2)) \times 0.2 \times 0.2 = 1.239$ m^3 $V_{总} = 1.239 \times 3 = 3.72$ m^3
13	01050128换	商品混凝土施工 挑檐天沟－空调板换为【(商)混凝土 C30】	m^3	0.37	$V = 6 \times 0.1 \times 1.2 \times 0.52 = 0.37$ m^3
14	01050128换	商品混凝土施工 挑檐天沟－挑檐板换为【(商)混凝土 C30】	m^3	8.21	$V = 0.6 \times 0.2 \times (16.5 \times 4 + 4 \times 0.3 \times 2) = 8.21$ m^3
15	01050121	商品混凝土施工 楼梯 板式换为【(商)混凝土 C30】	m^2	26.9	$S = ((2.97 + 1.8 + 0.05) \times (3 - 0.1 \times 2) - 0.3 \times 0.15) \times 2 = 26.90$ m^2

20.2.6　门窗工程

门窗工程量计算如表 20-6 所示。

表 20-6　门窗工程量计算表

序号	定额编号	定额名称	定额单位	数量	工程量计算式
1	b1	夹板门 1 000×2 100	m^2	37.8	$S = 1 \times 2.1 \times 18 = 37.8 \ m^2$
2	b2	夹板门 1 500×2 100	m^2	9.45	$S = 1.5 \times 2.1 \times 3 = 9.45 \ m^2$
3	b3	铝合金单玻门 1 500×2 600	m^2	11.7	$S = 1.5 \times 2.6 \times 3 = 11.7 \ m^2$
4	b4	夹板门 750×2100	m^2	4.73	$S = 0.75 \times 2.1 \times 3 = 4.725 \ m^2$
5	b5	铝合金单玻窗	m^2	88.2	$S = 0.9 \times 1.5 \times 9 + 1.5 \times 0.9 \times 3 + 2.4 \times 2 \times 15 = 88.2 \ m^2$
6	b6	成品金属百叶	m^2	24.96	$S = 1.2 \times (10.8 + 0.3 - 0.7) = 24.96 \ m^2$

20.2.7　屋面及防水工程

屋面及防水工程量计算如表 20-7 所示。

表 20-7　屋面及防水工程量计算表

序号	定额编号	定额名称	定额单位	数量	工程量计算式
1	01080046	屋面卷材防水	m^2	275.49	$S_1 = (16 + 0.05 \times 2) \times (16 + 0.05 \times 2) - (0.72 \times 0.82) = 258.619 \ 6 \ m^2$ 卷边：$S_{卷边} = (16 + 0.05 \times 2) \times 4 \times 0.25 + (0.72 + 0.82) \times 2 \times 0.25 = 16.87 \ m^2$ 合计：$258.619 \ 6 + 16.87 = 275.49 \ m^2$
2	01090019	屋面找平层 1：3 水泥砂浆硬基层上 20 mm	m^2	258.62	$S = (16 + 0.05 \times 2) \times (16 + 0.05 \times 2) - (0.72 \times 0.82) = 258.62 \ m^2$
3	借 03132360	屋面保温隔热工程陶粒混凝土	m^3	10.34	$V = 258.6196 \times 0.04 = 10.34 \ m^3$
4	借 03132343换	屋面保温隔热工程硬泡聚氨酯保温 50 mm 实际厚度(mm)：80	m^2	258.62	$S = (16 + 0.05 \times 2) \times (16 + 0.05 \times 2) - (0.72 \times 0.82) = 258.619 \ m^2$

续表 20-7

序号	定额编号	定额名称	定额单位	数量	工程量计算式
5	01080046	挑檐板卷材防水	m²	41.04	$S = (16.5 + 0.3 \times 2) \times 4 \times 0.6 = 41.04 \text{ m}^2$
6	01080153	地面卫生间及开水房聚氨酯防水涂膜厚 1.5 mm	m²	37.59	$S_{卫生间(男)} = (4 + 0.05 - 0.1) \times (3 + 0.05 - 0.1) - 0.3 \times 0.3 = 11.563 \text{ m}^2$ $S_{卫生间(女)} = (3 - 0.2) \times (4 + 0.05 - 0.1) - 0.3 \times 0.15 = 11.015 \text{ m}^2$ $S_{开水间} = (3 - 0.1 + 0.05) \times (2.4 + 0.05 - 0.1) - 0.3 \times 0.3 = 6.843 \text{ m}^2$ $S_{卷边} = ((3 + 0.05 - 0.1 + 2.4 + 0.05 - 0.1) \times 2 - 1.5 + 0.2 \times 2 + (3 - 0.2 + 4 + 0.05 - 0.1) \times 2 - 0.75 - 1 + 0.07 \times 4 + (3 + 0.05 - 0.1 + 4 + 0.05 - 0.1) \times 2 - 1 + 0.07 \times 2) \times 0.25 = 8.168 \text{ m}^2$ $S_总 = 11.5625 + 11.015 + 6.8425 + 8.167\,5 = 37.59 \text{ m}^2$
7	01080153 ×0.6	地面卫生间及开水房聚氨酯防水涂膜 厚 每增减 0.5 mm 子目×0.6	m²	37.59	$S_{卫生间(男)} = (4 + 0.05 - 0.1) \times (3 + 0.05 - 0.1) - 0.3 \times 0.3 = 11.563 \text{ m}^2$ $S_{卫生间(女)} = (3 - 0.2) \times (4 + 0.05 - 0.1) - 0.3 \times 0.15 = 11.015 \text{ m}^2$ $S_{开水间} = (3 - 0.1 + 0.05) \times (2.4 + 0.05 - 0.1) - 0.3 \times 0.3 = 6.843 \text{ m}^2$ $S_{卷边} = ((3 + 0.05 - 0.1 + 2.4 + 0.05 - 0.1) \times 2 - 1.5 + 0.2 \times 2 + (3 - 0.2 + 4 + 0.05 - 0.1) \times 2 - 0.75 - 1 + 0.07 \times 4 + (3 + 0.05 - 0.1 + 4 + 0.05 - 0.1) \times 2 - 1 + 0.07 \times 2) \times 0.25 = 8.168 \text{ m}^2$ $S_总 = 11.5625 + 11.015 + 6.8425 + 8.1675 = 37.59 \text{ m}^2$
8	01080153换	楼面卫生间及开水房聚氨酯防水涂膜厚 1.5 mm(实际厚度 1.2 mm)	m²	75.18	$S_{卫生间(男)} = (4 + 0.05 - 0.1) \times (3 + 0.05 - 0.1) - 0.3 \times 0.3 = 11.563 \text{ m}^2$ $S_{卫生间(女)} = (3 - 0.2) \times (4 + 0.05 - 0.1) - 0.3 \times 0.15 = 11.015 \text{ m}^2$ $S_{开水间} = (3 - 0.1 + 0.05) \times (2.4 + 0.05 - 0.1) - 0.3 \times 0.3 = 6.843 \text{ m}^2$ $S_{卷边} = ((3 + 0.05 - 0.1 + 2.4 + 0.05 - 0.1) \times 2 - 1.5 + 0.2 \times 2 + (3 - 0.2 + 4 + 0.05 - 0.1) \times 2 - 0.75 - 1 + 0.07 \times 4 + (3 + 0.05 - 0.1 + 4 + 0.05 - 0.1) \times 2 - 1 + 0.07 \times 2) \times 0.25 = 8.168 \text{ m}^2$ $S_总 = (11.563 + 11.015 + 6.843 + 8.168) \times 2 = 75.18 \text{ m}^2$

续表 20-7

序号	定额编号	定额名称	定额单位	数量	工程量计算式
9	01080153 ×(−0.6)	楼面卫生间及开水房聚氨酯防水涂膜厚每增减 0.5 mm 子目× (−0.6)	m²	75.18	$S_{卫生间(男)} = (4 + 0.05 - 0.1) \times (3 + 0.05 - 0.1) - 0.3 \times 0.3 = 11.5625 \text{ m}^2$ $S_{卫生间(女)} = (3 - 0.2) \times (4 + 0.05 - 0.1) - 0.3 \times 0.15 = 11.015 \text{ m}^2$ $S_{开水间} = (3 - 0.1 + 0.05) \times (2.4 + 0.05 - 0.1) - 0.3 \times 0.3 = 6.8425 \text{ m}^2$ $S_{卷边} = ((3 + 0.05 - 0.1 + 2.4 + 0.05 - 0.1) \times 2 - 1.5 + 0.2 \times 2 + (3 - 0.2 + 4 + 0.05 - 0.1) \times 2 - 0.75 - 1 + 0.07 \times 4 + (3 + 0.05 - 0.1 + 4 + 0.05 - 0.1) \times 2 - 1 + 0.07 \times 2) \times 0.25 = 8.1675 \text{ m}^2$ $S_{总} = (11.5625 + 11.015 + 6.8425 + 8.1675) \times 2 = 75.18 \text{ m}^2$
10	01080091	铸铁水斗 落水口直径ϕ100 mm	个	4	4
11	01080094	塑料排水管单屋面排水管系统直径ϕ110	m	44.4	$4 \times (10.8 + 0.3) = 44.4 \text{ m}$
12	01080100	塑料弯头	个	4	4
13	01080111	屋面出人孔盖板	套	1	1
14	01080213	建筑油膏嵌缝(散水沿墙)	m	66	$L = 16.5 \times 4 = 66 \text{ m}$
15	01080120	水泥砂浆防潮层	m²	25.98	地梁 1: $L_1 = 16 \times 4 + 16 \times 2 - (2.2 - 0.1 - 0.25) \times 2 - (3.2 - 0.2) - 0.5 \times 12$ $= 83.3 \text{ m}$ 地梁 2: $L_2 = (16 + 0.5 - 0.2 \times 2 - 0.2) + (7 + 0.25 \times 2 - 0.2 \times 2) + (8 + 0.25 - 0.2 - 0.1 - 1.8) = 29.15 \text{ m}$ 地梁 3: $L_3 = (4 + 0.25 - 0.2 - 0.1) \times 2 + (3 + 0.25 - 0.2 - 0.1) \times 2 + (2 - 0.1 \times 2) + (2.2 - 0.1 - 0.25) = 17.45 \text{ m}$ $S = (83.329.15 + 17.45) \times 0.2 = 25.98 \text{ m}^2$

20.2.8　楼地面装饰工程

楼地面装饰工程量计算如表 20-8 所示。

表 20-8　楼地面装饰工程量计算表

序号	定额编号	定额名称	定额单位	数量	工程量计算式
1	01090025	储物间水泥砂浆地面面层 20 mm 厚(地面)	m^2	3.51	$S = (2 + 0.05 - 0.1) \times (2 - 0.1 \times 2) = 3.51 \ m^2$
2	01090025	储物间水泥砂浆楼面面层 20 mm 厚(楼面)	m^2	7.02	$S = 3.51 \times 2 = 7.02 \ m^2$
3	01090013	储物间地面垫层 混凝土地坪 C15，$h = 50$ mm 商品混凝土	m^3	0.18	$V = (2 + 0.05 - 0.1) \times (2 - 0.1 \times 2) \times 0.05 = 0.18 \ m^3$
4	01090005	储物间地面垫层 150 mm 碎石 干铺	m^3	0.527	$V = (2 + 0.05 - 0.1) \times (2 - 0.1 \times 2) \times 0.15 = 0.527 \ m^3$
5	01090105	卫生间及开水房陶瓷地砖地面周长在 1 200 mm 以内(地面)	m^2	30.27	$S_{卫生间(男)} = (4 + 0.05 - 0.1) \times (3 + 0.05 - 0.1) - 0.3 \times 0.3 + 0.2 \times 1 = 11.763 \ m^2$ $S_{卫生间(女)} = (3 - 0.2) \times (4 + 0.05 - 0.1) - 0.3 \times 0.15 + 0.2 \times (0.75 + 1) = 11.365 \ m^2$ $S_{开水间} = (3 - 0.1 + 0.05) \times (2.4 + 0.05 - 0.1) - 0.3 \times 0.3 + 0.2 \times 1.5 = 7.143 \ m^2$ $S_{总} = 11.763 + 11.365 + 7.143 = 30.27 \ m^2$
6	01090105	卫生间及开水房陶瓷地砖楼面周长在 1 200 mm 以内(楼面)	m^2	60.54	$S_{卫生间(男)} = (4 + 0.05 - 0.1) \times (3 + 0.05 - 0.1) - 0.3 \times 0.3 + 0.2 \times 1 = 11.763 \ m^2$ $S_{卫生间(女)} = (3 - 0.2) \times (4 + 0.05 - 0.1) - 0.3 \times 0.15 + 0.2 \times (0.75 + 1) = 11.365 \ m^2$ $S_{开水间} = (3 - 0.1 + 0.05) \times (2.4 + 0.05 - 0.1) - 0.3 \times 0.3 + 0.2 \times 1.5 = 7.143 \ m^2$ $S_{总} = (11.762 5 + 11.365 + 7.142 5) \times 2 = 60.54 \ m^2$
7	01090019	卫生间及开水房地面找平层水泥砂浆硬基层上 20 mm(地面)	m^2	30.27	$S_{卫生间(男)} = (4 + 0.05 - 0.1) \times (3 + 0.05 - 0.1) - 0.3 \times 0.3 + 0.2 \times 1 = 11.763 \ m^2$ $S_{卫生间(女)} = (3 - 0.2) \times (4 + 0.05 - 0.1) - 0.3 \times 0.15 + 0.2 \times (0.75 + 1) = 11.365 \ m^2$ $S_{开水间} = (3 - 0.1 + 0.05) \times (2.4 + 0.05 - 0.1) - 0.3 \times 0.3 + 0.2 \times 1.5 = 7.143 \ m^2$ $S_{总} = 11.763 + 11.365 + 7.143 = 30.27 \ m^2$
8	01090019	卫生间及开水房楼面找平层水泥砂浆硬基层上 20 mm(楼面)	m^2	60.54	$S_{卫生间(男)} = (4 + 0.05 - 0.1) \times (3 + 0.05 - 0.1) - 0.3 \times 0.3 + 0.2 \times 1 = 11.763 \ m^2$ $S_{卫生间(女)} = (3 - 0.2) \times (4 + 0.05 - 0.1) - 0.3 \times 0.15 + 0.2 \times (0.75 + 1) = 11.365 \ m^2$ $S_{开水间} = (3 - 0.1 + 0.05) \times (2.4 + 0.05 - 0.1) - 0.3 \times 0.3 + 0.2 \times 1.5 = 7.143 \ m^2$ $S_{总} = (11.762 5 + 11.365 + 7.142 5) \times 2 = 60.54 \ m^2$
9	01090013	卫生间及开水房地面垫层 $h = 40$ mm 混凝土地坪 商品混凝土	m^3	1.21	$V = 30.27 \times 0.04 = 1.210 8 \ m^3$
10	01090023	卫生间及开水房楼面找平层商品细石混凝土硬基层面上厚 30 mm 换为【(商)混凝土 C20】	m^2	60.54	$S_{卫生间(男)} = (4 + 0.05 - 0.1) \times (3 + 0.05 - 0.1) - 0.3 \times 0.3 + 0.2 \times 1 = 11.763 \ m^2$ $S_{卫生间(女)} = (3 - 0.2) \times (4 + 0.05 - 0.1) - 0.3 \times 0.15 + 0.2 \times (0.75 + 1) = 11.365 \ m^2$ $S_{开水间} = (3 - 0.1 + 0.05) \times (2.4 + 0.05 - 0.1) - 0.3 \times 0.3 + 0.2 \times 1.5 = 7.143 \ m^2$ $S_{总} = (11.7625 + 11.365 + 7.1425) \times 2 = 60.54 \ m^2$

续表 20-8

序号	定额编号	定额名称	定额单位	数量	工程量计算式
11	01090107	其他房间陶瓷地砖地面周长在 2 000 mm 以内（地面）	m²	211.93	$S_{库房} = (2.4 - 0.2) \times (3 + 0.05 - 0.1) - 0.3 \times 0.15 + 1 \times 0.2 = 6.645$ m² $S_{楼梯间} = (7 + 0.1) \times (3 - 0.2) - 0.3 \times 0.15 \times 2 + 1.5 \times 0.2 = 20.09$ m² $S_{办公室} = (5 - 0.1 + 0.05) \times (7 + 0.1) - 0.3 \times 0.3 \times 2 + 1 \times 0.2 = 35.165$ m² $S_{走廊} = (2.2 - 0.1 - 0.05 - 0.2) \times (8 + 0.05 + 5.6 + 2.4 - 1.8) + 0.2 \times 1.5 = 26.625$ m² $S_{室外平台} = (2.2 - 0.1 - 0.25) \times (1.8 + 0.25 - 0.1 - 0.3 \times 2) = 2.498$ m² $S_{实训室1} = (8 - 0.1 + 0.05) \times (6.8 - 0.1 + 0.05) - 0.3 \times 0.3 - 0.3 \times 0.15 + 0.2 \times 1 = 53.728$ m² $S_{实训室2} = 53.728$ m² $S_{其他} = (3 + 0.05 - 0.1) \times 3 + 3 \times 0.2 + (2 - 0.2) \times (2 - 0.2) + (2 - 0.2) \times 0.2 + 1 \times 0.2 \times 2 = 13.45$ m² $S_{总} = 6.645 + 20.09 + 35.165 + 26.625 + 2.498 + 53.728 \times 2 + 13.45 = 211.93$ m²
12	01090107	其他房间陶瓷地砖楼面周长在 2 000 mm 以内	m²	399.17	$S_{库房} = (2.4 - 0.2) \times (3 + 0.05 - 0.1) - 0.3 \times 0.15 + 1 \times 0.2 = 6.645$ m² $S_{楼梯间} = (7 + 0.1) \times (3 - 0.2) - 0.3 \times 0.15 \times 2 + 1.5 \times 0.2 = 20.09$ m² $S_{办公室} = (5 - 0.1 + 0.05) \times (7 + 0.1) - 0.3 \times 0.3 \times 2 + 1 \times 0.2 = 35.165$ m² $S_{走廊} = (2.2 - 0.1 - 0.05 - 0.2) \times (8 + 0.05 + 5.6 + 2.4 - 1.8) + 0.2 \times 1.5 = 26.625$ m² $S_{阳台} = (2.2 - 0.1 - 0.25) \times (1.8 + 0.25 - 0.1) = 3.608$ m² $S_{实训室1} = (8 - 0.1 + 0.05) \times (6.8 - 0.1 + 0.05) - 0.3 \times 0.3 - 0.3 \times 0.15 + 0.2 \times 1 = 53.7275$ m² $S_{实训室2} = 53.728$ m² $S_{其他} = (3 + 0.05 - 0.1) \times 3 + 3 \times 0.2 + (2 - 0.2) \times (2 - 0.2) + (2 - 0.2) \times 0.2 + 1 \times 0.2 \times 2 = 13.45$ m² $S_{楼梯} = (2.97 + 1.8 + 0.05) \times (3 - 0.1 \times 2) - 0.3 \times 0.15 = 13.451$ m² $S_{总} = (6.645 + 20.09 + 35.165 + 26.625 + 3.608 + 53.728 \times 2 + 13.45 - 13.451) \times 2 = 399.173$ m²
13	01090013	其他房间地面垫层 50 mm 混凝土地坪商品混凝土	m³	10.40	库房：$S = (3 + 0.05 - 0.1) \times (2.4 - 0.2) = 6.49$ m² $V = 6.49 \times 0.05 = 0.325$ m³ 楼道：$S = 2 \times (2 - 0.2) + (3 + 0.25 - 0.1) \times (3.2 - 0.2) + (16 - 1.8 + 0.05 - 0.1) \times (2.2 - 0.25 - 0.1) = 39.2275$ m² $V = 39.2275 \times 0.05 = 1.961$ m³ 办公室：$S = (7 + 0.05 \times 2) \times (5 + 0.05 - 0.1) = 35.145$ m² $V = 35.145 \times 0.05 = 1.757$ m³ 楼梯间：$S = (7 + 0.05 \times 2) \times (3 - 0.1 \times 2) = 19.88$ m² $V = 19.88 \times 0.05 = 0.994$ m³ 实训室一、二：$S = (8 + 0.05 - 0.1) \times (6.8 + 0.05 - 0.1) = 53.6625$ m²　$V = 53.6625 \times 0.05 \times 2 = 5.366$ m³ $V_{总} = 0.325 + 1.961 + 1.757 + 0.994 + 5.366 = 10.40$ m³

续表 20-8

序号	定额编号	定额名称	定额单位	数量	工程量计算式
14	01090006	其他房间地面垫层 150 mm 碎石灌浆	m³	32.21	库房：$S = (3 + 0.05 - 0.1) \times (2.4 - 0.2)$ $= 6.49 \text{ m2}$ $V = 6.49 \times 0.15 = 0.974 \text{ m}^3$ 楼道：$S = 2 \times (2 - 0.2) + (3 + 0.25 - 0.1) \times (3.2 - 0.2) + (16 - 1.8 + 0.05 - 0.1) \times (2.2 - 0.25 - 0.1)$ $= 39.2275 \text{ m}^2$ $V = 39.2275 \times 0.15 = 5.884 \text{ m}^3$ 办公室：$S = (7 + 0.05 \times 2) \times (5 + 0.05 - 0.1)$ $= 35.145 \text{ m}^2$ $V = 35.145 \times 0.15 = 5.272 \text{ m}^3$ 楼梯间：$S = (7 + 0.05 \times 2) \times (3 - 0.1 \times 2) = 19.88 \text{ m}^2$ $V = 19.88 \times 0.15 = 2.982 \text{ m}^3$ 实训室一、二： $S = (8 + 0.05 - 0.1) \times (6.8 + 0.05 - 0.1) = 53.662\ 5 \text{ m}^2$ $V = 53.662\ 5 \times 0.15 \times 2 = 16.099 \text{ m}^3$ $V_{总} = 0.974 + 5.884 + 5.272 + 2.982 + 16.099 = 31.21 \text{ m}^3$
15	01090019	其他房间楼面找平层水泥砂浆硬基层上 20 mm	m²	399.17	$S_{库房} = (2.4 - 0.2) \times (3 + 0.05 - 0.1) - 0.3 \times 0.15 + 1 \times 0.2 = 6.645 \text{ m}^2$ $S_{楼梯间} = (7 + 0.1) \times (3 - 0.2) - 0.3 \times 0.15 \times 2 + 1.5 \times 0.2 = 20.09 \text{ m}^2$ $S_{办公室} = (5 - 0.1 + 0.05) \times (7 + 0.1) - 0.3 \times 0.3 \times 2 + 1 \times 0.2 = 35.165 \text{ m}^2$ $S_{走廊} = (2.2 - 0.1 - 0.05 - 0.2) \times (8 + 0.05 + 5.6 + 2.4 - 1.8) + 0.2 \times 1.5 = 26.625 \text{ m}^2$ $S_{阳台} = (2.2 - 0.1 - 0.25) \times (1.8 + 0.25 - 0.1) = 3.608 \text{ m}^2$ $S_{实训室1} = (8 - 0.1 + 0.05) \times (6.8 - 0.1 + 0.05) - 0.3 \times 0.3 - 0.3 \times 0.15 + 0.2 \times 1 = 53.7275 \text{ m}^2$ $S_{实训室2} = 53.728 \text{ m}^2$ $S_{其他} = (3 + 0.05 - 0.1) \times 3 + 3 \times 0.2 + (2 - 0.2) \times (2 - 0.2) + (2 - 0.2) \times 0.2 + 1 \times 0.2 \times 2 = 13.45 \text{ m}^2$ $S_{楼梯} = (2.97 + 1.8 + 0.05) \times (3 - 0.1 \times 2) - 0.3 \times 0.15 = 13.451 \text{ m}^2$ $S_{总} = (6.645 + 20.09 + 35.165 + 26.625 + 3.608 + 53.728 \times 2 + 13.45 - 13.451) \times 2 = 399.173 \text{ m}^2$
16	01090113	陶瓷地砖楼梯面层	m²	0.3577	$S = ((2.97 + 1.8 + 0.05) \times (3 - 0.1 \times 2) - 0.3 \times 0.15) \times 2 \times 1.33 = 35.779 \text{ m}^2$
17	01090019	楼梯找平层	m²	35.78	$S = ((2.97 + 1.8 + 0.05) \times (3 - 0.1 \times 2) - 0.3 \times 0.15) \times 2 \times 1.33 = 35.779 \text{ m}^2$
18	01090025	台阶水泥砂浆面层 20 mm 厚	m²	1.64	$S = (2.2 - 0.25 - 0.1) \times (0.3 \times 2) \times 1.48 = 1.643 \text{ m}^2$
19	01090013	台阶地面 10 mm 垫层混凝土地坪商品混凝土	m³	0.11	$V = (2.2 - 0.25 - 0.1) \times (0.3 \times 2) \times 0.1 = 0.111 \text{ m}^3$
20	01090003	散水地面垫层土夹石	m³	4.10	$V = 41.04 \times 0.1 = 4.104 \text{ m}^3$
21	01090041	散水面层(商品混凝土)混凝土厚 60 mm 换为【(商)混凝土 C15】	m²	40.64	$S = 0.6 \times (16.5 \times 4 + 4 \times 0.3 \times 2) - 0.6 \times 0.1 \times 4 - 0.08 \times 1 \times 2 = 40.64 \text{ m}^2$
22	01090029	储物间水泥砂浆踢脚线	m	22.5	$L = ((2 - 0.2) + (2 - 0.1 + 0.05)) \times 2 \times 3 = 22.5 \text{ m}$

续表 20-8

序号	定额编号	定额名称	定额单位	数量	工程量计算式
23	01090111	除卫生间及开水房陶瓷地砖 踢脚线(地面)	m²	14.20	实训室 1：$L = (8 - 0.1 + 0.05 + 6.8 - 0.1 + 0.05) \times 2 - 1 + (0.2 - 0.06) = 28.54$ m 实训室 2：$L = (8 - 0.1 + 0.05 + 6.8 - 0.1 + 0.05) \times 2 - 1 + (0.2 - 0.06) = 28.54$ m 走道：$L = ((8 + 0.05 + 2.4 + 3.2 + 0.6) + (2.2 - 0.25 - 0.1)) \times 2 - 1.5 \times 2 - 1 \times 3 - 3 + 0.07 \times 10 = 23.9$ m 办公室：$L = ((5 + 0.05 - 0.1) + (7 + 0.1)) \times 2 - 1 + 0.07 \times 2 = 23.24$ m 楼梯间：$L = ((3 - 0.2) + (7 + 0.1)) \times 2 - 1.5 + 0.07 \times 2 = 18.44$ m 其余：$L = (3 - 0.1 + 0.05 + 0.2) \times 2 - 1.5 - 1 + (3.2 - 2) + (4 - 2) \times 2 - 1 \times 2 + 0.07 \times 6 = 7.42$ m 库房：$L = (2.4 - 0.2 + 3 - 0.1 + 0.05) \times 2 + 0.07 \times 2 = 10.44$ m 室外平台：$L = (1.8 - 0.1 - 0.25 - 0.9) \times 2 + (2.2 - 0.25 - 0.1) - 1.5 = 1.45$ m $S = L \times H = (28.54 \times 2 + 23.9 + 23.24 + 18.44 + 7.42 + 10.44 + 1.45) \times 0.1 = 14.20$ m²
24	01090111	除卫生间及开水房陶瓷地砖 踢脚线(楼面)	m²	0.2641	实训室 1：$L = (8 - 0.1 + 0.05 + 6.8 - 0.1 + 0.05) \times 2 - 1 + (0.2 - 0.06) = 28.54$ m 实训室 2：$L = (8 - 0.1 + 0.05 + 6.8 - 0.1 + 0.05) \times 2 - 1 + (0.2 - 0.06) = 28.54$ m 走道：$L = ((8 + 0.05 + 2.4 + 3.2 + 0.6) + (2.2 - 0.25 - 0.1)) \times 2 - 1.5 \times 2 - 1 \times 3 - 3 + 0.07 \times 10 = 23.9$ m 办公室：$L = ((5 + 0.05 - 0.1) + (7 + 0.1)) \times 2 - 1 + 0.07 \times 2 = 23.24$ m 楼梯间：$L = ((3 - 0.2) + (2.23 - 0.2 + 0.05)) \times 2 - 1.5 + 0.07 \times 2 = 5.6$ m 其余：$L = (3 - 0.1 + 0.05 + 0.2) \times 2 - 1.5 - 1 + (3.2 - 2) + (4 - 2) \times 2 - 1 \times 2 + 0.07 \times 6 = 7.42$ m 库房：$L = (2.4 - 0.2 + 3 - 0.1 + 0.05) \times 2 + 0.07 \times 2 = 10.44$ m 阳台：$L = (1.8 - 0.1 + 0.25) \times 2 + (2.2 - 0.25 - 0.1) - 1.5 + 0.07 \times 2 = 4.39$ m $S = (28.54 \times 2 + 23.9 + 23.24 + 5.6 + 7.42 + 10.44 + 4.39) \times 0.1 \times 2 = 26.414$ m²
25	01090111 × 1.15	楼梯踢脚线	m²	2.66	$S = ((3 - 0.2) + (1.8 + 0.05) \times 2 + 3.4 \times 2) \times 2 \times 0.1 = 2.66$ m²
	01090179	铁屑砂浆防滑条	m	88	$L = (1.3 - 0.3) \times 2 \times 11 \times 4 = 88$ m
26	007	楼梯栏杆	m	15.1	$L = 3.4 \times 4 + 1.5 = 15.1$ m
27	008	成品铸铁栏杆	m	3.74	$L = (2.22 - 0.25 - 0.1) \times 2 = 3.74$ m
28	01090226	硬木扶手 直形 60×60	m	18.84	$L = 15.1 + 3.74 = 18.84$ m

20.2.9 墙柱面装饰工程

墙柱面装饰工程量计算如表 20-9 所示。

表 20-9 墙柱面装饰工程量计算表

序号	定额编号	定额名称	定额单位	数量	工程量计算式
1	01100001	外墙涂料处一般抹灰 水泥砂浆抹灰 外墙面 7+7+6 mm 砖基层	m²	163.02	$S = 16.5 \times (11.7 + 0.3 - 0.2) = 194.7 \text{ m}^2$ $S_{门窗} = 2.4 \times 2 \times 3 + 1.9 \times 0.9 \times 3 + 0.9 \times 1.5 \times 9$ $= 31.68 \text{ m}^2$ $S_{抹灰} = 194.7 - 31.68 = 163.02 \text{ m}^2$
2	01100031 ×（-2）	外墙涂料处一般抹灰砂浆厚度调整水泥砂浆每增减 1 mm 子目×（-2）	m²	163.02	$S_{抹灰} = 194.7 - 31.68 = 163.02 \text{ m}^2$
3	006	外墙涂料 HJ-80-1(红)	m²	23.1	$S_{红} = 16.5 \times (0.7 - 0.2 + 0.9) = 23.1 \text{ m}^2$
4	7	外墙涂料 HJ-80-1(白)	m²	139.92	$S_{白} = 16.5 \times (0.3 + 3.6 \times 2 + 1.4 + 1.5) - 31.68$ $= 139.92 \text{ m}^2$
5	01100059换	外墙面贴面砖处装饰抹灰 1:3 水浆砂浆打底抹底厚 13 mm 砖墙实际厚度(mm)：6 换为【水泥砂浆 1:2.5】	m²	570.66	东立面：$S = 16.5 \times (11.7 + 0.3 - 0.2) = 194.7 \text{ m}^2$ 南立面：$S = 16.5 \times (11.7 + 0.3 - 0.2) - 2.4 \times 2 \times 12$ $= 137.1$ $S_{金属百叶墙侧面} = (10.8 + 0.3 - 0.7) \times 0.52 \times 2 \times 4$ $= 43.264 \text{ m}^2$ 西立面：$S = 16.5 \times (11.7 + 0.3 - 0.2) - 1.5 \times 2.6 \times 3 - 0.3 \times (2.2 - 0.25 - 0.1) + (1.8 - 0.1 + 0.25) \times (3.6 - 0.12) \times 2 - 0.3 \times 0.7 \times 2 = 195.597 \text{ m}^2$ $S_{总} = 194.7 + 137.1 + 43.264 + 195.597 = 570.66 \text{ m}^2$
6	01100063 ×（-7）	外墙面装饰抹灰 抹灰厚度每增减 1 mm 子目×（-7）（外墙面）	m²	3.678	东立面：$S = 16.5 \times (11.7 + 0.3 - 0.2) = 194.7 \text{ m}^2$ 南立面：$S = 16.5 \times (11.7 + 0.3 - 0.2) - 2.4 \times 2 \times 12$ $= 137.1$ $S_{金属百叶墙侧面} = (10.8 + 0.3 - 0.7) \times 0.52 \times 2 \times 4$ $= 43.264 \text{ m}^2$ 西立面：$S = 16.5 \times (11.7 + 0.3 - 0.2) - 1.5 \times 2.6 \times 3 - 0.3 \times (2.2 - 0.25 - 0.1) + (1.8 - 0.1 + 0.25) \times (3.6 - 0.12) \times 2 - 0.3 \times 0.7 \times 2 = 195.597 \text{ m}^2$ $S_{总} = 194.7 + 137.1 + 43.264 + 195.597 = 570.66 \text{ m}^2$
7	01100001	女儿墙内墙面一般抹灰水泥砂浆抹灰外墙面 7+7+6 mm 砖基层	m²	57.96	$S = (16 \times 4 + 8 \times 0.05) \times 0.9 = 57.96 \text{ m}^2$

续表 20-9

序号	定额编号	定额名称	定额单位	数量	工程量计算式
8	01100031×（－2）	女儿墙内墙面一般抹灰砂浆厚度调整水泥砂浆每增减1 mm 子目×（－2）	m²	57.96	$S = (16 \times 4 + 8 \times 0.05) \times 0.9 = 57.96 \text{ m}^2$
8	01100142	外墙面水泥砂浆粘贴面砖周长 600 mm 以内面砖灰缝 5 mm 以内	m²	562.53	东立面： $S_白 = 16.5 \times (3.6 \times 3 + 0.3 - 0.2) = 179.85 \text{ m}^2$ $S_红 = 16.5 \times (0.7 + 0.9 - 0.2) = 23.1 \text{ m}^2$ 南立面： $S_白 = 16.5 \times (3.6 \times 3 + 0.3 - 0.2) - 2.4 \times 2 \times 12 + 0.07 \times (2.4 + 2) \times 2 \times 2 - (10.8 + 0.3 - 0.7) \times 1.2 = 111.002 \text{ m}^2$ $S_{金属百叶墙侧面(白)} = (10.8 + 0.3 - 0.7) \times 0.52 \times 4 = 21.632 \text{ m}^2$ $S_红 = 16.5 \times (0.7 + 0.9 - 0.2) = 23.1 \text{ m}^2$ 西立面： $S_白 = 16.5 \times (3.6 \times 3 + 0.3 - 0.2) - 1.5 \times 2.6 \times 3 - 0.3 \times (2.2 - 0.25 - 0.1) + (1.8 - 0.1 + 0.25) \times (3.6 - 0.12) \times 2 - 0.3 \times 0.7 \times 2 = 180.747 \text{ m}^2$ $S_红 = 16.5 \times (0.7 + 0.9 - 0.2) = 23.1 \text{ m}^2$ $S_总 = 179.85 + 111.002 + 21.632 + 180.747 + 23.1 \times 3 = 562.531 \text{ m}^2$
9	03132370换	50 厚聚苯保温板	m²	725.55	$S = 163.02 + 179.85 + 111.002 + 21.632 + 180.747 + 23.1 \times 3 = 725.551 \text{ m}^2$
10	01100164	(卫生间及开水房)内墙面釉面砖(水泥砂浆粘贴)周长 1 200 mm 以内	m²	267.48	$S_{卫生间(男)} = 2.5 \times (3 - 0.1 + 0.05 + 4 + 0.05 - 0.1) \times 2 - 1 \times 2.1 + 0.07 \times (1 + 2.1 \times 2) = 32.764 \text{ m}^2$ $S_{卫生间(女)} = 2.5 \times (3 - 0.2 + 4 + 0.05 - 0.1) \times 2 - (1 \times 2.1 + 0.75 \times 2.1) + 0.07 \times (2.1 \times 4 + 0.75 + 1) = 30.7855 \text{ m}^2$ $S_{开水间} = 2.5 \times (3 - 0.1 + 0.05 + 2.4 + 0.05 - 0.1) \times 2 - 1.5 \times 2.1 + 0.2 \times (1.5 \times 2.1 \times 2) = 24.61 \text{ m}^2$ $S_总 = (33.764 + 30.7855 + 24.61) \times 3 = 267.48 \text{ m}^2$
11	01100059	(卫生间及开水房)装饰抹灰1:3 水浆砂浆打底抹底厚 13 mm 砖墙	m²	268.85	$S_{卫生间(男)} = (2.5 + 0.1) \times (3 - 0.1 + 0.05 + 4 + 0.05 - 0.1) \times 2 - 1 \times 2.1 = 33.78 \text{ m}^2$ $S_{卫生间(女)} = (2.5 + 0.1) \times (3 - 0.2 + 4 + 0.05 - 0.1) \times 2 - (1 \times 2.1 + 0.75 \times 2.1) = 31.425 \text{ m}^2$ $S_{开水间} = (2.5 + 0.1) \times (3 - 0.1 + 0.05 + 2.4 + 0.05 - 0.1) \times 2 - 1.5 \times 2.1 = 24.41 \text{ m}^2$ $S_总 = (33.78 + 31.425 + 24.41) \times 3 = 268.85 \text{ m}^2$

续表 20-9

序号	定额编号	定额名称	定额单位	数量	工程量计算式
12	01100063 × − 4	(卫生间及开水房)装饰抹灰抹灰厚度每增减1 mm 子目×(−4)	m²	268.85	$S_{卫生间(男)} = (2.5 + 0.1) \times (3 − 0.1 + 0.05 + 4 + 0.05 − 0.1) \times 2 − 1 \times 2.1 = 33.78 \text{ m}^2$ $S_{卫生间(女)} = (2.5 + 0.1) \times (3 − 0.2 + 4 + 0.05 − 0.1) \times 2 − (1 \times 2.1 + 0.75 \times 2.1) = 31.425 \text{ m}^2$ $S_{开水间} = (2.5 + 0.1) \times (3 − 0.1 + 0.05 + 2.4 + 0.05 − 0.1) \times 2 − 1.5 \times 2.1 = 24.41 \text{ m}^2$ $S_{总} = (33.78 + 31.425 + 24.41) \times 3 = 268.85 \text{ m}^2$
13	01100008	除卫生间及开水房内墙面一般抹灰 水泥砂浆抹灰 内墙面砖、混凝土基层(7 + 6 + 5)mm	m²	1452.94	$S_{库房} = (3.6 − 0.12) \times (2.4 − 0.2 + 3 − 0.1 + 0.05) \times 2 − 1 \times 2.1 = 33.744 \text{ m}^2$ $S_{楼梯间(一、二层)} = (3.6 − 0.12) \times (3 − 0.2 + 7 + 0.1) \times 2 − 0.1 \times (2.8 + 1.85 \times 2) = 68.254 \text{ m}^2$ $S_{楼梯间(三层)} = (3.6 − 0.12) \times (3 − 0.2 + 7 + 0.1) \times 2 = 68.904 \text{ m}^2$ $S_{办公室} = (3.6 − 0.12) \times (5 − 0.1 + 0.05 + 7 + 0.1) \times 2 − (2.1 \times 1 + 2.4 \times 2) = 76.968 \text{ m}^2$ $S_{走廊} = (3.6 − 0.12) \times ((8 + 0.05 + 2.4 + 3.2 + 0.6 − 0.1) + (2.2 − 0.1 − 0.25)) \times 2 − (1 \times 2.1 \times 3 + 1.5 \times 2.1 + 1.5 \times 2.6 + 3 \times 2.95) = 89.16 \text{ m}^2$ $S_{实训室1} = (3.6 − 0.12) \times (8 − 0.1 + 0.05 + 6.8 − 0.1 + 0.05) \times 2 − (2.4 \times 2 \times 2 + 1 \times 2.1) = 90.612 \text{ m}^2$ $S_{实训室2} = 90.612 \text{ m}^2$ $S_{其他} = (3.6 − 0.12) \times ((3 + 0.25 − 0.1) \times 2 + (3.2 − 2 − 0.2) + (2 − 0.2) \times 2 + (2 − 0.2)) − (2.1 \times 1 \times 3 + 1.5 \times 2.1) = 34.746 \text{ m}^2$ $S_{储物间} = (3.6 − 0.12) \times (2 − 0.2 + 2 + 0.05 − 0.1) − 0.75 \times 2.1 = 11.475 \text{ m}^2$ $S_{总} = (33.744 + 76.968 + 89.16 + 90.612 \times 2 + 34.746) \times 3 + 68.254 \times 2 + 68.904 = 1452.94 \text{ m}^2$
14	01100031 × − 8	一般抹灰砂浆厚度调整水泥砂浆每增减1 mm 子目×(−8)	m²	1452.94	$S_{库房} = (3.6 − 0.12) \times (2.4 − 0.2 + 3 − 0.1 + 0.05) \times 2 − 1 \times 2.1 = 33.744 \text{ m}^2$ $S_{楼梯间(一、二层)} = (3.6 − 0.12) \times (3 − 0.2 + 7 + 0.1) \times 2 − 0.1 \times (2.8 + 1.85 \times 2) = 68.254 \text{ m}^2$ $S_{楼梯间(三层)} = (3.6 − 0.12) \times (3 − 0.2 + 7 + 0.1) \times 2 = 68.904 \text{ m}^2$ $S_{办公室} = (3.6 − 0.12) \times (5 − 0.1 + 0.05 + 7 + 0.1) \times 2 − (2.1 \times 1 + 2.4 \times 2) = 76.968 \text{ m}^2$ $S_{走廊} = (3.6 − 0.12) \times ((8 + 0.05 + 2.4 + 3.2 + 0.6 − 0.1) + (2.2 − 0.1 − 0.25)) \times 2 − (1 \times 2.1 \times 3 + 1.5 \times 2.1 + 1.5 \times 2.6 + 3 \times 2.95) = 89.16 \text{ m}^2$

续表 20-9

序号	定额编号	定额名称	定额单位	数量	工程量计算式
14	01100031 × （-8）	一般抹灰砂浆厚度调整水泥砂浆每增减 1 mm 子目×（-8）	m²	1452.94	$S_{实训室1} = (3.6 - 0.12) \times (8 - 0.1 + 0.05 + 6.8 - 0.1 + 0.05) \times 2 - (2.4 \times 2 \times 2 + 1 \times 2.1) = 90.612$ m² $S_{实训室2} = 90.612$ m² $S_{其他} = (3.6 - 0.12) \times ((3 + 0.25 - 0.1) \times 2 + (3.2 - 2 - 0.2) + (2 - 0.2) \times 2 + (2 - 0.2)) - (2.1 \times 1 \times 3 + 1.5 \times 2.1) = 34.746$ m² $S_{储物间} = (3.6 - 0.12) \times (2 - 0.2 + 2 + 0.05 - 0.1) - 0.75 \times 2.1 = 11.475$ m² $S_{总} = (33.744 + 76.968 + 89.16 + 90.612 \times 2 + 34.746) \times 3 + 68.254 \times 2 + 68.904 = 1\,452.94$ m²
15	01120178	除卫生间及开水房内墙面乳胶漆二遍 水泥砂浆混合砂浆墙面	m²	1442.44	$S_{库房} = (3.6 - 0.12) \times (2.4 - 0.2 + 3 - 0.1 + 0.05) \times 2 - 1 \times 2.1 = 33.744$ m² $S_{楼梯间(一、二层)} = (3.6 - 0.12) \times (3 - 0.2 + 7 + 0.1) \times 2 - 0.1 \times (2.8 + 1.85 \times 2) = 68.254$ m² $S_{应扣梯梁两侧(减平台板厚)} = (0.25 - 0.1) \times 0.2 \times 2 \times 4 = 0.24$ m² $S_{应扣楼梯梯板侧面} = (\sqrt{2.97^2 + 1.65^2}) \times 0.11 \times 4 + 0.27 \times 0.15/2 \times 11 \times 4 = 2.386$ m² $S_{应扣楼梯侧边抹灰面积为} = 0.24 + 2.386 = 2.626$ m² $S = 68.254 - (0.24 + 2.386 + 2.626) = 63.002$ m² $S_{楼梯间(三层)} = (3.6 - 0.12) \times (3 - 0.2 + 7 + 0.1) \times 2 = 68.904$ m² $S_{办公室} = (3.6 - 0.12) \times (5 - 0.1 + 0.05 + 7 + 0.1) \times 2 - (2.1 \times 1 + 2.4 \times 2) = 76.968$ m² $S_{走廊} = (3.6 - 0.12) \times ((8 + 0.05 + 2.4 + 3.2 + 0.6 - 0.1) + (2.2 - 0.1 - 0.25)) \times 2 - (1 \times 2.1 \times 3 + 1.5 \times 2.1 + 1.5 \times 2.6 + 3 \times 2.95) = 89.16$ m² $S_{实训室1} = (3.6 - 0.12) \times (8 - 0.1 + 0.05 + 6.8 - 0.1 + 0.05) \times 2 - (2.4 \times 2 \times 2 + 1 \times 2.1) = 90.612$ m² $S_{实训室2} = 90.612$ m² $S_{其他} = (3.6 - 0.12) \times ((3 + 0.25 - 0.1) \times 2 + (3.2 - 2 - 0.2) + (2 - 0.2) \times 2 + (2 - 0.2)) - (2.1 \times 1 \times 3 + 1.5 \times 2.1) = 34.746$ m² $S_{储物间} = (3.6 - 0.12) \times (2 - 0.2 + 2 + 0.05 - 0.1) - 0.75 \times 2.1 = 11.475$ m² $S_{总} = (33.744 + 76.968 + 89.16 + 90.612 \times 2 + 34.746) \times 3 + 63.002 \times 2 + 68.904 = 1442.44$ m²

20.2.10　天棚装饰工程

天棚装饰工程量天棚装饰工程量计算如表 20-10 所示。

表 20-10　天棚装饰工程量计算表

序号	定额编号	定额名称	定额单位	数量	工程量计算式
1	01110001	挑檐板空调板处天棚抹灰 混凝土面 水泥砂浆 现浇 换为【抹灰水泥砂浆 1:2(未计价)】	m²	44.78	$S = (16.5 + 0.3 \times 2) \times 4 \times 0.6 + 6 \times 1.2 \times 0.52$ $= 44.784 \text{ m}^2$
2	01110001	天棚抹灰 混凝土面 水泥砂浆 现浇	m²	628.16	$S_{库房} = (2.4 - 0.2) \times (3 + 0.05 - 0.1) = 6.49 \text{ m}^2$ $S_{楼梯间(三层)} = (7 + 0.1) \times (3 - 0.2) = 19.88 \text{ m}^2$ $S_{休息平台天棚} = (1.8 + 0.05) \times (3 - 0.2) + (3 - 0.2) \times 0.25$ $= 5.88 \text{ m}^2$ $S_{梯段天棚} = 2.97 \times (3 - 0.2) \times 1.15 = 9.5634 \text{ m}^2$ $S_{楼层平台顶棚} = (2.23 + 0.05) \times (3 - 0.2) + 0.23 \times (3 - 0.2)$ $= 7.028 \text{ m}^2$ $S_{办公室} = (5 - 0.1 + 0.05) \times (7 + 0.1) = 35.145 \text{ m}^2$ $S_{走廊} = (2.2 - 0.1 - 0.05 - 0.2) \times (8 + 0.05 + 5.6 + 2.4 - 1.8) = 26.3625 \text{ m}^2$ $S_{室外平台} = (2.2 - 0.1 - 0.25) \times (1.8 + 0.25 - 0.1)$ $= 3.6075 \text{ m}^2$ $S_{其他} = (3 + 0.05 - 0.1) \times 3 = 8.85 \text{ m}^2$ $S_{实训室1} = (8 - 0.1 + 0.05) \times (6.8 - 0.1 + 0.05)$ $= 53.6625 \text{ m}^2$ $S_{实训室2} = 53.6625 \text{ m}^2$ $S_{总} = (6.49 + 35.145 + 26.3625 + 3.6075 + 8.85 + 53.6625 \times 2) \times 3 + 19.88 + 7.028 \times 2 + (5.88 + 9.5634) \times 2$ $= 628.16 \text{ m}^2$
3	01120267	双飞粉二遍 天棚抹灰面	m²	628.16	$S_{库房} = (2.4 - 0.2) \times (3 + 0.05 - 0.1) = 6.49 \text{ m}^2$ $S_{楼梯间(三层)} = (7 + 0.1) \times (3 - 0.2) = 19.88 \text{ m}^2$ $S_{休息平台天棚} = (1.8 + 0.05) \times (3 - 0.2) + (3 - 0.2) \times 0.25$ $= 5.88 \text{ m}^2$ $S_{梯段天棚} = 2.97 \times (3 - 0.2) \times 1.15 = 9.5634 \text{ m}^2$ $S_{楼层平台顶棚} = (2.23 + 0.05) \times (3 - 0.2) + 0.23 \times (3 - 0.2)$ $= 7.028 \text{ m}^2$ $S_{办公室} = (5 - 0.1 + 0.05) \times (7 + 0.1) = 35.145 \text{ m}^2$ $S_{走廊} = (2.2 - 0.1 - 0.05 - 0.2) \times (8 + 0.05 + 5.6 + 2.4 - 1.8) = 26.3625 \text{ m}^2$ $S_{室外平台} = (2.2 - 0.1 - 0.25) \times (1.8 + 0.25 - 0.1)$ $= 3.6075 \text{ m}^2$ $S_{其他} = (3 + 0.05 - 0.1) \times 3 = 8.85 \text{ m}^2$

续表 20-10

序号	定额编号	定额名称	定额单位	数量	工程量计算式
3	01120267	双飞粉二遍 天棚抹灰面	m²	628.16	$S_{实训室1} = (8 - 0.1 + 0.05) \times (6.8 - 0.1 + 0.05)$ $= 53.6625 \ m^2$ $S_{实训室2} = 53.6625 \ m^2$ $S_{总} = (6.49 + 35.145 + 26.3625 + 3.6075 + 8.85 +$ $53.6625 \times 2) \times 3 + 19.88 + 7.028 \times 2 + (5.88 +$ $9.5634) \times 2$ $= 628.16 \ m^2$
4	01120271	双飞粉面刷乳胶漆二遍 天棚抹灰面	m²	628.16	$S_{库房} = (2.4 - 0.2) \times (3 + 0.05 - 0.1) = 6.49 \ m^2$ $S_{楼梯间(三层)} = (7 + 0.1) \times (3 - 0.2) = 19.88 \ m^2$ $S_{休息平台天棚} = (1.8 + 0.05) \times (3 - 0.2) + (3 - 0.2) \times 0.25$ $= 5.88 \ m^2$ $S_{梯段天棚} = 2.97 \times (3 - 0.2) \times 1.15 = 9.5634 \ m^2$ $S_{楼层甲平台顶棚} = (2.23 + 0.05) \times (3 - 0.2) + 0.23 \times (3 - 0.2)$ $= 7.028 \ m^2$ $S_{办公室} = (5 - 0.1 + 0.05) \times (7 + 0.1) = 35.145 \ m^2$ $S_{走廊} = (2.2 - 0.1 - 0.05 - 0.2) \times (8 + 0.05 + 5.6 + 2.4 - 1.8) = 26.3625 \ m^2$ $S_{室外平台} = (2.2 - 0.1 - 0.25) \times (1.8 + 0.25 - 0.1)$ $= 3.6075 \ m^2$ $S_{其他} = (3 + 0.05 - 0.1) \times 3 = 8.85 \ m^2$ $S_{实训室1} = (8 - 0.1 + 0.05) \times (6.8 - 0.1 + 0.05)$ $= 53.663 \ m^2$ $S_{实训室2} = 53.6625 \ m^2$ $S_{总} = (6.49 + 35.145 + 26.3625 + 3.6075 + 8.85 +$ $53.6625 \times 2) \times 3 + 19.88 + 7.028 \times 2 + (5.88 + 9.5634)$ $\times 2 = 628.16 \ m^2$
5	01110041	卫生间、开水房、盥洗间装配式U型轻钢天棚龙骨(上人型) 龙骨间距400 mm×500 mm 平面	m²	98.66	$S_{卫生间(男)} = (4 + 0.05 - 0.1) \times (3 + 0.05 - 0.1)$ $= 11.653 \ m^2$ $S_{卫生间(女)} = (3 - 0.2) \times (4 + 0.05 - 0.1) = 11.06 \ m^2$ $S_{开水间} = (3 - 0.1 + 0.05) \times (2.4 + 0.05 - 0.1) = 6.933 \ m^2$ $S_{盥洗间} = (2 - 0.2) \times (2 - 0.2) = 3.24 \ m^2$ $S_{总} = (11.653 + 11.06 + 6.9325 + 3.24) \times 3 = 98.66 \ m^2$
6	01110145	卫生间及开水房天棚面层 铝合金条板天棚 开缝	m²	98.66	$S_{卫生间(男)} = (4 + 0.05 - 0.1) \times (3 + 0.05 - 0.1)$ $= 11.653 \ m^2$ $S_{卫生间(女)} = (3 - 0.2) \times (4 + 0.05 - 0.1) = 11.06 \ m^2$ $S_{开水间} = (3 - 0.1 + 0.05) \times (2.4 + 0.05 - 0.1)$ $= 6.9325 \ m^2$ $S_{盥洗间} = (2 - 0.2) \times (2 - 0.2) = 3.24 \ m^2$ $S_{总} = (11.653 + 11.06 + 6.9325 + 3.24) \times 3 = 98.66 \ m^2$

20.2.11 油漆、涂料、裱糊工程

油漆、涂料、裱糊工程量计算如表 20-11 所示。

表 20-11 油漆、涂料、裱糊工程量计算表

序号	定额编号	定额名称	定额单位	数量	工程量计算式
1	01120061	木门油漆	m²	47.25	$S = 1 \times 2.1 \times 18 + 1.5 \times 2.1 \times 3 = 47.25 \text{ m}^2$
2	01120064	木扶手油漆	m	15.1	$L = 3.4 \times 4 + 1.5 = 15.1 \text{ m}$
3	借 03130503	一般钢结构刷油 红丹防锈漆 第一遍	kg	278	
4	借 03130512	一般钢结构刷油 调合漆 第一遍	kg	278	

20.2.12 钢筋工程

钢筋工程量计算如表 20-12 所示。

表 20-12 钢筋工程量计算统计表

序号	定额编号	定额名称	定额单位	数量	工程量计算式
1	01050356	砖砌体加固钢筋	t	1.458	按钢筋工程量计算表汇总统计
2	01050352	现浇构件 圆钢ϕ10 内	t	8.236	按钢筋工程量计算表汇总统计
3	01050353	现浇构件 圆钢ϕ10 外	t	5.102	按钢筋工程量计算表汇总统计
4	01050355	现浇构件 带肋钢ϕ10 外	t	0.115	按钢筋工程量计算表汇总统计
5	01050354	现浇构件 带肋钢ϕ10 内	t	7.125	按钢筋工程量计算表汇总统计
6	01050355	现浇构件 带肋钢ϕ10 外	t	2.202	按钢筋工程量计算表汇总统计
7	01050355	现浇构件 带肋钢ϕ10 外	t	4.274	按钢筋工程量计算表汇总统计
8	01050355	现浇构件 带肋钢ϕ10 外	t	8.272	按钢筋工程量计算表汇总统计
9	01050355	现浇构件 带肋钢ϕ10 外	t	4.257	按钢筋工程量计算表汇总统计
10	01050377	电渣压力焊接头ϕ16 内	个	24	按钢筋工程量计算表汇总统计
11	01050378	电渣压力焊接头	个	324	按钢筋工程量计算表汇总统计
12	01050379	锥螺纹钢筋接头ϕ20 内	个	100	按钢筋工程量计算表汇总统计
13	01050380	锥螺纹钢筋接头ϕ30 内	个	30	按钢筋工程量计算表汇总统计
14	01050388	冷挤压接头ϕ30 内	个	80	按钢筋工程量计算表汇总统计
15	借 03130057	钢梯子制作 爬式	t	0.278	按钢筋工程量计算表汇总统计
16	借 03130076	金属构件运输 1 类构件 运距 5 km 以内	t	0.278	按钢筋工程量计算表汇总统计
17	借 03130065	钢栏杆及零星构件安装	t	0.278	按钢筋工程量计算表汇总统计
18	01040081	结构结合部分防裂构造（钢丝网片）	m²	1222.06	按钢筋工程量计算表汇总统计

20.2.13　模板工程

模板工程量计算如表 20-13 所示。

表 20-13　模板工程量计算表

序号	定额编号	定额名称	定额单位	数量	工程量计算式
1	01150270	矩形柱组合钢模板(模板)	m²	199.87	KZ-1，数量：4 $S = (10.8 + 1.2) \times 4 \times 0.5 - ((0.12 \times 0.5 \times 2) \times 3 + (0.7 - 0.12) \times 0.3 \times 3 + (0.65 - 0.12) \times 0.3 \times 3) = 22.641$ m² KZ-2，数量：2 $S = (10.8 + 1.2) \times 4 \times 0.5 - ((0.12 \times 0.5 \times 3) \times 3 + (0.65 - 0.12) \times 0.3 \times 3 \times 3)$ $= 22.029$ m² KZ-3，数量：2 $S = (10.8 + 1.2) \times 4 \times 0.5 - (0.12 \times 0.5 \times 3 \times 3 + (0.65 - 0.12) \times 0.3 \times 3 +$ $(0.7 - 0.12) \times 0.3 \times 2 \times 3) = 21.939$ m² KZ-4，数量：1 $S = (10.8 + 1.2) \times 4 \times 0.5 - (0.12 \times 0.5 \times 4 \times 3 + (0.65 - 0.12) \times 0.3 \times 4 \times 3)$ $= 21.372$ m² $S_{总} = 22.641 \times 4 + 22.029 \times 2 + 21.939 \times 2 + 21.372 = 199.87$ m²
2	01150270	矩形柱组合钢模板(模板)	m²	11.04	$S = (1.8 - 0.1 + 1.2) \times 0.2 \times 4 \times 3 + (1.8 - 0.1) \times 0.2 \times 4 \times 3 = 11.04$ m²
3	01150294	有梁板组合钢模板(模板)	m²	1224.52	一层： $S_{板} = 16.5 \times 16.5 - 0.5 \times 0.5 \times 9 - (3 - 0.25 - 0.125) \times 0.3$ $= 269.213$ m² 梁侧模板： $S_{KL1} = (16 - 0.5 \times 2) \times 0.65 \times 2 + (16 - 0.5 \times 2) \times (0.65 - 0.12) \times 2 - ((0.55 - 0.12) \times 0.25 \times 5 + 0.2 \times (0.35 - 0.12)) = 34.817$ m² $S_{KL2} = (16 - 0.5 \times 2) \times (0.65 - 0.12) \times 2 - ((0.55 - 0.12) \times 0.25 \times 5 + (0.35 - 0.12) \times 0.2) + (8 - 2.2 - 0.25 - 0.1) \times 0.12 = 15.971$ m² $S_{KL3} = ((16 - 0.5 \times 2) \times 2 - (3 - 0.25 - 0.125)) \times 0.7 + ((16 - 0.5 \times 2) \times 2 - (3 - 0.25 - 0.125)) \times (0.7 - 0.12) - ((0.35 - 0.12) \times 0.2 \times 2 + (0.55 - 0.12) \times 0.25) = 34.841$ m² $S_{KL4} = (16 - 0.5 \times 2) \times (0.65 - 0.12) - ((0.35 - 0.12) \times 0.23 + (0.55 - 0.12) \times 0.25) = 7.79$ m² $S_{L1} = (0.34 - 0.12) \times ((2.2 - 0.125 - 0.25) \times 2 + (3 - 0.05 - 0.125) \times 4 + (4 - 0.05 - 0.125) \times 4 + (5 - 0.05 - 0.125) \times 2) = 8.778$ m² $S_{L2} = (0.55 - 0.12) \times ((16 - 0.1 - 0.3) \times 4 + (8 - 0.05 - 0.15) \times 2 + (8 - 0.1) \times 2) - (0.35 - 0.12) \times 0.2 \times 7 + (8 - 2.2 - 0.25 - 0.1) \times 0.12 = 40.666$ m² $S_{L3} = (3 - 0.15 - 0.125) \times (0.35 - 0.12) \times 2 + ((3 - 0.15 - 0.125 - 0.2)/2 + 0.2) \times 0.12 = 1.429$ m² $S_{总} = (269.213 + 34.817 + 15.971 + 34.841 + 7.7896 + 8.778 + 40.666 + 1.429)$ $= 413.503$ m² 二层同一层：$S = 413.5026$ m² 屋面层： $S_{板} = 16.5 \times 16.5 - 0.5 \times 0.5 \times 9 - 0.82 \times 0.72 + (0.82 + 0.72) \times 2 \times 0.12$ $= 269.779$ m² 梁侧模板 WKL1：$S = (16 - 0.5 \times 2) \times 0.65 \times 2 + (16 - 0.5 \times 2) \times (0.65 - 0.12) \times 2 -$ $(0.55 - 0.12) \times 0.25 \times 6 = 34.775$ m² WKL2：$S = (16 - 0.5 \times 2) \times (0.65 - 0.12) \times 2 - (0.55 - 0.12) \times 0.25 \times 6$ $= 15.255$ m²

续表 20-13

序号	定额编号	定额名称	定额单位	数量	工程量计算式
3	01150294	有梁板组合钢模板(模板)	m²	1224.52	WKL3：$S = (16 - 0.5 \times 2) \times 2 \times 0.7 + (16 - 0.5 \times 2) \times 2 \times (0.7 - 0.12) - (0.55 - 0.12) \times 0.25 = 38.293$ m² WKL4：$S = (16 - 0.5 \times 2) \times (0.65 - 0.12) - (0.55 - 0.12) \times 0.25 = 7.843$ m² WL1：$S = (8 + 0.1) \times (0.55 - 0.12) - (0.55 - 0.12) \times 0.25 \times 2 = 3.268$ m² WL2：$S = (16 - 0.1 - 0.3) \times (0.55 - 0.12) \times 3 \times 2 - (0.55 - 0.12) \times 0.25 \times 2 = 40.033$ m² $S_{挑檐板(侧面)} = (16 - 0.5 \times 2) \times 4 \times 0.2 = 12$ m² $S = 269.7792 + 34.775 + 15.255 + 38.2925 + 7.8425 + 3.268 + 40.033 - 12 = 397.245$ m² 一层 二层 三层合计： $S = 413.5026 \times 3 = 1224.52$ m²
4	01150279	单梁、连系梁组合钢模板(模板)	m²	12.53	$S_{单梁1} = (3 - 0.25 - 0.125) \times (0.7 \times 2 + 0.3) \times 2 = 8.925$ m² $S_{(PTL1)} = (0.2 + 0.25 + 0.15) \times (1.8 - 0.25 - 0.2 + 1.8 - 0.2 + 0.05) \times 2 = 3.6$ m² $S_{总} = 8.925 + 3.6 = 12.525$ m²
5	01150277	基础梁组合钢模板(模板)	m²	151.14	DL1：$S = 0.7 \times (16 - 0.4 \times 2 - 2.2) \times 4 \times 2 + 0.7 \times (16 - 1.1 \times 2 - 2.2) \times 2 \times 2 - 0.25 \times 0.6 \times 8 - 0.25 \times 0.35 \times 5 = 103.643$ m² DL2：$S = 0.6 \times (16 - 0.1 + 7 - 0.1 + 8 - 0.05 - 0.15) \times 2 - 0.25 \times 0.35 \times 5 - 0.3 \times 0.7 \times 2 = 35.863$ m² DL3：$S = 0.35 \times (2.2 - 0.25 - 0.125 + 2 - 0.25 + (4 - 0.05 - 0.125) \times 2 + (3 - 0.125 - 0.05) \times 2) \times 2 - 0.25 \times 0.35 \times 2 = 11.638$ m² $S_{总} = 103.6425 + 35.8625 + 11.6375 = 151.14$ m²
6	01150255	桩承台组合钢模板(模板)	m²	34.72	CT-1：$S = 0.7 \times (0.8 + 2.2) \times 2 \times 8 - 16 \times 0.7 \times 0.3 - 0.3 \times 0.7 \times 4 = 29.4$ m² CT-2：$S = 0.7 \times (2.2 + 2.2) \times 2 - 4 \times 0.7 \times 0.3 = 5.32$ m² $S_{总} = 29.4 + 5.32 = 34.72$ m²
7	01150315	压顶模板(模板)	m³	2.43	女儿墙压顶：$V = (16.5 - 0.2) \times 4 \times 0.2 \times 0.1 = 1.304$ m³ 窗台压顶：一层：$V = 6.7 \times 0.2 \times 0.1 + 7.6 \times 0.2 \times 0.1 + 4.45 \times 0.2 \times 0.1 = 0.375$ m³ 总计：$V_{总} = 0.375 \times 3 + 1.304 = 2.429$ m³
8	01150287	过梁组合钢模板(模板)	m²	12.72	一层：$S = (1 + 0.25 + 0.1) \times 0.1 \times 2 \times 6 + (1.5 + 0.25 \times 2) \times 0.2 \times 2 \times 3 + (0.75 + 0.25 + 0.1) \times 0.1 \times 2 = 4.24$ m² $S_{总} = 4.24 \times 3 = 12.72$ m²
9	01150284	圈梁组合钢模板(水平系梁)	m²	66.82	外墙：$L = (16.5 - 0.2) \times 4 + (1.8 + 0.05 + 0.2) \times 2 - (2.4 \times 5 + 1.5 \times 2 + 0.9 \times 3 + 0.27 \times 5 + 0.3 \times 7 + 0.26 \times 5 + 0.5 \times 4 + 0.4 \times 10) = 40.85$ m 内墙：$L = (14.7 + 0.05 - 2 \times 0.03 - 0.26 - 0.3 \times 3 - 1 \times 2) + (14.7 + 0.05 - 0.03 - 0.25 - 0.5 - 3 - 0.23 \times 2 - 0.26 - 0.3 - 1 - 1.5) + (6.8 - 0.1 - 0.25 - 0.03 - 0.3 \times 2) + (7 + 0.1 - 0.03 - 0.3) + (7 - 0.25 \times 2 - 0.26) + (8 + 0.05 - 0.1 - 2 - 2 \times 0.03 - 0.26 \times 2 - 0.23 \times 2) + (2 - 0.2 - 0.03 \times 2) + (4 + 0.05 - 0.1 - 1 - 0.03 \times 2 - 0.26) \times 2 - 0.75 + ((3 - 0.2 - 0.03 \times 2) \times 2 - 1.5 - 1) = 51.95$ m $S_{总} = (40.85 + 51.95) \times 0.12 \times 2 \times 3 = 66.816$ m²
10	01150317'	零星构建(混凝土翻边)	m³	3.93	一、二、三相同： $V = [(2.4 - 0.25 - 0.2 - 0.1) + (3 - 0.1 + 0.05 - 1.5) + (7 - 0.25 \times 2 - 0.2 - 0.24) + (3 + 0.05 - 0.2 - 0.1) + (4 + 0.05 - 0.1 - 0.2 - 1) \times 2 + (2 - 0.2) + (3 - 0.25 - 0.1) + (4 - 0.25 - 0.1) + (8 - 0.25 \times 2 - 0.2 \times 2)] \times 0.2 \times 0.2 = 1.3104$ $S_{总} = 1.3104 \times 3 = 3.93$ m³
11	01150317	零星构件(散水)	m³	2.46	$S = 0.6 \times (16.5 \times 4 + 4 \times 0.3 \times 2) \times 0.06 = 2.46$ m³

续表 20-13

序号	定额编号	定额名称	定额单位	数量	工程量计算式
12	01150304	楼梯组合钢模板	m²	2.69	$S = ((2.97 + 1.8 + 0.05) \times (3 - 0.1 \times 2) - 0.3 \times 0.15) \times 2$ $= 26.902 \text{ m}^2$
13	01150275	构造柱组合钢模板	m²	201.55	基础部分： 一字形：$S = (0.24 + 0.03 \times 2) \times 2 \times 1.2 \times 19 = 13.68 \text{ m}^2$ T 型：$S = (0.24 + 0.03 \times 2 + 0.04 + 0.03 \times 2 + 0.03 \times 2) \times 1.2 \times 13 = 7.176 \text{ m}^2$ L 型：$S = (0.2 \times 2 + 0.03 \times 2 + 0.03 \times 2) \times 1.2 \times 5 = 3.12 \text{ m}^2$ 基础部分构造柱模板合计：$13.68 + 7.176 + 3.12 = 23.976 \text{ m}^2$ 一层： KL1 下构造柱模板：$H = (3.6 - 0.65) = 2.95 \text{ m}$ 一字形：$S = (0.24 + 0.03 \times 2) \times 2 \times 2.95 \times 7 = 12.39 \text{ m}^2$ T 型：$S = (0.24 + 0.03 \times 2 + 0.04 + 0.03 \times 2 + 0.03 \times 2) \times 2.95 \times 2 = 2.714 \text{ m}^2$ L 型：$S = (0.2 \times 2 + 0.03 \times 2 + 0.03 \times 2) \times 2.95 = 1.534 \text{ m}^2$ KL2 下构造柱模板：$H = (3.6 - 0.65) = 2.95 \text{ m}$ 一字型：$S = (0.24 + 0.03 \times 2) \times 2 \times 2.95 \times 2 = 3.54 \text{ m}^2$ T 型：$S = (0.24 + 0.03 \times 2 + 0.04 + 0.03 \times 2 + 0.03 \times 2) \times 2.95 \times 2 = 2.714 \text{ m}^2$ KL3 下构造柱模板：$H = (3.6 - 0.7) = 2.9 \text{ m}$ 窗边的一字型：$S = ((0.24 + 0.03) \times 2 \times 2.95 + 0.9 \times 0.03 \times 2 + 2 \times 0.2) \times 5$ $= 10.235 \text{ m}^2$ T 型：$S = (0.24 + 0.03 \times 2 + 0.04 + 0.03 \times 2 + 0.03 \times 2) \times 2.95 \times 2 = 2.714 \text{ m}^2$ KL4 下构造柱模板：$H = (3.6 - 0.65) = 2.95 \text{ m}^2$ 一字形：$S = (0.24 + 0.03 \times 2) \times 2 \times 2.95 = 1.77 \text{ m}^2$ T 型：$S = (0.24 + 0.03 \times 2 + 0.04 + 0.03 \times 2 + 0.03 \times 2) \times 2.95 \times 2 = 2.714 \text{ m}^2$ L 型：$S = (0.2 \times 2 + 0.03 \times 2 + 0.03 \times 2) \times 2.95 \times 2 = 3.068 \text{ m}^2$ L1 下构造柱模板：$(3.6 - 0.35) = 3.25 \text{ m}$ T 型：$S = (0.24 + 0.03 \times 2 + 0.04 + 0.03 \times 2 + 0.03 \times 2) \times 3.25 \times 2 = 2.99 \text{ m}^2$ L2 下构造柱模板：$H = (3.6 - 0.55) = 3.05 \text{ m}$ 一字形：$S = (0.24 + 0.03 \times 2) \times 2 \times 4 = 2.4 \text{ m}^2$ T 型：$S = (0.24 + 0.03 \times 2 + 0.04 + 0.03 \times 2 + 0.03 \times 2) \times 3.05 \times 2 = 2.806 \text{ m}^2$ L 型：$S = (0.2 \times 2 + 0.03 \times 2 + 0.03 \times 2) \times 3.05 \times 3 = 4.758 \text{ m}^2$ 合计：$12.39 + 2.714 + 1.534 + 3.54 + 2.714 + 10.235 + 2.714 + 1.77 + 2.714 + 3.068 + 2.99 + 2.4 + 2.806 + 4.758 = 56.347 \text{ m}^2$ 二层的构造柱模板同一层：56.347 m^2 三层无梁一，所以在储物间的两个构造柱的高度为： $H = 3.6 - 0.12 = 3.48 \text{ m}$ T 型：$S = (0.24 + 0.03 \times 2 + 0.04 + 0.03 \times 2 + 0.03 \times 2) \times 3.48 \times 2 = 3.2016 \text{ m}^2$ 三层合计：$12.39 + 2.714 + 1.534 + 3.54 + 2.714 + 10.235 + 2.714 + 1.77 + 2.714 + 3.068 + 3.2016 + 2.4 + 2.806 + 4.758 = 56.559 \text{ m}^2$ 屋顶女儿墙构造柱模板：$0.8 \times (0.2 + 0.03 \times 2) \times 2 \times 20 = 8.32 \text{ m}^2$ $S_{总} = 23.976 + 56.347 \times 2 + 56.559 + 8.32 = 201.55 \text{ m}^2$
14	01150314	挑檐板模板	m³	8.21	$V = 0.6 \times 0.2 \times (16.5 \times 4 + 4 \times 0.3 \times 2) = 8.208 \text{ m}^3$
15	01150314	空调板模板	m²	0.37	$6 \times 0.1 \times 1.2 \times 0.52 = 0.37 \text{ m}^2$

20.2.14　脚手架工程

脚手架工程量计算如表 20-14 所示。

表 20-14　脚手架工程量计算表

序号	定额编号	定额名称	定额单位	数量	工程量计算式
1	01150168	浇灌运输道	m²	789.76	一、二层相同 $S=16.5\times16.5-(1.8+0.05+2.97)\times(3-0.2)=258.754\ \text{m}^2$ 屋面层 $S=16.5\times16.5=272.25\ \text{m}^2$ $S_{总}=258.754\times2+272.25=789.76\ \text{m}^2$
2	01150140	双排外脚手架	m²	860.43	$S=(16.5\times4+(1.8+0.25-0.1)\times2)\times(11.7+0.3)+0.52\times(3.6\times3+0.3-0.7)\times4=860.432\ \text{m}^2$
3	01150222	外墙面装饰脚手架	m²	860.43	$S=(16.5\times4+(1.8+0.25-0.1)\times2)\times(11.7+0.3)+0.52\times(3.6\times3+0.3-0.7)\times4=860.432\ \text{m}^2$
4	01150191	平挂式安全网（首层网）	m²	296	$S=(16.5\times4+2\times4)\times4=296\ \text{m}^2$
5	01150191	平挂式安全网（随层网）	m²	888	$S=(16.5\times4+2\times4)\times4=296\ \text{m}^2$ 层数：三层 $S=296\times3=888\ \text{m}^2$
6	01150159	里脚手架	m²	659.04	一、二层相同 $H=2.95\ \text{m}$ $L=(16-0.5\times2-3)+(6.8-0.25-0.1)+(7-0.25\times2)=24.95\ \text{m}$ $S=2.95\times24.95=73.0625$ $H=3.05\ \text{m}$ $L=(16+0.1)+(7+0.1)+(8+0.05-0.1-1.8)=29.35\ \text{m}$ $S=29.35\times3.05=88.05\ \text{m}^2$ $H=3.25\ \text{m}$ $L=(2.2-0.25-0.1)+(3+0.05-0.1)\times2+(4+0.05-0.1)\times2=15.65\ \text{m}$ $S=15.65\times3.25=50.8625\ \text{m}^2$ $H=3.48\ \text{m}$ $L=2-0.2=1.8\ \text{m}$ $S=1.8\times3.48=6.624\ \text{m}^2$ $S_{合计}=73.0625+88.05+50.8625+6.624=218.599\ \text{m}^2$ 三层： $H=2.95\ \text{m}$ $L=(16-0.5\times2-3)+(6.8-0.25-0.1)+(7-0.25\times2)=24.95\ \text{m}$ $S=2.95\times24.95=73.0625$ $H=3.05\ \text{m}$ $L=(16+0.1)+(7+0.1)+(8+0.05-0.1-1.8)=29.35\ \text{m}$ $S=29.35\times3.05=88.05\ \text{m}^2$ $H=3.48\ \text{m}$ $L=(2-0.2)+(2.2-0.25-0.1)+(3+0.05-0.1)\times2+(4+0.05-0.1)\times2=17.45\ \text{m}$ $S=17.45\times3.48=60.726\ \text{m}^2$ $S_{合计}=73.0625+88.05+60.726=221.84\ \text{m}^2$ $S_{总}=218.599\times2+221.84=659.04\ \text{m}^2$

20.2.15　垂直运输工程

垂直运输工程量计算如表 20-15 所示。

表 20-15　垂直运输工程量计算表

序号	定额编号	定额名称	定额单位	数量	工程量计算式
1	01150460	三层以内	m²	811.32	$S = 811.32 \ \text{m}^2$

20.3　楼层钢筋工程量计算明细表

表 20-16 为基础层钢筋工程量计算明细表，表 20-17 为首层钢筋工程量计算明细表，表 20-18 为二层钢筋工程量计算明细表，表 20-19 为三层钢筋工程量计算明细表，表 20-20 为屋面钢筋工程量计算明细表，表 20-21 为楼梯钢筋工程量计算明细表。表 20-16～表 20-21 见二维码。

参考文献

[1] 云南省工程建设技术研究室. 云南省房屋建筑与装饰工程消耗量定额[S]. 昆明:云南科技出版社, 2013.

[2] 云南省建设工程造价计价规则及机械仪器表台班费用定额[M]. 昆明:云南科技出版社, 2013.

[3] 莫南明, 解永林. 建筑安装工程计量与计价实务:土木建筑工程[M]. 昆明:云南科技出版社, 2015.

[4] 规范编制组. 2013建设工程计价计量规范辅导[M]. 北京:中国计划出版社, 2013.

[5] 李崇仁, 李洪林. 建筑工程计量与定额应用[M]. 昆明:云南科技出版社, 2001.

[6] 阎俊爱, 张素姣. 建筑工程概预算[M]. 北京:化学工业出版社, 2014.

[7] 肖和明, 简红, 建筑工程计量与计价[M]. 北京:北京大学出版社, 2013.

[8] 张强, 易红霞. 建筑工程计量与计价:透过案例学造价[M]. 北京:北京大学出版社, 2013.

[9] 赵勤贤. 建筑工程计量与计价[M]. 北京:中国建筑工业出版社, 2011.

[10] 张建平, 严伟, 蒲爱华. 建筑工程计价[M]. 重庆:重庆大学出版社, 2014.

[11] 黄伟典. 建设工程工程量清单计价实务:土建工程部分[M]. 2版. 北京:中国建筑工业出版社, 2013.

[12] 张国栋. 建设工程工程量清单分部分项计价与预算定额计价对照实例详解[M]. 2版. 北京:中国建筑工业出版社, 2013.

[13] 于冬波.装饰装修工程工程量清单计价编制快学快用[M]. 北京:中国建材工业出版社, 2013.

[14] 沈中友. 建筑工程工程量清单编制与实例[M].北京:机械工业出版社, 2014.

[15] 朱熙林.工程工程量清单计价编制与典型实例应用图解:装饰装修工程[M]. 3版. 北京:中国建材工业出版社, 2014.

[16] 住房和城乡建设部. GB 50854-2013. 房屋建筑与装饰工程工程量清单计算规范. 北京:中国计划出版社, 2013.

[17] 彭红涛, 董自才, 李敬民. 工程造价管理[M]. 北京:中国水利出版社, 2012.

[18] 宋景智. 建筑工程概预算百问[M]. 北京:中国建筑工业出版社, 2000.

[19] 李宏扬. 建筑工程预算:识图、工程量计算与定额应用[M]. 北京:中国建材工业出版社, 2002.

[20] 武育秦, 胡晓娟.建筑工程计量与计价[M]. 重庆:重庆大学出版社, 2015.